教育部高等学校材料类专业教学指导委员会规划教材

国家级一流本科课程建设成果教材

西南交通大学规划教材

材料力学性能

赵君文 韩 靖 黄兴民 朱振宇 等 编著

MECHANICAL PROPERTIES OF MATERIALS

化学工业出版社

·北 京·

内容简介

《材料力学性能》是教育部高等学校材料类专业教学指导委员会规划教材。书中主要介绍在不同载荷与环境条件下材料的力学行为、机理及其力学性能评价方法，具体涵盖材料的静载、冲击、疲劳、高温、应力腐蚀与磨损等。全书除绪论外，共分9章，前8章为理论学习内容，第9章为课程试验内容。本书理论学习阐述结合了大量实例，以便于读者理解；同时介绍了研究前沿，以拓宽视野。书中采用最新标准介绍材料评价方法。各章末设有最新科研成果典型案例、本章小结、本章重要词汇（中英文对照）及思考与练习，以便于读者学习和复习巩固。

本书可作为材料类专业本科生、研究生的教材，也可作为从事相关领域教学、科研及技术工作人员的参考书籍。

图书在版编目（CIP）数据

材料力学性能 / 赵君文等编著. -- 北京：化学工业出版社，2025. 7. --（国家级一流本科课程建设成果教材）. -- ISBN 978-7-122-48533-5

Ⅰ. TB303. 2

中国国家版本馆 CIP 数据核字第 20255G4X15 号

责任编辑：陶艳玲　　　　　　　文字编辑：孙月蓉
责任校对：王　静　　　　　　　装帧设计：史利平

出版发行：化学工业出版社
　　　　　（北京市东城区青年湖南街 13 号　邮政编码 100011）
印　　装：大厂回族自治县聚鑫印刷有限责任公司
787mm×1092mm　1/16　印张 17¾　字数 435 千字
2025 年 10 月北京第 1 版第 1 次印刷

购书咨询：010-64518888　　　　售后服务：010-64518899
网　　址：http://www.cip.com.cn
凡购买本书，如有缺损质量问题，本社销售中心负责调换。

定　　价：56.00 元　　　　　　　版权所有　违者必究

本教材是西南交通大学国家级精品课程"材料力学性能"（2008 年教育部认定）的核心建设成果，系统凝练二十年教学实践，全面贯彻"两性一度"教学理念与课程思政要求。教材紧密围绕国家重大战略需求，构建了材料力学性能"基础理论-工程实践-学科前沿-价值引领"四维一体的教学体系。

一、课程建设特色与创新

1. 能力导向型知识体系：深度融合材料组织结构、成形加工、力学等核心知识，整合课堂教学、实验教学与拓展内容，形成系统化、强支撑的知识框架，有效支撑学生知识掌握与能力培养。

2. 真情境·实项目教学：基于科研项目开发教学案例，并设计具有高阶性和挑战度的项目任务，旨在提升学生解决复杂工程问题的能力与创新思维。

3. 轨道交通特色课程思政：将轨道交通发展历程、杰出校友事迹、重大科研成果等思政元素深度融入案例教学，实现思政教育与专业教育协同育人。

4. 智慧教学资源构建：在"爱课程"网建设优质在线资源，在智慧树平台构建课程知识图谱，为智慧教学与全国资源共享奠定坚实基础。

二、教材核心特色

1. 全材料覆盖，体现前沿性：系统阐述金属、非金属及复合材料的静载、冲击、疲劳、断裂韧度、高温蠕变、环境腐蚀与摩擦磨损等核心力学性能。内容紧密对接国家重大需求。附录收录材料力学性能相关检测分析最新国家标准，确保内容规范性与前沿性。

2. 理论-实践深度融合：创新转化 10 余项科研成果为教学案例，每章末设置 1~2 项典型工程案例，构建"理论-案例-应用"闭环学习链。特别设计第 9 章涵盖 7 项核心试验，与理论章节精准配套，深化知识理解，系统训练材料力学性能测试方法与复杂工程问题解决能力。

3. 思政育人有机融入：在工程实践案例中自然渗透家国情怀、工匠精神、科学精神等思政元素（详见案例 1-1、3-2、5-1 等），实现价值塑造与知识传授、能力培养的有机统一。

4. 深度学习与研究支持：创新设计"科研案例–本章小结–双语重要词汇–思考题"复习体系。附录提供常见材料的力学性能数据，有力支撑读者深度学习与科研设计参考。

本书由西南交通大学赵君文、韩靖、黄兴民、郭双全、董立新、戴光泽，成都大学朱振宇、西华大学高杰维及无锡普天铁心股份有限公司张青松编著。具体分工如下：韩靖主要编写第 1 章、第 2 章，高杰维主要编写第 4 章，朱振宇主要编写第 5 章，黄兴民编写第 6 章，张青松编写第 7 章，郭双全编写第 8 章，董立新主要编写第 9 章，赵君文编写绪论、第 3 章、附录和第 1、2、4、5、9 章部分内容以及各章小结、重要词汇、案例等，全书由赵君文、韩靖、朱振宇统稿，戴光泽负责总体规划及思想指导。

本教材亦为西南交通大学规划教材，获西南交通大学研究生教材建设项目（SWJTU-JC2024-033）资助。限于编者水平，疏漏之处恳请读者指正。

编著者
2025 年 6 月于西南交通大学

目 录

第0章 绪 论

0.1 材料的性能 / 001

0.2 材料的力学性能 / 002

0.3 材料力学性能的研究目的和意义 / 003

0.4 材料力学性能应用 / 003

第1章 材料在单向静载拉伸下的力学性能

1.1 静拉伸力学试验 / 005

    1.1.1 拉伸曲线 / 005

    1.1.2 拉伸性能指标 / 007

1.2 弹性变形 / 009

    1.2.1 弹性变形机制 / 009

    1.2.2 弹性性能 / 010

    1.2.3 非理想弹性变形 / 013

1.3 塑性变形 / 016

    1.3.1 塑性变形机制 / 016

    1.3.2 物理屈服 / 017

    1.3.3 屈服后变形 / 022

    1.3.4 静力韧度 / 027

1.4 材料的断裂 / 027

    1.4.1 断裂的类型与特征 / 027

    1.4.2 断裂机制 / 032

    1.4.3 断裂强度 / 036

    1.4.4 断裂理论的意义 / 043

案例链接1-1：三级时效工艺提升动车组推杆的性能 / 045

1.5 本章小结 / 045

本章重要词汇　　/　046
思考与练习　　/　047

第2章　材料在其它静载荷下的力学性能

2.1　加载方式与应力状态　　/　048
　　2.1.1　应力状态软性系数　　/　048
　　2.1.2　力学状态图　　/　049
2.2　压缩　　/　051
　　2.2.1　压缩试验的特点　　/　051
　　2.2.2　压缩试验　　/　051
2.3　弯曲　　/　052
　　2.3.1　弯曲试验的特点　　/　052
　　2.3.2　弯曲试验　　/　052
2.4　剪切　　/　054
　　2.4.1　剪切试验的特点　　/　054
　　2.4.2　剪切试验　　/　054
2.5　扭转　　/　055
　　2.5.1　扭转试验的特点　　/　055
　　2.5.2　扭转试验　　/　056
2.6　缺口试样静载荷试验　　/　057
　　2.6.1　缺口效应　　/　057
　　2.6.2　缺口试样静拉伸试验　　/　060
　　2.6.3　缺口试样静弯曲试验　　/　062
2.7　硬度　　/　063
　　2.7.1　硬度试验的特点　　/　063
　　2.7.2　布氏硬度　　/　063
　　2.7.3　洛氏硬度　　/　066
　　2.7.4　维氏硬度　　/　068
　　2.7.5　其它硬度试验　　/　069
　　2.7.6　硬度与其它性能指标的关系　　/　071
案例链接2-1：缺口对7A85合金拉伸性能的影响　　/　073
2.8　本章小结　　/　075
本章重要词汇　　/　076
思考与练习　　/　076

第3章　材料在冲击载荷下的力学性能

3.1　概述　　/　077

3.2 冲击载荷下材料性能的特点 / 078

3.3 冲击下材料的性能 / 078

    3.3.1 冲击试验方法 / 078

    3.3.2 摆锤冲击试验 / 079

    3.3.3 落锤冲击试验 / 081

    3.3.4 其它冲击试验 / 081

3.4 低温下材料的冲击性能 / 083

    3.4.1 低温脆性现象 / 083

    3.4.2 韧脆转变温度 / 084

    3.4.3 影响韧脆转变温度的因素 / 085

案例链接 3-1：镍含量提高球墨铸铁低温韧性 / 087

案例链接 3-2：钢轨焊接接头的落锤冲击试验 / 088

3.5 本章小结 / 089

本章重要词汇 / 089

思考与练习 / 089

第4章 材料的断裂韧度

4.1 裂纹及其尖端应力场 / 090

    4.1.1 裂纹扩展的基本形式 / 091

    4.1.2 裂纹尖端应力场 / 091

4.2 断裂韧度 K_{IC} / 093

    4.2.1 断裂判据 / 093

    4.2.2 裂纹尖端塑性区及 K_I 修正 / 094

    4.2.3 影响断裂韧度的因素 / 098

    4.2.4 断裂韧度与常规力学性能指标之间的关系 / 102

4.3 裂纹扩展能量释放率 / 103

4.4 断裂韧度在金属材料中的应用举例 / 105

    4.4.1 高压容器承载能力的计算 / 105

    4.4.2 高压壳体的热处理工艺选择 / 106

    4.4.3 大型转轴断裂分析 / 107

    4.4.4 评定钢铁材料的韧脆性 / 108

4.5 断裂韧度 K_{IC} 的测试 / 110

    4.5.1 试样的形状、尺寸及制备 / 110

    4.5.2 测试方法 / 111

    4.5.3 试验结果的处理 / 112

4.6 弹塑性条件下金属断裂韧度 / 113

    4.6.1 断裂韧度 J_{IC} / 113

    4.6.2 断裂韧度 δ_c / 115

案例链接 4-1：耐候钢激光-MAG复合焊接头的低温断裂韧性 / 116

案例链接 4-2: 焊接环境湿度对 SMA490 耐候钢 MAG 焊接接头
性能影响 / 118

4.7 本章小结 / 118

本章重要词汇 / 119

思考与练习 / 119

第 **5** 章 // 材料的疲劳

5.1 疲劳现象 / 121

    5.1.1 变动载荷和循环应力 / 121

    5.1.2 疲劳分类及特点 / 122

    5.1.3 疲劳宏观断口特征 / 123

5.2 高周疲劳 / 125

    5.2.1 应力-疲劳寿命关系 (S-N 曲线) / 125

    5.2.2 S-N 曲线的安全系数 / 126

    5.2.3 疲劳试验 / 127

    5.2.4 影响疲劳强度的主要因素 / 129

    5.2.5 疲劳极限与静强度间的关系 / 143

5.3 低周疲劳 / 145

    5.3.1 循环应力-应变曲线 / 146

    5.3.2 应变-疲劳寿命曲线 / 148

    5.3.3 含缺口零件疲劳寿命估算 / 149

5.4 疲劳裂纹扩展 / 150

    5.4.1 疲劳裂纹扩展曲线 / 150

    5.4.2 疲劳裂纹扩展速率 / 151

    5.4.3 影响疲劳裂纹扩展的主要因素 / 153

    5.4.4 疲劳寿命预测 / 158

5.5 疲劳过程及机理 / 159

    5.5.1 疲劳裂纹形成 / 159

    5.5.2 疲劳裂纹扩展阶段 / 161

案例链接 5-1: 多元共渗技术提高螺旋道钉的抗疲劳性能 / 163

案例链接 5-2: 外物损伤对 S38C 车轴钢疲劳性能的影响 / 164

5.6 本章小结 / 166

本章重要词汇 / 167

思考与练习 / 168

第 **6** 章 // 环境介质作用下材料的力学性能

6.1 应力腐蚀 / 169

  6.1.1 应力腐蚀现象及其产生条件 / 169

  6.1.2 应力腐蚀断裂机理及断口形貌特征 / 170

  6.1.3 应力腐蚀评价指标 / 172

  6.1.4 应力腐蚀常见常用研究方法 / 174

6.2 氢脆 / 177

  6.2.1 氢在金属中的存在形式 / 177

  6.2.2 氢脆类型及其特征 / 178

  6.2.3 钢的氢致延滞断裂机理 / 179

  6.2.4 氢致延滞断裂与应力腐蚀的关系 / 180

  6.2.5 防止氢脆的措施 / 181

案例链接6-1：通过添加稀土元素改进7×××系铝合金耐应力

      腐蚀性能 / 182

6.3 本章小结 / 183

本章重要词汇 / 183

思考与练习 / 184

第 7 章　材料的摩擦与磨损性能

7.1 概述 / 185

7.2 材料表面形貌与接触 / 185

  7.2.1 表面形貌 / 185

  7.2.2 表面接触 / 186

7.3 摩擦 / 187

  7.3.1 概念及分类 / 187

  7.3.2 摩擦理论 / 188

  7.3.3 微观机理 / 188

7.4 磨损 / 189

  7.4.1 磨损过程 / 189

  7.4.2 黏着磨损 / 191

  7.4.3 磨粒磨损 / 193

  7.4.4 微动磨损 / 194

  7.4.5 疲劳磨损 / 196

  7.4.6 冲击磨损 / 198

  7.4.7 腐蚀磨损 / 199

7.5 磨损试验方法 / 200

  7.5.1 试验类型 / 200

  7.5.2 试验设备 / 201

  7.5.3 磨损参量 / 202

  7.5.4 磨损参量测定方法 / 203

案例链接7-1：层流等离子体提高车轮材料耐磨性能和疲劳性能 / 203

案例链接 7-2：高耐载流磨损摩擦副　　/ 205

7.6　本章小结　/ 206

本章重要词汇　/ 206

思考与练习　/ 207

第 8 章　材料的高温力学性能

8.1　材料高温力学性能概述　/ 208

8.2　材料的蠕变　/ 209

　　8.2.1　金属的蠕变现象　/ 209

　　8.2.2　金属的蠕变变形机理　/ 211

　　8.2.3　金属的蠕变断裂机理　/ 212

8.3　蠕变试验及性能指标　/ 213

　　8.3.1　规定塑性应变强度　/ 213

　　8.3.2　蠕变断裂强度　/ 214

　　8.3.3　剩余应力　/ 216

8.4　金属高温疲劳性能　/ 217

　　8.4.1　高温疲劳试验　/ 217

　　8.4.2　高温疲劳的一般规律　/ 218

　　8.4.3　疲劳和蠕变的交互作用　/ 219

　　8.4.4　蠕变-疲劳损伤模式　/ 219

8.5　金属高温力学性能的主要影响因素　/ 220

案例链接 8-1：热暴露对 7A85 铝合金力学性能的影响　/ 222

8.6　本章小结　/ 223

本章重要词汇　/ 224

思考与练习　/ 224

第 9 章　材料力学性能试验

9.1　缺口试样静拉伸试验　/ 225

9.2　硬度测定试验　/ 227

9.3　弯曲冲击试验及韧脆转变温度测定　/ 233

9.4　断裂韧度 K_{1c} 测定试验　/ 235

9.5　疲劳曲线测定试验　/ 238

9.6　材料的应力腐蚀试验　/ 242

9.7　材料的摩擦与磨损试验　/ 245

9.8　报告模板　/ 247

附　录

附录 1　本书主要符号及术语名称　/ 250

附录 2　几种裂纹的 K_I 表达式　/ 251

附录 3　Φ^2 值　/ 253

附录 4　常见材料的屈服强度　/ 254

附录 5　常见材料的疲劳强度　/ 254

附录 6　常见材料的弹性模量、剪切模量和泊松比　/ 255

附录 7　常见材料的断裂韧度 K_{IC} 值　/ 256

附录 8　几种钢铁材料的室温 K_{IC} 值　/ 256

附录 9　常见材料的冲击韧性　/ 257

附录 10　常见材料间摩擦系数　/ 257

附录 11　相关国家标准　/ 257

参考文献

第 0 章

绪　论

在生产和生活中，人类发现材料的某些性能可以满足使用需求。因此认识材料的性能是使用和改造材料的基础。人类社会的发展对材料性能提出了越来越高的要求，对其相关要素的研究催生了材料科学与工程学科。该学科基本要素及关系见图 0-1，即材料科学与工程主要研究材料成分、制备/加工、组织结构、性能及其相互关系。

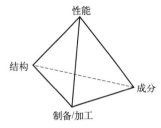

图 0-1　材料科学与工程基本要素

在材料科学与工程的基本要素中，材料的成分与结构是指材料的原子类型和排列方式；材料制备/加工是指实现特定原子排列的手段；材料的性能可分为性质和效能，性质是指对材料功能特性和效用（如电、磁、光、热、力学等性质）的定量度量和描述，效能是指材料性质在一定使用条件（如受力状态、气氛、介质与温度等）下的表现。各要素之间相互关联：一方面，材料的性质和效能取决于材料的成分和结构，而材料的结构则会受到材料制备/加工的控制，通过优化材料成分或结构，采用最佳工艺，可以制备/加工出符合要求的材料或器件，提高材料的性质及效能。另一方面，基于相关理论，材料的性质和效能的优化又能反过来促进材料成分和结构的设计，以及材料制备/加工工艺的选择。

0.1　材料的性能

材料性能作为一种参量，用于表征材料在给定外界条件下的行为（表现及特征）。由于材料种类、结构和制备工艺的不同，材料的性能也有很大区别。通常，将工程材料的性能分为使用性能、工艺性能等。使用性能又分为物理性能、力学性能和化学性能；工艺性能包括铸造性、可锻性、焊接性、切削性等，如图 0-2 所示。

与材料性能的分类相对应，还可按主要使用性能来分类材料，如以力学性能为主的材料称为结构材料，而以物理和化学性能为主的材料叫作功能材料。其中的物理性能包括声学、光学、热学、电学、磁学、辐照等性能。

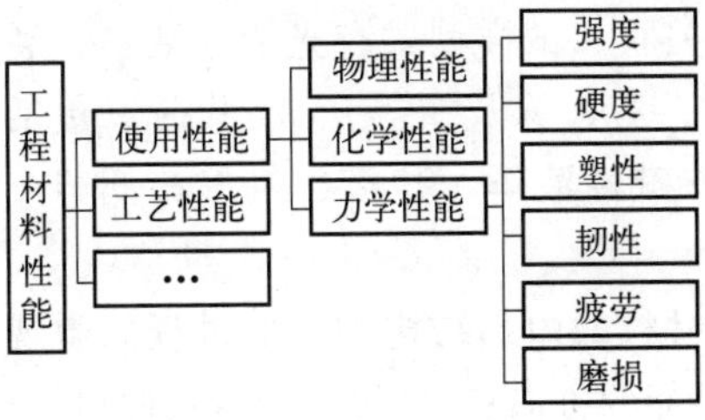

一些组合条件下的性能，如高温疲劳强度等，可称为复合性能。使用性能也包括一些复杂性能，如抗弹穿入性、乐器悦耳性、刀刃锋锐性等。

通过材料行为的研究，可以理解材料的性能并定义材料性能的量化指标。如通过材料在外力作用下室温拉伸应力-应变曲线，研究屈服、颈缩和断裂等现象，进

图 0-2　工程材料性能分类

而定义出材料的屈服强度、抗拉强度和断裂强度等力学性能。在不同的外界条件（应力、温度、化学介质、磁场、电场、辐照等）下，同一材料也会有不同的性能。如对材料断裂强度而言，在高温下的蠕变断裂强度、交变载荷下的疲劳断裂强度和化学介质中的应力腐蚀断裂强度之间差别很大。

0.2 材料的力学性能

材料的力学性能研究材料在外载荷下和环境因素作用下表现的变形/损伤与断裂行为的规律、物理本质和评价方法。一些量化指标常用来表征材料的力学性能，称为材料力学性能指标，它们是材料质量评定和结构设计选材的主要依据。材料的力学性能主要包括弹性、塑性、韧性、强度、硬度、耐磨性、缺口敏感性及疲劳寿命等，相应的主要力学性能指标如图0-3。材料的力学性能特性和优劣就是通过这些力学性能指标来具体反映的。

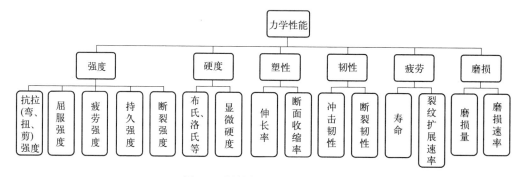

图 0-3　材料主要力学性能指标

材料的力学性能取决于材料或零件本身（成分、组织、表面状态）、环境条件（温度、介质）及载荷性质（拉/压、变动等）。

材料的力学性能指标需要根据相应的标准规范通过试验来测定，所以在材料力学性能的研究过程中，必须高度重视标准规范和测试技术。

根据材料力学性能的概念，本门课程主要研究各种材料在外力和环境条件下发生变形和断裂的行为过程与微观机理，评定材料的力学性能指标及其物理和工程实用意义，以及力学性能指标的测试原理、方法和影响因素，改善力学性能的方法和途径等。具体如下：

（1）材料服役力学行为及微观机理

材料在各种服役条件下的力学行为是材料或零件在外力和环境条件下的表现。其与材料种类、零件型式与尺寸、外加载荷的形式和环境条件密切关联。试样型式有光滑、缺口、裂纹之分。外加载荷按施加条件可分为静载荷（包括拉、压、弯、剪及扭等）、动载荷（包括振动、冲击及摩擦等）。环境条件有温度、环境介质（如酸碱性液体、盐雾、氢气、低熔点金属液），其它还有中子、紫外辐照等。

材料力学行为是材料内部变化的反映，只有深入了解材料的内部结构和变形过程的微观机理，才能真正解释材料的宏观规律，明确提高材料力学性能的方向和途径。因此在进行材料力学性能研究时，既要重视对材料宏观规律的认识，又要深入探究材料变形与断裂的微观机理。

（2）材料力学性能指标及其分析测试技术

材料力学性能指标是衡量材料力学行为的参数，首先应弄清其概念、本质和意义，以及各力学性能指标之间的关系。

材料力学性能研究是建立在试验基础上的，材料的各种力学性能指标自然需要通过试验来测定。因此，在材料力学性能研究中，必须掌握材料力学性能的测试原理和方法，并进行实践操作，才能加深对力学性能理论的认识，正确地评价材料的力学性能。

除传统的实物试验方法（或称物理试验方法）外，随着计算机科学和信息技术的发展，现代材料研究也常借助数值模拟手段对材料力学行为进行分析，称为虚拟试验方法或数值试验方法。其可用于各种参数影响规律的研究，如尺寸、形状的影响以及材料参数的影响等。也可用于研究材料内部结构对其宏观力学行为的影响，如空隙分布、纤维分布等的影响。但数值模拟的可信度依赖于诸多方面的因素，如材料模型、物理方程、初始条件和边界条件、计算方法等。

（3）材料力学性能影响因素及调控方法

由材料科学与工程的基本要素和材料性能的概念可见，材料的力学性能不仅与材料的成分和结构等内在因素有关，而且与外加载荷和环境条件等外在因素有关。影响材料力学性能的内在因素，主要有材料的化学成分、组织结构、表面或内部缺陷、残余应力等。外在因素主要有温度、载荷条件、应力状态（拉伸、压缩、弯曲、扭转等）、试样尺寸和形状、环境介质等。

研究各种内在和外在因素对材料力学性能的影响，可使定义的力学性能指标更贴近材料或零件的实际服役情况，更准确地反映力学性能的变化规律。基于以上认识，进一步明确材料力学性能调控方法及改善措施。

0.3　材料力学性能的研究目的和意义

基于材料力学性能研究数据，首先，可以正确地选择和应用材料。零件设计时，可根据零件的服役条件，基于材料力学性能理论确定满足使用要求的性能指标（如强度、塑性、韧性、硬度、韧脆转变温度等），并选出合适的材料，这样零件在服役期内的安全运行方有基本保障。

其次，通过分析材料力学性能，可以评价材料制备与加工工艺的影响，并基于材料制备、加工工艺与性能的关系，通过工艺控制实现材料力学性能的提升。此外，通过对材料力学性能的研究，还可在材料力学性能理论的指导下，采用新的材料成分和制备/加工工艺，设计和开发出新材料，以满足对材料性能的更高需求。

0.4　材料力学性能应用

如前文所述，材料是社会进步和人类文明发展的重要标志，人类在使用材料时，必然会关注其性能。我国古代人民对材料力学性能的认识与应用有悠久的历史。以下仅举几例。

（1）材料的弹性变形和线弹性定律

古代战争中使用的弓弩便是利用材料弹性的例子。对于弹性定律，一般认为它是由英国科学家胡克（R. Hooke，1635—1703）于1678年提出来的，因此常称为胡克定律。但我国的东汉经学家郑玄（127—200）在为《考工记·弓人》一文中"量其力，有三钧"一句作注解时写道："假令弓力胜三石，引之中三尺，弛其弦，以绳缓擐之，每加物一石，则张一尺。"论述了弓力与其变形的线弹性规律，比胡克提出弹性定律早1500年。于是在一些教科书中，也将弹性定律称作"郑玄-胡克定律"。

（2）材料的冷作硬化

古代战争中的各种兵器（如刀、矛、钺、钩等）、日常生活中的木工工具（如锥、凿、斧）以及装饰用的箔片（如金箔、银箔、铜箔等），都是利用材料的塑性变形原理对材料进行锤锻而成的。对变形强化，北宋科学家沈括在《梦溪笔谈·器用》中讲述用冷锻制造铠甲时指出："青堂羌善锻甲，铁色青黑，莹彻可鉴毛发，以麝皮为絪旅之，柔薄而韧。镇戎军有一铁甲，椟藏之，相传以为宝器。韩魏公帅泾、原，曾取试之。去之五十步，强弩射之，不能入。尝有一矢贯札，乃是中其钻空，为钻空所刮，铁皆反卷，其坚如此。凡锻甲之法，其始甚厚，不用火，冷锻之，比元厚三分减二乃成。"箭头射中瘊子甲片上的孔竟被刮得卷了起来，瘊子甲为什么这样坚硬？因为冷锻可以提高它的强度和硬度。现代试验表明，像制造甲片这样的钢铁，冷加工变形量为60％～70％时，变形越大，其强度性能越好，这与文中"三分减二"的变形量大体相符。

（3）材料成分与性能的关系

锡青铜（铜锡合金）是最原始的合金，也是人类历史上发明的第一种合金。《吕氏春秋·别类》中指出："金柔锡柔，合两柔则为刚。"即铜和锡的强度和硬度都比较低，延伸率比较高。把铜和锡合起来制成锡青铜后，可获得较高的强度和硬度，但延伸率则比较低。在中国商代，青铜器已经很盛行，并将青铜器的冶炼和铸造技术推向了世界的顶峰，且掌握了冶炼六种不同铜、锡比例的青铜技术。当锡含量为1/6时，青铜的韧性较好，可做钟鼎；而含锡量为2/5的青铜较硬，可做刀斧。

（4）缺口和裂纹效应

《韩非子·喻老》中说："千丈之堤，以蝼蚁之穴溃。"晋代刘昼在《刘子·慎隙》中作了这样的归纳："故墙之崩聩，必因其隙。剑之毁折，皆由于璺。尺蚓穿堤，能漂一邑。"即：墙的倒塌是因为有缝隙，剑的折断是因为有裂纹，小小的蚯蚓洞穿大堤，可以淹没城市。可见我国人民很早就认识到了缺口或裂纹的害处。

现代生产和生活中，材料力学性能的应用实例俯拾皆是。如切割玻璃时，工人们总是先用玻璃刀在玻璃上刻下划痕，然后掰开，以使玻璃切割得既整齐又省力。再如，在食品或药品的塑料包装袋边上，厂家在生产时开有一些小缺口，这使得人们可以很容易地打开包装袋。

我国的现代化建设中，对材料性能的应用走在世界前列。现代工程如高铁、桥梁、大飞机、载人航天工程的发展也促进了复杂服役条件下材料力学性能研究，并基于此开发出更先进的材料，如高强韧轻质材料及耐高温长寿命材料等。

第 1 章

材料在单向静载拉伸下的力学性能

拉伸载荷是材料的基本受力形式之一。单向静拉伸试验是工业上应用最广泛的一种材料力学性能试验方法。这种试验方法的特点是温度（一般为室温）、应力状态（单向拉伸）和加载速率（$1\sim10\mathrm{MPa}\cdot\mathrm{s}^{-1}$）是确定的，并且常用标准的光滑圆柱试样进行试验。

材料在静载拉伸下的力学性能包括材料在拉伸载荷作用下的弹性、塑性、强度等重要的基本力学性能指标。在材料研究、工业生产和应用中，材料的拉伸力学性能是进行结构静强度设计、判断产品是否合格及结构材料性能是否优良的主要依据，是材料的基本力学性能。

1.1 静拉伸力学试验

1.1.1 拉伸曲线

通过静拉伸试验（图 1-1）得到拉伸曲线，不仅可以揭示各种材料在静载下的应力、应变规律，还可以得到许多重要的材料力学性能指标，如弹性模量、屈服强度、抗拉强度、伸长率、断面收缩率等。

图 1-2（a）所示为室温、空气介质以及轴向加载下测得的退火低碳钢试样拉伸力-延伸关系曲线，图中曲线的纵、横坐标分别为拉伸力 F、绝对延伸 ΔL_e（伸长 ΔL）。

如图 1-2（a）可见，拉伸力在 F_e 以下阶段，试样在受力时发生变形，力卸除后变形能完全恢复，该区段称为弹性变形阶段。当所加力达到 F_a 后，试样开始发生塑性变形。首先在试样局部区域产生不均匀屈服塑性变形，曲线上出现平台或锯齿，直至 c 点。然后进入均匀塑性变形

图 1-1　静拉伸试验

阶段。当拉伸力达到最大值 F_m 时，试样发生不均匀集中塑性变形，在局部区域产生颈缩。最后，在总伸长（总延伸）达到 ΔL_t 时，试样断裂。

因此，退火低碳钢在室温静拉伸力作用下的变形过程可分为弹性变形、塑性变形（可细分为不均匀屈服塑性变形、均匀塑性变形、不均匀集中塑性变形）和断裂几个阶段。

将图 1-2（a）拉伸曲线的纵、横坐标值分别除以拉伸试样的原始截面积 S_0 和原始标距长度 L_0，即得到工程（条件）应力-应变（伸长率）曲线，简称 σ-ε 曲线，见图 1-2（b）。如将图 1-2 中横坐标延伸 ΔL_e 除以引伸计标距 L_e，纵坐标应力符号改为 R，则得到相同形状的应力-延伸率曲线（R-e 曲线）。根据 σ-ε 曲线或 R-e 曲线便可获得金属材料在静拉伸条

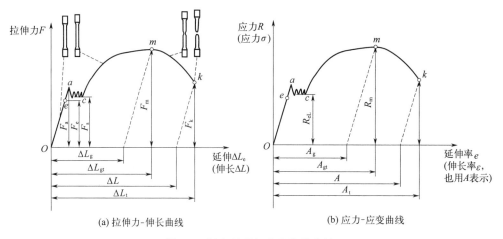

(a) 拉伸力-伸长曲线　　　　　　　　(b) 应力-应变曲线

图 1-2　退火低碳钢室温拉伸曲线

件下的力学性能指标。值得注意的是，伸长率和延伸率都表示拉伸试验时试样的应变，但两者定义不同。伸长率是试样原始标距的伸长与原始标距之比的百分率，而延伸率是用引伸计标距（L_e）表示的延伸（引伸计标距的伸长）百分率。

　　正火低碳钢在室温和空气介质中也都具有类似的拉伸曲线，只是力的大小和变形量不同而已。但是，并非所有的金属材料都具有相同类型的拉伸曲线。除低碳钢及少数合金钢有屈服现象外，大多数金属材料拉伸曲线的塑性变形阶段没有屈服平台［图 1-3（a）～（c）］。普通灰铸铁或淬火高碳钢在室温下拉伸，它们的拉伸曲线上只有弹性变形阶段［图 1-3（d）］。

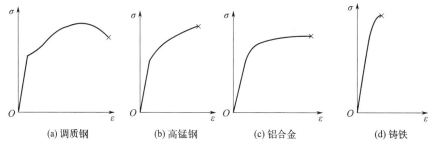

(a) 调质钢　　　　　(b) 高锰钢　　　　　(c) 铝合金　　　　　(d) 铸铁

图 1-3　一些金属材料的拉伸曲线

　　在不同条件下，同一材料拉伸曲线类型也可能不同。材料状态、环境条件和应力条件等都会对拉伸曲线类型产生影响。例如，退火低碳钢在低温下拉伸可能只有弹性变形阶段，而在高温下拉伸则可能没有屈服平台，冷拔后只有弹性变形和不均匀集中塑性变形阶段。

　　高分子材料具有明显的非线性黏弹特性，应力-应变曲线有很大的畸变。高分子材料的品种繁多，它们的应力-应变曲线也多种多样。若按在拉伸过程中屈服点的变化、伸长率大小及断裂状况，大致可分为五种类型，其应力-应变曲线类型如图 1-4 中 $a \sim e$ 曲线所示。

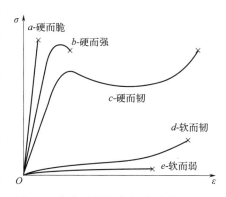

图 1-4　高分子材料应力-应变曲线类型

1.1.2 拉伸性能指标

材料拉伸下的力学性能指标可用应力-应变曲线上反映变形过程性质的临界值来表示。其可分为强度指标和塑性指标两类，前者反映材料对塑性变形和断裂的抗力，后者反映材料塑性变形的能力。主要指标介绍如下。

1.1.2.1 强度

材料常用的强度指标为屈服强度和抗拉强度。

屈服强度是材料开始塑性变形时的应力值。对于非连续屈服材料，用应力表示的上屈服强度和下屈服强度就是表征材料对微量塑性变形的抗力，并且用下屈服强度 R_{eL} 作为材料屈服强度，因为正常试验条件下，测定 R_{eL} 的再现性较好。试验时，从力-伸长（或力-延伸）曲线上读取力首次下降前的最大值 F_{eH} 和不计初始瞬时效应时屈服阶段中的最小值 F_{eL}，各除以试样标距部分原始截面积 S_0 可得到上、下屈服强度 R_{eH}、R_{eL}。

对于连续屈服的材料［图 1-3（a）］，当只有微量塑性变形时，在拉伸曲线上很难分辨出来，故工程上常用规定微量塑性延伸应力表示材料的屈服强度。规定微量塑性延伸应力是人为规定拉伸试样引伸计标距部分产生一定的微量塑性延伸率（如 0.2%）时的应力。根据规定延伸率大小和测定方法不同，规定微量塑性延伸应力分为规定塑性延伸强度（R_p）、规定残余延伸强度（R_r）、规定总延伸强度（R_t）三种指标，具体确定方法参见标准 GB/T 228.1—2021。R_p、R_r、R_t 和 R_{eH}、R_{eL} 一样都可以表征材料的屈服强度，其中 R_p、R_t 是在加载过程中测定的，试验效率比卸力法测 R_r 高，且易于实现测量自动化。

试样拉断过程中最大拉伸力 F_m 对应的应力值称为抗拉强度，计算公式为

$$R_m = \frac{F_m}{S_0} \tag{1-1}$$

式中　R_m——抗拉强度；

　　　F_m——试样拉断过程中最大拉伸力；

　　　S_0——试样原始截面积。

R_m 只代表材料所能承受的最大拉伸应力，表征材料对最大均匀塑性变形的抗力。

抗拉强度的实际意义如下：

① R_m 表示韧性金属材料的实际承载能力，但这种承载能力仅限于光滑试样单向拉伸的受载条件，而且韧性材料的 R_m 不能作为设计参数，因为 R_m 对应的应变远非实际使用中所要达到的。如果材料承受复杂的应力状态，则 R_m 就不代表材料的实际有用强度。由于 R_m 代表实际零件在静拉伸条件下的最大承载能力，且 R_m 易于测定，重现性好，所以 R_m 是工程上金属材料的重要力学性能指标之一，广泛用作产品规格说明或质量控制指标。

② 对脆性金属材料而言，一旦拉伸力达到最大值，材料便迅速断裂，所以 R_m 就是脆性材料的断裂强度，用于产品设计时其许用应力便以 R_m 为判据。

③ R_m 的高低取决于屈服强度和应变硬化指数。在屈服强度一定时，应变硬化指数越大，R_m 也越高。所以，如果知道材料的 R_{eL} 和 R_m 值，就可以间接知道应变硬化情况。比值 R_{eL}/R_m 对材料成形加工极为重要，较小的 R_{eL}/R_m 值几乎对所有冲压成形都是有利的，很多用于冲压的板材标准中对 R_{eL}/R_m 值都有一定要求。

④ 抗拉强度 R_m 与布氏硬度 HBW、疲劳极限 σ_{-1} 之间有一定经验关系。如对结构钢，

$R_m \approx 1/3 HBW$；对淬火回火钢，当 $R_m < 1400MPa$ 时，$\sigma_{-1} \approx 1/2 R_m$。

1.1.2.2 塑性

（1）塑性与塑性指标

塑性是指材料断裂前发生塑性变形（不可逆永久变形）的能力。材料断裂前所产生的塑性变形由均匀塑性变形和不均匀集中塑性变形两部分构成。试样拉伸至颈缩前的塑性变形是均匀塑性变形，颈缩后颈缩区的塑性变形是不均匀集中塑性变形。大多数拉伸时形成颈缩的韧性金属材料，其均匀塑性变形量比不均匀集中塑性变形量要小得多，一般均不超过不均匀集中塑性变形量的 50%。许多钢材（尤其是高强度钢）均匀塑性变形量仅占不均匀集中塑性变形量的 5%~10%，铝和硬铝占 18%~20%，黄铜占 35%~45%。这就是说，拉伸颈缩形成后，塑性变形主要集中于试样颈缩部位附近。

材料常用的塑性指标为断后伸长率和断面收缩率。

断后伸长率是试样拉断后标距的残余伸长（$L_u - L_0$）与原始标距 L_0 之比的百分率，用符号 A 表示，即

$$A = \frac{L_u - L_0}{L_0} \times 100\% \qquad (1-2)$$

式中　L_u——试样原始标距长度；

　　　L_0——试样断裂后的标距长度。

试验结果证明，$L_u - L_0 = \beta L_0 + \gamma \sqrt{S_0}$，故

$$A = \frac{L_u - L_0}{L_0} = \beta L_0 + \gamma \sqrt{S_0} \qquad (1-3)$$

式中　β，γ——对同一金属材料制成的几何形状相似的试样为常数。

因此，为了使同一金属材料制成的不同尺寸拉伸试样得到相同的 A 值，要求 $\dfrac{L_0}{\sqrt{S_0}} = K$（常数）。通常 K 取 5.65 或 11.3（在特殊情况下，K 也可取 2.82、4.52 或 9.04），即对于圆柱形拉伸试样，相应的尺寸为 $L_0 = 5d_0$ 或 $L_0 = 10d_0$。这种拉伸试样称为比例试样，且前者为短比例试样，后者为长比例试样，所得到的断后伸长率分别以符号 A 和 $A_{11.3}$ 表示。对于非比例试样，符号 A 应附下角标，说明使用的原始标距，以毫米（mm）计，如 A_{80mm} 表示原始标距为 80mm 的断后伸长率。由于大多数韧性金属材料的不均匀集中塑性变形量大于均匀塑性变形量，因此，比例试样的尺寸越短，其断后伸长率越大，反映在 A 与 $A_{11.3}$ 的关系上是 $A > A_{11.3}$ 试验结果显示，$A = (1.2 \sim 1.5) A_{11.3}$。必须指出，只有测定断后伸长率时，才要求应用比例拉伸试样，并给出试样的比例系数，其它性能指标则不要求。

断面收缩率是试样拉断后，颈缩处横截面积的最大缩减量（$S_0 - S_u$）与原始截面积 S_0 之比的百分率，用符号 Z 表示，即

$$Z = \frac{S_0 - S_u}{S_0} \times 100\% \qquad (1-4)$$

式中　S_0——试样原始横截面积；

　　　S_u——颈缩处最小横截面积。

根据 A 与 Z 的相对大小，可以判断金属材料拉伸时是否形成颈缩：如果 $Z > A$，金属

拉伸形成颈缩，且 Z 与 A 之差越大，颈缩越严重；如果 $A \geqslant Z$，则金属材料不形成颈缩。例如，高锰钢拉伸时不产生颈缩，其 $A \approx 55\%$，$Z \approx 35\%$；12CrNi3 钢淬火高温回火后，试样拉断时有很显著的颈缩，其 $A = 26\%$，$Z = 65\%$。

上述塑性指标的具体选用原则是，对于在单一拉伸条件下工作的长形零件，无论其是否产生颈缩，都用 A 评定材料的塑性，因为产生颈缩时局部区域的塑性变形量对总伸长实际上没有什么影响。如果金属材料零件是非长形件，在拉伸时形成颈缩（包括因试样标距部分截面微小不均匀或结构不均匀导致过早形成的颈缩），则用 Z 作为塑性指标。因为 Z 反映了材料断裂前的最大塑性变形量，而此时 A 则不能显示材料的最大塑性变形量。Z 是在复杂应力状态下形成的，冶金因素的变化对性能的影响在 Z 上更为突出，所以 Z 比 A 对组织变化更为敏感。

（2）塑性的意义

材料的塑性指标通常不能直接用于零件的设计，因为塑性与材料服役行为之间并无直接联系，但对静载下工作的零件，都要求材料具有一定塑性，以防止零件偶然过载时产生突然破坏。这是因为塑性变形有缓和应力集中的作用。对于有裂纹的零件，塑性可以松弛裂纹尖端的局部应力，有利于阻止裂纹扩展。从这个意义上说，塑性指标是安全力学性能指标。塑性对金属成形加工是很重要的，金属有了塑性才能通过轧制、挤压等冷热变形工序被生产成合格产品；为使机器装配、修复工序顺利完成，也需要材料有一定塑性；塑性还能反映冶金质量的优劣，故可用以评定材料质量。

金属材料的塑性常与其强度性能有关。当材料的断后伸长率与断面收缩率的数值较高时（A，$Z > 10\%$），则材料的塑性越高，其强度一般越低。屈强比也与断后伸长率有关，通常，材料的塑性越高，屈强比越小。例如，高塑性的退火铝合金，$A = 15\% \sim 35\%$，$R_{p0.2}/R_m = 0.38 \sim 0.45$；人工时效的铝合金，$A < 5\%$，$R_{p0.2}/R_m = 0.77 \sim 0.96$。

1.2 弹性变形

1.2.1 弹性变形机制

材料在外力作用下发生的形状和尺寸的变化，称为变形。随外力去除后消失的变形称为弹性变形，不能消失（即永久）的变形称为塑性变形。可逆性是弹性变形的重要特征，是材料的微观结构质点（原子、离子或分子）自平衡位置产生可逆位移的反映。

以金属为例，如图 1-5 所示，在没有外加载荷作用时，金属中的原子 N_1、N_2 在其平衡位置附近产生振动。相邻两个原子之间的作用力（曲线 3）由引力（曲线 1）与斥力（曲线 2）叠加而成。引力与斥力都是原子间距的函数。当两原子因受力而接近时，斥力开始先缓慢增加，而后迅速增加；而引力则随原子间距减小缓慢增加。合力曲线 3 在原子平衡位置处为零。

当原子间相互平衡力因受外力作用而受到破坏时，原子的位置必须做相应调整，即产生位移，从而使外力、引力和斥力三者达到新的平衡。原子的位移总和在宏观上就表现为

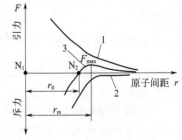

图 1-5 双原子作用力模型

变形。外力去除后，原子依靠彼此之间的作用力又回到原来的平衡位置，位移消失，宏观上变形也就消失。这就是弹性变形的可逆性。

在弹性变形过程中，不论是在加载期还是卸载期内，应力与应变之间都保持单值线性关系，即遵循胡克定律。

金属弹性变形量比较小，一般不超过 1%。这是因为原子弹性位移量只有原子间距的几百分之一，所以弹性变形量总是小于 1%。

1.2.2 弹性性能

1.2.2.1 弹性模量

材料在单向、弹性状态下的应力与应变关系可用胡克定律描述为

$$\sigma = E\varepsilon \tag{1-5}$$

$$\tau = G\gamma \tag{1-6}$$

式中 ε——正应变；

$\quad E$——弹性模量（拉伸杨氏模量）；

$\quad \tau$——切应力；

$\quad G$——切变模量；

$\quad \gamma$——切应变。

其中 E、G 的关系为

$$G = \frac{E}{2(1+\nu)} \tag{1-7}$$

实际零件的受力状态一般比较复杂，用广义胡克定律描述各向同性材料应力与应变的关系为

$$\varepsilon_1 = \frac{1}{E}\left[\sigma_1 - \nu(\sigma_2 + \sigma_3)\right]$$

$$\varepsilon_2 = \frac{1}{E}\left[\sigma_2 - \nu(\sigma_3 + \sigma_1)\right] \tag{1-8}$$

$$\varepsilon_3 = \frac{1}{E}\left[\sigma_3 - \nu(\sigma_1 + \sigma_2)\right]$$

式中 σ_1，σ_2，σ_3——主应力；

$\quad \varepsilon_1$，ε_2，ε_3——主应变；

$\quad \nu$——泊松比。

如果主应力中有压应力时，其前方应冠以负号。求得的应变为正号时表示伸长，负号则表示缩短。

由式（1-5）可知，$E = \dfrac{\sigma}{\varepsilon}$，弹性模量是产生单位弹性变形（100%）所需的应力。该定义对金属无实际意义，因为金属材料所能产生的弹性变形很小。一些金属材料在常温下的弹性模量见表 1-1。

工程上弹性模量被称为材料刚度，表征金属材料对弹性变形的抗力。其值越大，则在相同应力下产生的弹性变形就越小。机器零件或构件的刚度 Q 与弹性模量 E 不同，以横截面积为 A 的杆件为例，二者存在如下关系：

表 1-1　几种常见金属材料在常温下的弹性模量

金属材料	E/GPa	金属材料	E/GPa
铁	217	铸铁	170～190
铜	125	球墨铸铁	140～150
铝	72	灰铸铁	130～160
镁	44	奥氏体不锈钢	190～200
低碳钢	200	低合金钢	200～210

$$Q = \frac{F}{\varepsilon} = \frac{\sigma A}{\varepsilon} = EA \qquad (1\text{-}9)$$

式中　F——垂直于杆件横截面的作用力；

　　　ε——沿杆件轴向的应变。

可见，对于特定形状和受力条件的零件，材料的弹性模量 E 越高，其刚度越大，越不容易变形。

刚度是重要的材料力学性能指标之一，在零件设计或选材时常要用到它。例如，桥式起重机梁应有足够的刚度，以免挠度偏大，在起吊重物时引起振动。精密机床和压力机等，对主轴、床身和工作台都有刚度要求，还要按刚度条件进行设计，以保证加工精度。内燃机、离心机和压气机等的主要零件（如曲轴）也要求有足够的刚度，以免工作时产生过大振动。高铁车轴增加刚度以降低振动，减轻轴颈磨损。

单晶体金属的弹性模量在不同晶体学方向上是不一样的，表现出弹性各向异性。多晶体金属的弹性模量为各晶粒弹性模量的统计平均值，呈现出伪各向同性。

由于弹性变形是原子间距在外力作用下可逆变化的结果，应力与应变的关系实际上是原子间作用力与原子间距的关系，所以弹性模量与原子间作用力有关，与原子间距也有一定关系。原子间作用力主要取决于金属原子自身性质和晶格类型，故弹性模量也主要取决于金属原子自身性质和晶格类型。

热处理、冷塑性变形对弹性模量的影响较小，引起的弹性模量波动在 5% 左右。所以，金属材料的弹性模量是一个对组织不敏感的力学性能指标。合金化、加载速率等外在因素对其影响也不大。合金钢和碳钢的弹性模量数值差值不大于 12%。弹性模量随温度的升高而降低，碳钢每升高 100℃，弹性模量下降 3%～5%，但在 −50～50℃ 范围内，钢的弹性模量变化不大。

与金属材料相比，陶瓷材料的弹性模量具有如下特点：

① 陶瓷材料的结合键主要是共价键和离子键，因此陶瓷材料的弹性模量一般比金属高。

② 陶瓷中气孔的含量对它的弹性模量有重大影响，孔隙率越高，弹性模量越低。

③ 陶瓷材料的压缩弹性模量一般大于拉伸弹性模量。众所周知，金属不论是在拉伸还是压缩状态下，其弹性模量都是相等的，即拉伸与压缩两部分曲线为一条直线，如图 1-6（a）所示。而陶瓷材料压缩时的弹性模量一般大于拉伸时的弹性模量，压缩时应力-应变曲线斜率比拉伸时的大，如图 1-6（b）所示。这与陶瓷材料显微结构的复杂性和不均匀性有关。

高分子和复合材料的弹性模量对成分和组织敏感，可通过改变成分和生产工艺来提高其

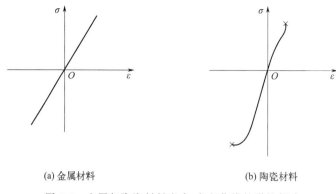

(a) 金属材料   (b) 陶瓷材料

图 1-6　金属与陶瓷材料应力-应变曲线的弹性部分

弹性模量。如利用高弹性模量的 SiC 晶须与金属（Ti 或 Al）复合制成的 SiC 晶须增强钛或铝基复合材料，不仅具有较高的弹性模量，而且质量轻，有望成为较有竞争力的导航仪表材料。各种材料弹性模量的数值范围如图 1-7 所示。

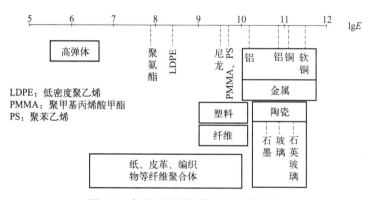

图 1-7　各种材料弹性模量的数值范围

1.2.2.2　弹性比功

弹性比功又称弹性比能、应变比能，表示金属材料吸收弹性变形功的能力，是一个韧性指标，一般用金属开始塑性变形前单位体积吸收的最大弹性变形功表示。金属拉伸时的弹性比功用图 1-2 应力-应变曲线上弹性变形阶段下的面积表示，等于弹性极限和最大弹性应变乘积的一半，即

$$a_{\mathrm{e}} = \frac{1}{2} R_{\mathrm{e}} \varepsilon_{\mathrm{em}} = \frac{R_{\mathrm{e}}^2}{2E} \tag{1-10}$$

式中　a_{e}——弹性比功；

　　　R_{e}——弹性极限；

　　　$\varepsilon_{\mathrm{em}}$——最大弹性应变。

材料在应力完全释放时能够保持没有永久应变的最大应力，称为弹性极限。工程上很难准确测出弹性极限值，现行国家标准中也没有规定测试方法。实际应用中，一般用下屈服强度 R_{eL} 或规定塑性延伸强度 R_{p} 替代。

由式（1-10）可以看出，可通过提高弹性极限 R_{e} 或降低弹性模量 E 来提高弹性比功，

并且提高 R_e 对提高弹性比功更显著。对于特定材料，虽弹性模量对组织不敏感，但改变组织可以提高弹性极限，实现提高弹性比功。

几种弹簧材料的弹性比功见表 1-2。

表 1-2 弹簧材料的弹性比功

材料	弹性模量/GPa	弹性极限/GPa	弹性比功/(MJ·m^{-3})
高碳弹簧钢	210	0.965	0.228
65Mn		1.380*	4.761
55Si2Mn	200	1.480*	5.476
50CrVA		1.420*	5.041
不锈钢		1.0*	2.5
铍青铜	120	0.588	1.44
磷青铜	101	0.450	1.0

注：带 * 号者为屈服强度值。

弹簧是典型的弹性零件，其重要作用是减振和储能驱动，还可控制运动和测力等。因此，弹簧材料应具有较高的弹性比功和良好的弹性。生产上弹簧钢含碳量较高，一般加入 Si、Mn、Cr、V 等合金元素以强化铁素体基体和提高钢的淬透性。淬火加中温回火获得回火托氏体组织（硬度为 42～50HRC），以及冷变形强化等，可以有效地提高弹性极限，使弹性比功增加，满足各种钢制弹簧的技术性能要求。比如，提高悬架弹簧的弹性极限，可以满足交通运输设备轻量化、节能的要求。但需注意，和屈服强度类似，过高的弹性极限也可能带来不利影响（见"1.3.2 物理屈服"一节）。仪表弹簧因要求无磁性，常用铍青铜或磷青铜等软弹簧材料制造，这类材料的弹性模量较低而弹性极限较高，故也有较高的弹性比功。

1.2.3 非理想弹性变形

理想弹性变形应是加载后立即变形，卸载后立即恢复原状，应力-应变加载线与卸载线完全重合，即应力与应变存在线性、瞬时和唯一的关系。但实际应用时，常发现材料弹性变形不满足以上关系，应变不仅与应力有关，还与加载历程有关，这一类称为非理想弹性变形，或弹性不完整性变形。各类弹性变形特点对比见表 1-3。

表 1-3 各类弹性变形特点对比

弹性变形类型	线性关系	瞬时性	唯一性
理想弹性	√	√	√
非线性弹性	×	√	√
滞弹性	√	×	√
包辛格效应	√	√	×
线性黏弹性	√	×	×

注：√表示满足，×表示不满足。

1.2.3.1 包辛格效应

金属材料经过预先加载产生少量塑性变形（残余应变为 $1\%\sim4\%$），卸载后再同向加载，屈服强度增加，反向加载，屈服强度降低的现象，称为包辛格效应。

图 1-8 所示为退火态 7A04 铝合金包辛格效应的实例，7A04 铝合金退火试样拉伸屈服强度为 96MPa，但若预先压缩（应变 1%）后再拉伸，其屈服强度仅为 73MPa。

这种现象在退火状态或高温回火状态的金属与合金中表现明显。通常在 $1\%\sim4\%$ 预塑性变形后即可发现。有些钢和钛合金，因包辛格效应可使屈服强度降低 $15\%\sim20\%$。α 黄铜、铝等有色金属和合金、球化高碳钢、低碳钢、管线钢、双相钢和奥氏体不锈钢等都有包辛格效应。如果预先经过拉伸、卸载、反向压缩、再卸载、拉伸循环加载，则在应力-应变曲线上形成塑性滞后环。

度量包辛格效应的定量指标有包辛格应变、包辛格应力参数、包辛格能量参数和包辛格系数。包辛格应变是指在给定应力下，正向加载与反向加载两应力-应变曲线之间的应变差。如图 1-9 所示，b 点对应拉伸应力-应变曲线上给定的流变应力，c 点对应压缩应力-应变曲线上给定的同样的流变应力，$\beta(=bc)$ 即为包辛格应变。

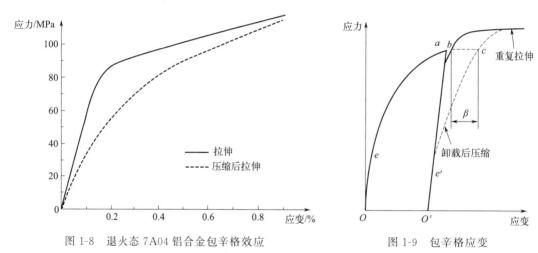

图 1-8　退火态 7A04 铝合金包辛格效应　　　　图 1-9　包辛格应变

包辛格效应与金属材料中位错运动所受的阻力变化有关。在金属预先受载产生少量塑性变形时，位错沿某滑移面运动，遇位错林而弯曲。结果在位错前方，位错林密度增加，形成位错缠结或胞状组织。这种位错结构在力学上是相当稳定的，因此，如果此时卸载并随后同向加载，位错线不能做显著运动，宏观上表现为屈服强度增加。但如卸载后施加反向力，则位错被迫做反向运动。因为在反向路径上，像位错林这类障碍数量较少，而且也不一定恰好位于滑移位错运动的前方，故位错可以在较低应力下移动较大距离，即第二次反向加载，屈服强度降低。

如果金属材料预先经受了较大塑性变形，由于位错增殖和难以重分布，因此在随后反向加载时不显示包辛格效应。

包辛格效应对于承受疲劳载荷（见本书第 5 章）的零件寿命是有影响的。对于应变控制的疲劳（低周疲劳），β 较大的材料，在恒定应变下循环一周，因形成的滞后环面积较小，故材料吸收的不可逆能量较少，疲劳寿命较长；反之，β 较小的材料，因循环一周吸收的不可逆能量较多，故疲劳寿命较低。对于高周疲劳，包辛格效应的影响恰与此相反：β 大的材料，疲劳寿命低；β 小的材料，疲劳寿命高。

另外，工程上有些材料要通过成形工艺制造零件，也要考虑包辛格效应，如大型输油气管线，希望所用的管线钢具有非常小的包辛格效应或几乎没有，以免造成钢管成形后屈服强度的降低。在有些情况下，人们也可以利用包辛格效应，如薄板反向弯曲成形、拉拔的钢棒经过轧辊压制校直等。

消除包辛格效应的方法是：预先进行较大的塑性变形，或在第二次反向受力前先使金属材料在回复或再结晶温度下退火，如钢在 $400 \sim 500℃$ 退火，铜合金在 $250 \sim 270℃$ 退火。

1.2.3.2 滞弹性

对纯弹性体而言，其弹性变形只与载荷大小有关，而与加载方向和加载时间无关。但对实际金属材料而言，其弹性变形不仅是应力的函数，还是时间的函数。

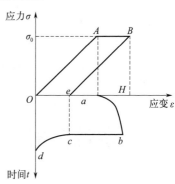

试验发现，当突然施加一低于弹性极限的应力 σ_0 于拉伸试样时，试样立即沿 OA 线（图 1-10）产生瞬时应变 Oa，它只是材料总弹性应变 OH 中的一部分，而应变 aH 是在 σ_0 长期保持下逐渐产生的，其随时间的增长变化如图中 ab 线所示。这样就会产生应变落后于应力的现象。快速卸载时也有类似现象。这种在弹性范围内快速加载或卸载后，随时间延长产生附加弹性应变的现象，称为滞弹性或弹性后效。

滞弹性应变量与材料成分、组织有关，也与试验条件有关。材料组织越不均匀，滞弹性越明显。钢经淬火或塑性变形后，由于增加了组织不均匀性，故滞弹性倾向增大。

图 1-10　滞弹性示意图

滞弹性在金属材料和高分子材料中表现较为明显，这种性质使材料在弹性区内单向加载、卸载时，加载线与卸载线不重合，形成一封闭回线，即弹性滞后环［图 1-11（a）］。如果施加交变载荷，且最大应力低于宏观弹性极限，加载速率比较大，则也得到弹性滞后环［图 1-11（b）］。若交变载荷中最大应力超过宏观弹性极限，则得到塑性滞后环［图 1-11（c）］。存在滞后环现象，说明加载时金属消耗的变形功大于卸载时金属恢复变形放出的变形功，有一部分变形功被金属所吸收，其大小用滞后环面积度量。

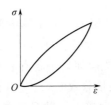
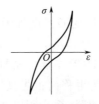
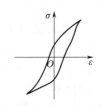

(a) 单向加载弹性滞后环　　(b) 交变加载弹性滞后环　　(c) 交变加载塑性滞后环

图 1-11　滞后环的类型

金属材料在交变载荷（振动）下吸收不可逆变形功的能力，称为金属的循环韧性，也叫金属的内耗。严格说来，循环韧性是指金属在塑性区内加载时吸收不可逆变形功的能力；内耗是指金属在弹性区内加载时吸收不可逆变形功的能力。即二者虽有区别，但有时混用。

循环韧性也是金属材料的力学性能，因为它表示材料吸收不可逆变形功的能力，故又称为消振性。目前尚无统一评定循环韧性的指标。某些金属材料的比循环韧性值见表 1-4。

表 1-4　一些金属材料在不同应力水平下的比循环韧性

材料	31.5MPa	46.23MPa	77.28MPa
碳钢［含碳量 $w(C)=0.1\%$］	2.28	2.78	4.16
镍铬淬火回火钢	0.38	0.49	0.70
12Cr13	8.0	8.0	8.0
18-8 不锈钢	0.76	1.16	3.8
灰铸铁	28.0	40.0	
黄铜	0.50	0.86	

灰铸铁因含有石墨而不易传递弹性机械振动，故具有很高的循环韧性。

生产上为了降低机械噪声，抑制高速机械的振动，防止因共振导致疲劳断裂，对有些零件应选用循环韧性高的材料制造，以保证机器稳定运转。例如，机床床身、发动机缸体、底座选用灰铸铁制造，汽轮机叶片用 12Cr13 钢制造等。但对仪表和精密机械，在选用重要传感元件的材料时，要求材料的循环韧性（滞弹性）低，以保证仪表具有足够的精度和灵敏度。乐器（簧片、琴弦等）所用金属材料的循环韧性越小，其音质越佳。

1.3　塑性变形

1.3.1　塑性变形机制

在材料科学基础的学习中对塑性变形已有讨论，在此简述如下。

金属材料常见的塑性变形方式主要为滑移和孪生。滑移是金属材料在切应力作用下位错沿滑移面和滑移方向运动而进行的切变过程。滑移面一般是原子最密排的晶面，而滑移方向是原子最密排的方向。滑移面和滑移方向的组合称为滑移系。滑移系越多，金属的塑性越好，但滑移系的数目不是决定金属塑性的唯一因素。例如，FCC（面心立方）金属（如 Cu、Al）的滑移系虽然与 BCC（体心立方）金属（如 α-Fe）的相同，但因前者晶格阻力低，位错容易运动，故塑性优于后者。

滑移面受温度、金属成分和预先塑性变形程度等因素的影响，而滑移方向则比较稳定。例如，温度升高时，BCC 金属可能沿 {112} 及 {123} 滑移，这是由于高指数晶面上的位错源容易被激活；而轴比为 1.587 的钛（HCP 金属，密排六方金属）中含有氧和氮等杂质时，若氧的质量分数为 0.1%，则（1010）为滑移面；当氧的质量分数为 0.01% 时，滑移面又改变为（0001）。由于 HCP 金属只有三个滑移系，所以其塑性较差，并且这类金属的塑性变形程度与外加应力的方向有很大关系。

孪生也是金属材料在切应力作用下的一种塑性变形方式。FCC、BCC 和 HCP 三类金属材料都能以孪生方式产生塑性变形，但 FCC 金属只在很低的温度下才能产生孪生变形。BCC 金属如 α-Fe 及其合金，在冲击载荷或低温下也常发生孪生变形。HCP 金属及其合金滑移系少，并且在 c 轴方向没有滑移矢量，因而更易产生孪生变形。孪生变形本身提供的变形量很小，如 Cd 孪生变形只有 7.4% 的变形度，而滑移变形度则可达 300%。孪生变形可以调整滑移面的方向，使新的滑移系开动，间接对塑性变形有贡献。孪生变形也是沿特定晶面和特定晶向进行的。

多晶体金属中，每一晶粒滑移变形的规律与单晶体金属相同。但由于多晶体金属存在着晶界，各晶粒的取向也不同，因而其塑性变形要复杂得多。

（1）不同时性和不均匀性

多晶体由于各晶粒取向不同，在受外力时，某些取向有利的晶粒先开始滑移变形，而那些取向不利的晶粒可能仍处于弹性变形状态，只有继续增加外力，才能使滑移从某些晶粒传播到另外一些晶粒，并不断传播下去，从而产生宏观可见的塑性变形。如果金属材料是多相合金，那么由于各相晶粒彼此之间力学性能的差异，以及各晶粒之间应力状态的不同（因各晶粒取向不同所致），那些位向有利或产生应力集中的晶粒必将首先产生塑性变形。显然，金属组织越不均匀，则起始塑性变形不同时性就越显著。

金属材料塑性变形的不同时性实际上反映了塑性变形的局部性，即塑性变形量的不均匀性。这种不均匀性不仅存在于各晶粒之间、基体金属晶粒与第二相晶粒之间，即使在同一晶粒内部，各处的塑性变形量也往往不同。这是由各晶粒取向及应力状态不同，基体与第二相各自的性质不同，以及第二相的形态、分布等不同而引起的。结果，当宏观上塑性变形量还不大的时候，个别晶粒或晶粒局部地区的塑性变形量可能已达到极限值。由于塑性耗竭，加上变形不均匀产生较大的内应力，因此在这些晶粒中有可能形成裂纹，从而导致金属材料的早期断裂。

（2）相互协调性

多晶体金属作为一个连续的整体，不允许各个晶粒在任一滑移系中自由变形，否则必将造成晶界开裂，这就要求各晶粒之间能协调变形。为此，每个晶粒必须能同时沿多个滑移系进行滑移（多系滑移），或在滑移的同时进行孪生变形。由于多晶体金属塑性变形需要进行多系滑移，因而多晶体金属的应变硬化速率比相同的单晶体金属要高，两者之差以 HCP 金属最大，FCC 及 BCC 金属次之。但 HCP 金属滑移系少，变形不易协调，故其塑性极差。金属化合物的滑移系更少，变形更不易协调，性质更脆。

1.3.2 物理屈服

1.3.2.1 物理屈服现象

金属材料在拉伸试验时产生的屈服现象是其开始产生宏观塑性变形的一种标志。在试验过程中，外力不增加（保持恒定）时试样仍能继续伸长，或外力增加到一定数值时突然下降，随后在外力不增加或上下波动的情况下，试样继续伸长变形［图 1-12（a）］，这便是屈服现象，其反映了材料内部的某种物理过程，故也称物理屈服。

金属材料拉伸呈现屈服现象时，在试验期间达到塑性变形发生而力不增加的应力点称为屈服强度；试样发生屈服而力首次下降前的最大应力称为上屈服强度，记为 R_{eH}［图 1-12（a）曲线上的 a 点对应的应力］；在屈服期间不计初始瞬时效应（指在屈服过程中试验力第一次发生下降）时的最小应力称为下屈服强度，记为 R_{eL}［图 1-12（a）曲线上 b 点对应的应力］。在屈服过程中产生的伸长称为屈服伸长。屈服伸长对应的水平线段或曲折线段称为屈服平台或屈服齿。屈服伸长变形是不均匀的，当外力从屈服阶段最大应力下降到最小应力时；在试样局部区域开始形成与拉伸轴约成 45°的所谓吕德斯（Lüders）带或屈服线，随后再沿试样长度方向逐渐扩展。当屈服线布满整个试样长度时，屈服伸长结束，试样开始进入均匀塑性变形阶段。

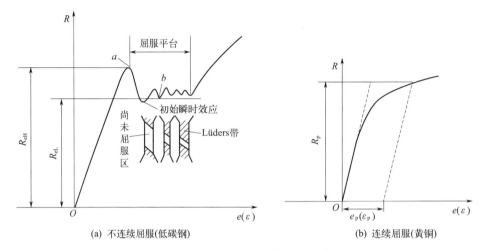

图 1-12　两类不同的拉伸应力-应变曲线
R_{eH}—上屈服强度；R_{eL}—下屈服强度；R_p—规定塑性延伸强度

屈服现象与下述三个因素有关：①材料变形前可动位错密度很小（或虽有大量位错但被钉扎住，如钢中的位错为杂质原子或第二相质点所钉扎）；②随着塑性变形的发生，位错能快速增殖；③位错运动速率与外加应力有强烈依存关系。

金属材料塑性变形的应变速率与可动位错密度、位错运动平均速率及柏氏矢量的模成正比，即

$$\dot{\varepsilon} = b\rho\bar{v} \tag{1-11}$$

式中　$\dot{\varepsilon}$——塑性变形应变速率；

　　　b——柏氏矢量的模；

　　　ρ——可动位错密度；

　　　$\bar{v}$——位错运动平均速率。

$$\bar{v} = \left(\frac{\tau}{\tau_0}\right)^{m'} \tag{1-12}$$

式中　τ——沿滑移面上的切应力；

　　　τ_0——位错以单位速率运动所需的切应力；

　　　m'——位错运动速率应力敏感指数。

按式（1-12），欲提高 $\bar{v}$，就需要有较高应力 τ，这就是在试验中看到的上屈服强度。一旦塑性变形产生，位错大量增殖，ρ 增加，则位错运动平均速率必然下降［式（1-11）］，相应的应力也就突然降低，从而产生了屈服现象。m' 值越低，则为使位错运动平均速率变化所需的应力变化越大，屈服现象就越明显；反之，屈服现象就不明显。BCC 金属的 m' 值较低，小于 20，故具有明显屈服现象；而 FCC 金属 m' 值为 100～200，故屈服现象不明显。

由于屈服塑性变形是不均匀的，因而易使低碳钢冲压件表面产生皱褶现象。若将钢板先

在 1%~2%压下量（超过屈服伸长量）下预轧一次，消除屈服现象，成为无明显屈服强度的钢，而后再尽快进行冲压变形，可保证工件表面平整光洁。

屈服强度是材料重要的力学性能指标，是工程上从静强度角度选择韧性材料的基本依据，由于实际零件不可能在抗拉强度对应的那样大的均匀塑性变形条件下服役，因此，传统的强度设计方法规定，许用应力 $[\sigma] = \dfrac{R_{p0.2}}{n}$，$n$ 为安全系数，$n \geqslant 1$。对于复杂的受载状况，单向拉伸试验测得的屈服强度也仍然是特雷斯卡（Tresca）和米泽斯（Mises）强度理论中建立屈服判据的重要指标。

材料屈服强度增加，承受相同载荷的零件尺寸和体积可以减小，从而减轻零件的重量。但追求过高的屈服强度，会增大屈服强度与抗拉强度的比值（屈强比），降低塑性和韧性，不利于抵抗冲击及某些应力集中部位的应力重新分布，极易引起脆性断裂。对于具体零件应选择多大屈服强度的材料为最佳，应视零件的形状及其所受的应力状态、应变速率等而定。若零件截面形状变化较大、所受应力状态较硬、应变速率较高，则应选择屈服强度数值较低的材料，以防发生脆性断裂。

屈服强度对工艺性能也有重要影响，降低屈服强度有利于材料冷成形加工和改善焊接性能。低碳钢的冷成形性能和焊接性能好，其屈服强度低就是重要原因。所以，工程上特别重视材料屈服强度值的大小。

1.3.2.2 影响屈服强度的因素

金属材料的屈服强度取决于位错在晶体中运动所受的阻力，因此影响位错增殖和运动的各种因素必然会影响金属材料的屈服强度，在材料科学基础的学习中对其已有讨论，在此简述如下。

（1）金属本性及晶格类型

一般多相合金的塑性变形主要沿基体相进行，这表明位错主要分布在基体相中，如果不考虑合金成分的影响，那么一个基体相就相当于纯金属单晶体。纯金属单晶体的屈服强度从理论上来说是使位错开始运动的临界切应力，其值由位错运动所受的各种阻力决定。这些阻力包括晶格阻力、位错间交互作用产生的阻力等。

晶格阻力，是在理想晶体中仅存在一个位错运动时所需克服的阻力，也称为点阵阻力或派-纳力，以 $\tau_{p\text{-}n}$ 表示。它与晶体结构和原子间作用力等因素有关，即

$$\tau_{p\text{-}n} = \frac{2G}{1-\nu} e^{-\frac{2\pi a}{b(1-\nu)}} = \frac{2G}{1-\nu} e^{-\frac{2\pi \omega}{b}} \tag{1-13}$$

式中　G——切变模量；

　　　ν——泊松比；

　　　a——滑移面的晶面间距；

　　　b——柏氏矢量的模；

　　　ω——位错宽度，$\omega = \dfrac{a}{1-\nu}$，为滑移面内原子位移大于 50%$b$ 区域的宽度。

金属原子种类不同，其原子结合力不同，则其切变模量不同；不同晶体结构材料中晶面间距 a 和位错宽度 ω 也不同。对于面心立方金属，ω 较大，故 $\tau_{p\text{-}n}$ 小，屈服强度低；而体心

立方金属 ω 较小，则 $\tau_{p\text{-}n}$ 大，屈服强度高。

位错间交互作用产生的阻力有两种类型：一种是平行位错间交互作用产生的阻力；另一种是运动位错与位错林间交互作用产生的阻力。两者都正比于 Gb 而反比于位错间距离 L，即都可表示为

$$\tau = \frac{\alpha Gb}{L} \tag{1-14}$$

式中　α——比例系数。

因为位错密度 ρ 与 l/L^2 成正比，故式（1-14）又可写为

$$\tau = \alpha Gb\rho^{\frac{1}{2}} \tag{1-15}$$

在平行位错情况下，ρ 为主滑移面中位错的密度；在位错林情况下，ρ 为位错林的密度。α 值与晶体本性、位错结构及分布有关。例如，面心立方金属，$\alpha \approx 0.2$；体心立方金属，$\alpha \approx 0.4$。由式（1-15）可知，ρ 增加，τ 也增加，屈服强度也随之提高。

（2）晶界阻力

晶粒大小的影响是晶界影响的反映，因为晶界是位错运动的障碍，在一个晶粒内部，必须塞积足够数量的位错才能提供必要的应力，使相邻晶粒中的位错源开动并产生宏观可见的塑性变形。因而，减小晶粒尺寸将增加位错运动障碍的数目，减小晶粒内位错塞积群的长度，可使屈服强度提高（细晶强化）。许多金属与合金的屈服强度与晶粒大小的关系均符合霍尔-佩奇（Hall-Petch）公式，即

$$\sigma_s = \sigma_i + k_y d^{-\frac{1}{2}} \tag{1-16}$$

式中　σ_s——屈服强度；

　　　σ_i——位错在基体金属中运动的总阻力（包括派-纳力），也称摩擦阻力，取决于晶体结构和位错密度；

　　　k_y——度量晶界对强化贡献大小的钉扎常数，或表示滑移带端部的应力集中系数；

　　　d——晶粒平均直径。

式（1-16）中的 σ_i 和 k_y，在一定的试验温度和应变速率下均为材料常数。

对于以铁素体为基体的钢而言，晶粒大小在 $0.3 \sim 400\mu m$ 之间都符合这一关系。奥氏体钢也适用这一关系，但其 k_y 值较铁素体的小 $1/2$，这是因为奥氏体中位错的钉扎作用较小。

因为 BCC 金属较 FCC 和 HCP 金属的 k_y 值都高，所以 BCC 金属细晶强化效果最好，而 FCC 和 HCP 金属则较差。

亚晶界的作用与晶界类似，也阻碍位错运动。试验发现，霍尔-佩奇公式也完全适用于亚晶粒，但式（1-16）中的 k_y 值不同，将有亚晶的多晶材料与无亚晶的同一材料相比，其 k_y 值低 $1/2 \sim 4/5$，且 d 为亚晶粒的直径。另外，在亚晶界上产生屈服变形所需的应力对亚晶间的取向差不是很敏感。

（3）溶质元素及第二相

在纯金属中加入溶质原子（间隙型或置换型）形成固溶合金（或多相合金中的基体相），将显著提高屈服强度，此即为固溶强化。通常，间隙固溶体的强化效果大于置换固溶体（图1-13）。

在固溶合金中，由于溶质原子和溶剂原子直径不同，在溶质原子周围形成了晶格畸变应

力场，该应力场和位错应力场产生交互作用，使位错运动受阻，从而使屈服强度提高。固溶强化的效果是溶质原子与位错的交互作用能及溶质浓度的函数，因而它受单相固溶合金（或多相合金中的基体相）中溶质的量的限制。

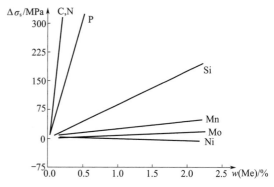

图 1-13 低碳铁素体中固溶强化效果

工程上的金属材料，特别是高强度合金，其显微组织一般是多相的。除了基体产生固溶强化外，第二相对屈服强度也有影响。第二相质点的强化效果与质点本身在屈服变形过程中能否变形有很大关系。据此可将第二相质点分为不可变形的（如钢中的碳化物与氮化物等）和可变形的（如时效铝合金中的 θ'' 相及 η'' 相等）两类。这些第二相质点都比较小，有的可用粉末冶金法获得（由此产生的强化称为弥散强化），有的则可用固溶处理和随后的沉淀析出获得（由此产生的强化称为沉淀强化）。

第二相的强化效果与其性质、尺寸、形状和数量，以及第二相与基体的强度、塑性和应变硬化特性、两相之间的晶体学配合和界面能等因素有关。在第二相体积比相同的情况下，长形质点显著影响位错运动，因而具有此种组织的金属材料，其屈服强度就比具有球状组织的高，如在钢中 Fe_3C 体积比相同条件下，片状珠光体比球状珠光体屈服强度高。

实际上，金属材料的屈服强度是多种强化机理共同作用的结果。例如，经热处理的 40CrNiMo 钢，其屈服强度可达 1380MPa，就是固溶强化、晶界与亚晶共同作用的结果；而经热处理的 18Ni 马氏体时效钢的屈服强度可达 2000MPa，则是沉淀强化、晶界与亚晶强化的共同贡献。

综上所述，表征金属微量塑性变形抗力的屈服强度是一个对成分、组织极为敏感的力学性能指标，受许多材料内在因素的影响，改变合金成分或热处理工艺都可使屈服强度产生明显变化。

（4）外在因素

影响屈服强度的外在因素有温度、应变速率和应力状态。

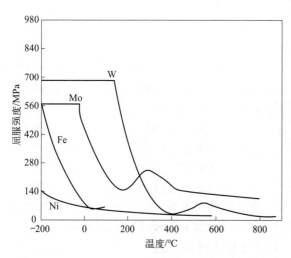

图 1-14 W、Mo、Fe、Ni 的屈服强度与温度的关系

一般随温度升高，金属材料屈服强度降低，但其变化趋势随金属晶体结构而异，如图 1-14 所示。

由图 1-14 可见，BCC 金属的屈服强度具有强烈的温度效应，温度下降，屈服强度急剧升高。如 Fe 由室温降到 $-196℃$，屈服强度提高 4 倍；FCC 金属的屈服强度温度效应则较小，如 Ni 由室温下降到 $-196℃$，屈服强度只升高 0.4 倍；HCP 金属屈服强度的温度效应与 FCC 金属类似。前文已指出，纯金属单晶体的屈服强度是由位错运动所受各种阻力决定的。在 BCC 金属中，$\tau_{p\text{-}n}$ 值较 FCC 金属高很多，$\tau_{p\text{-}n}$ 在屈服强度中占有较大比例。而 $\tau_{p\text{-}n}$ 属短程力，对温度十分敏感，因此，BCC 金属的屈服强度具有强烈的温度效应可能是 $\tau_{p\text{-}n}$ 起主要作用所致。

绝大多数常用结构钢是 BCC 结构的 Fe-C 合金，因此，其屈服强度也有强烈的温度效应，这便是此类钢低温变脆的原因（详见第 3 章 3.4 节）。

如图 1-15 所示，应变速率增大，金属材料的强度增加，且屈服强度随应变速率的变化比抗拉强度的变化要明显得多。这种因应变速率增加而产生的强度提高效应，称为应变速率硬化现象。

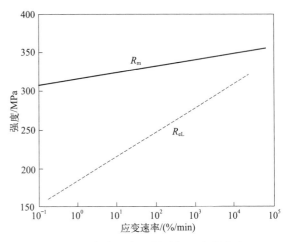

图 1-15　应变速率对低碳钢强度的影响

在应变量与温度一定时，流变应力与应变速率的关系为

$$\sigma_{\varepsilon,t} = C_1(\dot{\varepsilon})^m \tag{1-17}$$

式中　$\sigma_{\varepsilon,t}$——应变量和温度一定时的流变应力；

　　　C_1——在一定应力状态下为常数；

　　　$\dot{\varepsilon}$——应变速率；

　　　m——应变速率敏感指数。

1.3.3　屈服后变形

1.3.3.1　应变硬化

在金属整个变形过程中，当外力超过屈服强度之后，需要不断增加外力才能继续进行塑性变形。这表明金属材料有一种阻止继续塑性变形的能力，即应变硬化性能或形变强化（加工硬化）能力。应变硬化是位错增殖、运动受阻所致。

准确全面描述材料的应变硬化行为，要使用真实应力-应变曲线，即采用真实应力（试样真实瞬时截面积除相应载荷）和真实应变（瞬时应变的总和）绘制的曲线。工程应力-应变曲线不代表实际的应力和应变，两者对比如图 1-16 所示。

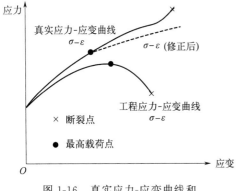

图 1-16　真实应力-应变曲线和
工程应力-应变曲线比较

在真实应力-应变曲线上，从屈服到发生缩颈这一段为均匀塑性变形阶段，此时，应力与应变之间符合 Hollomon 关系式

$$\sigma_{zh} = K\varepsilon_{zh}^n \tag{1-18}$$

式中　σ_{zh}——真实应力；

　　　ε_{zh}——真实应变；

　　　n——应变硬化指数；

　　　K——硬化系数，或强度系数，是真实应变等于 1.0 时的真实应力。

应变硬化指数 n 反映了金属材料抵抗均匀塑性变形的能力，是表征金属材料应变硬化行为的性能指标。在极限情况下，$n=1$，表示材料为理想的弹性体，σ_{zh} 与 ε_{zh} 成正比关系；$n=0$ 时，$\sigma_{zh}=K=$ 常数，表示材料为理想的塑性材料，没有应变硬化能力，如室温下产生再结晶的软金属及已受强烈应变硬化的材料。大多数金属材料的 n 值在 $0.1\sim0.5$ 之间，见表 1-5。由表可见，面心立方金属（铜及黄铜）的 n 值较大。铁素体钢中，低碳钢的 n 值较高。

表 1-5　几种金属材料在室温下的 n、K 值

材料	状态	n	K
碳钢 $[w(C)=0.05\%]$	退火	0.26	530.9
铜	退火	$0.3\sim0.35$	317.2
碳钢 $[w(C)=0.6\%]$	淬火，540℃回火	0.10	1572
碳钢 $[w(C)=0.6\%]$	淬火，704℃回火	0.19	1227.3
H70 黄铜	退火	$0.35\sim0.4$	896.3
碳钢 $[w(C)=0.4\%]$	调质	0.229	920.7
碳钢 $[w(C)=0.4\%]$	正火	0.221	1043.5
40CrNiMo 钢	退火	0.15	641.2

应变硬化指数 n 与层错能有关。当材料层错能较低时，不易交滑移，位错在障碍附近产生的应力集中水平要高于层错能高的材料，这表明，层错能低的材料应变硬化程度大。表 1-6 列出了几种金属的层错能和 n 值。由表可见，n 值随层错能降低而增加，且滑移特征由波纹状变为平面状。

表 1-6　几种金属的层错能和 n 值

材料	晶格类型	层错能/$(mJ \cdot m^{-2})$	n	滑移特征
18-8 不锈钢	FCC	<10	≈0.45	平面状
铜	FCC	≈90	≈0.30	平面状/波纹状
铝	FCC	≈250	≈0.15	波纹状
α-Fe	BCC	≈250	≈0.20	波纹状

n 值对金属材料的冷热变形十分敏感。通常，退火态金属 n 值比较大，而在冷加工状态时则比较小，且随金属强度等级的降低而增加。由试验得知，n 与材料的屈服强度大致成反比关系。在某些合金中，n 也随溶质原子含量的增加而下降。材料的晶粒变粗，n 值提高。

应变硬化指数可用试验方法测定，也可用直线作图法求得。

对式（1-18）两边取对数，得

$$\ln\sigma_{zh}=\ln K+n\ln\varepsilon_{zh}$$

根据 $\ln\sigma_{zh}$-$\ln\varepsilon_{zh}$ 线性关系，只要在拉伸力-伸长曲线上确定几个点的 σ、ε 值，分别按照下式换算成 σ_{zh}、ε_{zh}，然后作 $\ln\sigma_{zh}$-$\ln\varepsilon_{zh}$ 直线，直线的斜率即为所求的 n 值。

$$\sigma_{zh}=(1+\varepsilon)\sigma, \quad \varepsilon_{zh}=\ln(1+\varepsilon)$$

将上述积分对数式微分，则

$$n=\frac{d(\lg\sigma_{zh})}{d(\lg\varepsilon_{zh})}=\frac{d(\ln\sigma_{zh})}{d(\ln\varepsilon_{zh})}=\frac{\varepsilon_{zh}}{\sigma_{zh}}\times\frac{d\sigma_{zh}}{d\varepsilon_{zh}}$$

所以应变硬化指数 n 与应变硬化速率关系如下：

$$\frac{\mathrm{d}\sigma_{zh}}{\mathrm{d}\varepsilon_{zh}} = n \frac{\sigma_{zh}}{\varepsilon_{zh}} \tag{1-19}$$

式（1-19）表明，在 $\frac{\sigma_{zh}}{\varepsilon_{zh}}$ 比值相近的条件下，n 值越大的材料，$\frac{\mathrm{d}\sigma_{zh}}{\mathrm{d}\varepsilon_{zh}}$ 越大，应力-应变曲线越陡。但是 n 值小的材料，若 $\frac{\sigma_{zh}}{\varepsilon_{zh}}$ 比值大，同样可以有较高的应变硬化速率。

应变硬化指数 n 有十分明显的工程意义。如金属材料的 n 值较大，则加工成的零件在服役时承受偶然过载的能力也就比较大，可以阻止零件某些薄弱部位继续塑性变形，从而保证零件安全服役。

真实均匀应变量 ε_{zhb} 与 A_{gt} 之间存在如下关系：

$$\varepsilon_{zhb} = \ln(1 + A_{gt})$$

式中，A_{gt} 为最大力总延伸率，即试样拉伸至最大力时原始标距的总延伸（弹性延伸加塑性延伸）与原始标距之比的百分率。A_{gt} 实际上是金属材料拉伸时产生的最大均匀塑性变形（工程应变）量。对于退火、正火态的低、中碳钢等韧性材料，在拉伸试验时材料的 A_{gt} 可直接测出。应变硬化指数 n 在数值上等于材料形成拉伸颈缩时的真实均匀应变量 ε_{zhb}，故 n 也可由上式求出。

因此，n 对板材冷变形工艺有重要影响。n 值大的材料，冲压性能好，因为应变硬化效应高，变形均匀，减少变薄和增大极限变形程度，不易产生裂纹。深冲级钢板成形性要求 $n > 0.20$。由表1-5、表1-6可见，18-8不锈钢和超低碳钢的 n 值均满足此要求，故广泛用于制造板材。

也可直接用 A_{gt} 评定冲压用板材的极限变形程度，如翻边系数、扩口系数、最小弯曲半径、胀形系数等。试验表明，大多数材料的翻边变形程度与 A_{gt} 成正比。对于深拉深用钢板，一般要求有很高的 A_{gt} 值。

n 值还可反映材料的应变硬化效果。n 值越大，应变硬化效果就越突出，如18-8不锈钢 n 值高，变形前强度值为 $R_{p0.2} = 196\mathrm{MPa}$，$R_m = 588\mathrm{MPa}$；经40%轧制后，$R_{p0.2} = 784 \sim 980\mathrm{MPa}$，提高3～4倍，$R_m = 1174\mathrm{MPa}$，提高1倍。不能热处理强化的金属材料都可以用应变硬化方法强化。如通过喷丸、表面滚压等在工件表面进行局部应变硬化，可有效提高强度和硬度。

1.3.3.2 颈缩现象

（1）颈缩现象和意义

颈缩是韧性金属材料在拉伸试验时变形集中于局部区域的特殊现象（图1-17），它是应变硬化（物理因素）与截面减小（几何因素）共同作用的结果。前文已述及，在金属试样拉伸曲线极大值 m 点（见图1-2）之前，塑性变形是均匀的，因为材料应变硬化，试样承载能力增加，可以补偿因试样截面减小造成的承载力的下降。在 m 点之后，由于应变硬化跟不上塑性变形的发展，变形集中于试样局部区域，产生颈缩。在 m 点之前，$\mathrm{d}F > 0$；在 m 点之后，$\mathrm{d}F < 0$。m 点是最大力点，也是局部塑性变形开始点，也称拉伸失稳点或塑性失稳点。由于 m 点后试样的断裂开始发生，所以找出拉伸失稳的临界条件，即颈缩判据，对于零件设计无疑是有益的。

图 1-17　拉伸试样颈缩实物图

（2）颈缩判据

拉伸失稳或颈缩的判据应为 $\mathrm{d}F=0$。在任一瞬间，拉伸力 F 为真实应力 σ_{zh} 与试样瞬时横截面积 S 之积，即 $F=\sigma_{zh}S$。对 F 全微分，并令其等于零，即

$$\mathrm{d}F=S\mathrm{d}\sigma_{zh}+\sigma_{zh}\mathrm{d}S \tag{1-20}$$

所以

$$\frac{\mathrm{d}S}{S}=-\frac{\mathrm{d}\sigma_{zh}}{\sigma_{zh}} \tag{1-21}$$

在塑性变形过程中，因材料应变硬化，故 $\mathrm{d}\sigma_{zh}$ 恒大于 0；$\mathrm{d}S$ 因试样截面积减小而恒小于 0。所以，式（1-20）中第一项为正值，表示材料应变硬化使试样承载能力增加，第二项为负值，表示试样截面收缩使其承载能力下降。

根据塑性变形时体积不变条件，得 $\mathrm{d}V=0$。

因　　　　　　　　　　　　　　$V=SL$

故　　　　　　　　　　　　　　$S\mathrm{d}L+L\mathrm{d}S=0$

$$-\frac{\mathrm{d}S}{S}=\frac{\mathrm{d}L}{L}=\mathrm{d}\varepsilon_{zh}=\frac{\mathrm{d}\varepsilon}{1+\varepsilon} \tag{1-22}$$

联立解式（1-21）、式（1-22）得

$$\sigma_{zh}=\frac{\mathrm{d}\sigma_{zh}}{\mathrm{d}\varepsilon_{zh}} \tag{1-23}$$

或

$$\frac{\mathrm{d}\sigma_{zh}}{\mathrm{d}\varepsilon}=\frac{\sigma_{zh}}{1+\varepsilon} \tag{1-24}$$

式（1-23）即为颈缩判据。可知，当真实应力-应变曲线上某点的斜率（应变硬化速率）等于该点的真实应力（流变应力，即屈服后继续塑性变形并随之升高的抗力）时，颈缩产生（图 1-18）。

Hollomon 关系式［见式（1-18）］在颈缩点处成立，并有 $\dfrac{\mathrm{d}\sigma_{zh}}{\mathrm{d}\varepsilon_{zh}}=Kn\varepsilon_{zh}^{n-1}$，故根据式（1-23）可得

$$\begin{cases} Kn\varepsilon_{zhb}^{n-1}=K\varepsilon_{zhb}^{n} \\ \varepsilon_{zhb}=n \end{cases} \tag{1-25}$$

上式表明，金属材料的应变硬化指数决定了开始发生颈缩的应变和应力。当真应变量 ε_{zhb} 等于应变硬化指数 n 时，颈缩便会产生。应变硬化指数越大，材料的应变硬化能力越强。

（3）颈缩颈部应力修正

颈缩一旦产生，拉伸试样原来所受的单向应力状态就被破坏，而在颈缩区出现三向应力

状态，这是由于颈缩区中心部分拉伸变形的径向收缩受到约束。在三向应力状态下，材料塑性变形比较困难。为了继续塑性变形，就必须提高轴向应力，因而颈缩处的轴向真实应力高于单向受力下的轴向真实应力，并且随着颈部进一步变细，真实应力还要不断增加。颈部三向应力状态如图1-19所示。

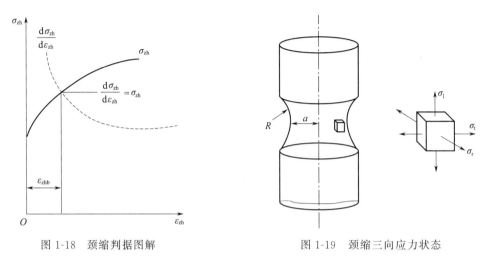

图 1-18　颈缩判据图解　　　　　　　图 1-19　颈缩三向应力状态

为了补偿颈部径向应力、切向应力对轴向应力的影响，求得仍然是均匀轴向应力状态下的真实应力，以得到真正的真实应力-应变曲线，必须对颈部应力进行修正。为此，可利用 Bridgman 关系式进行计算：

$$\sigma'_{zh} = \frac{\sigma_{zh}}{\left(1+\dfrac{2R}{a}\right)\ln\left(1+\dfrac{a}{2R}\right)} \tag{1-26}$$

式中　σ'_{zh}——修正后的真实应力；

$\quad\quad\sigma_{zh}$——颈部轴向真实应力（等于拉伸力除以颈部最小横截面积）；

$\quad\quad R$——颈部轮廓线曲率半径；

$\quad\quad a$——颈部最小截面半径。

1.3.3.3　屈强比

金属材料屈服强度与抗拉强度的比值，称为屈强比。屈强比不是材料独立的拉伸力学性能指标，但由于它的重要实际意义，在某些工程领域，屈强比也是选材用材的一项性能指标。

屈强比的大小，反映材料均匀塑性变形的能力和应变硬化性能，对材料冷成形加工具有重要意义。

屈强比大，即屈服强度高、抗拉强度低，材料抗均匀塑性变形能力强，均匀塑性变形量小，塑性低。使用这样的材料加工的零件受载后易在应力集中部位产生低应力脆性断裂。在建筑工程领域，为了减轻地震地质灾害，我国规定抗震热轧钢筋的 R_m/R_{eL} 不小于 1.25（具体参见 GB/T 1499.2—2024），使钢结构在地震时吸收较多地震能，避免建筑物严重损毁。大跨度结构用钢板也要求在保证抗拉强度和屈服强度足够的前提下，具有较低的屈强比，以提高建筑结构的抗地震性能。石油天然气输送管道用宽厚钢板的强度要求不断提高，其 $R_{t0.5}/R_m$ 可高达 0.90～0.99，塑性要求逐步降低，但韧性要求同步增加。弹簧在弹性极限以下工作时，应具有尽可能高的弹性极限（屈服强度）和屈强比，其 R_{eL}/R_m 高达 $0.80\sim0.92$，但若遇偶然过载，极易发生脆性断裂失效，所以也要注意提高弹簧钢的韧性。

屈强比小，即屈服强度低、抗拉强度高，表明材料均匀塑性变形量大，塑性好，材料容易冷成形。

屈强比对材料应变硬化性能的影响，表现为应变硬化指数 n 值随屈强比而变化：屈强比大，则 n 值小；反之，屈强比小，则 n 值大。应变硬化指数 n 与屈强比的关系为

$$n = 1 - \sqrt{R_{eL}/R_m} \tag{1-27}$$

1.3.4 静力韧度

韧性是指材料在断裂前吸收变形功和断裂功的能力，或指材料抵抗裂纹扩展的能力。韧度是度量材料韧性的力学性能指标，分为静力韧度、冲击韧度和断裂韧度。材料在静拉伸时单位体积材料断裂前所吸收的功定义为静力韧度，它是强度和塑性的综合指标，又称强塑积。对拉伸断裂来说，韧度可理解为应力-应变曲线下包围的面积（图 1-20）。但工程上用近似计算方法，如对韧性材料，静力韧度 U_T 的计算式如下：

$$U_T \approx R_m A \text{ 或 } U_T \approx \frac{1}{2}(R_{eL} + R_m)A \tag{1-28}$$

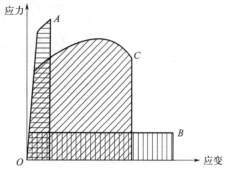

图 1-20　静力韧度示意图
A—高强度，低塑性，低韧性；
B—高塑性，低强度，低韧性；
C—中等强度，中等塑性，高韧性

静力韧度或强塑积都是表征材料的韧性指标，对于在服役中有可能遇到偶然过载的零件（如链条、起重吊钩、转向架牵引拉杆等），它们是必须考虑的重要指标。超轻钢汽车车身用钢板和石油天然气可膨胀管技术中的可膨胀管也要求材料具有高强度、高塑性，即均应具有较大的强塑积。低碳钢和传统高强度钢的强塑积仅为 $10\sim12GPa\cdot\%$；近年来已大量应用的相变诱发塑性钢（TRIP 钢）的强塑积为 $20\sim25GPa\cdot\%$，最高可达 $60GPa\cdot\%$ 以上。高的强塑积可以显著提高构件抗冲撞能力，也可以提高管件在井下的膨胀能力和抗挤毁能力。

1.4　材料的断裂

1.4.1　断裂的类型与特征

断裂是危害最大的材料失效形式。在应力作用下（有时还兼有热及介质的共同作用），材料被分成两个或几个部分，称为完全断裂；内部存在裂纹，则为不完全断裂。研究材料完全断裂（简称断裂）的宏观和微观特征、断裂机理（在无裂纹存在时，裂纹是如何形成与扩展的）、断裂的力学条件及影响金属断裂的内外因素，对于设计工作者和材料工作者进行零件安全设计与选材，分析零件断裂失效事故都是十分必要的。

材料的断裂过程一般包括裂纹形成与扩展两个阶段。对于不同的断裂类型，这两个阶段的机理与特征并不相同。可依据不同特征对断裂进行分类，断裂类型根据断裂的分类方法不同而异。

（1）韧性断裂与脆性断裂

韧性断裂（延性断裂）如图 1-21（a）所示，是材料断裂前产生明显宏观塑性变形的断裂，这种断裂有一个缓慢的撕裂过程，在裂纹扩展过程中不断地消耗能量。韧性断裂的断裂面一般平行于最大切应力，并与主应力呈 45°角。用肉眼或放大镜观察时，断口呈纤维状、灰暗色。纤维状是塑性变形过程中微裂纹不断扩展和相互连接造成的，而灰暗色则是纤维状断口表面对光反射能力很弱所致。

(a) 韧性断裂　　　　　(b) 脆性断裂

图 1-21　断口实物图

中低强度钢的光滑圆柱试样在室温下的静拉伸断裂是典型的韧性断裂，其宏观断口呈杯锥形，由纤维区、放射区和剪切唇三个区域组成（图 1-22），即所谓的断口特征三要素。

这种断口的形成过程如图 1-23 所示。当光滑圆柱拉伸试样受拉伸力作用，在试验力达到拉伸力-伸长曲线最高点时，便在试样局部区域产生颈缩，同时试样的应力状态也由单向变为三向，且中心轴向应力最大［图 1-23（a）］。在中心三向拉应力作用下，塑性变形难以进行，致使试样中心部分的夹杂物或第二相质点本身碎裂，或使夹杂物质点与基体界面脱离而形成微孔［图 1-23（b）］。微孔不断长大和聚合就形成显微裂纹［图 1-23（c）］。早期形成的显微裂纹，其端部会产生较大塑性变形，且集中于极窄的高变形带内。这些剪切变形带

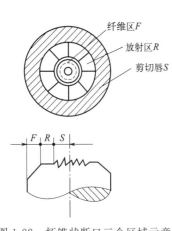

图 1-22　杯锥状断口三个区域示意图

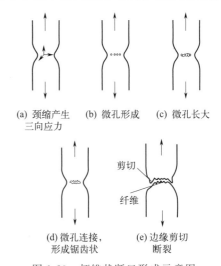

(a) 颈缩产生　　(b) 微孔形成　　(c) 微孔长大
　三向应力

(d) 微孔连接，　　(e) 边缘剪切
　形成锯齿状　　　　断裂

图 1-23　杯锥状断口形成示意图

从宏观上看大致与径向成 $50°\sim60°$ 角。新的微孔就在变形带内形核、长大和聚合，当其与裂纹连接时，裂纹便向前扩展了一段距离。这样的过程重复进行就形成锯齿形的纤维区 [图 1-23（d）]。纤维区所在平面（即裂纹扩展的宏观平面）垂直于拉伸应力方向。

纤维区中裂纹扩展缓慢，当其达到临界尺寸后就快速扩展，继而形成放射区。放射区有放射线花样特征。放射线平行于裂纹扩展方向而垂直于裂纹前端（每一瞬间）的轮廓线，并逆指向裂纹源。撕裂时塑性变形量越大，则放射线越粗。对于几乎不产生塑性变形的极脆材料，放射线花样消失。温度降低或材料强度增加时，由于塑性降低，放射线花样由粗变细，直至消失。

试样拉伸断裂的最后阶段形成杯状或锥状的剪切唇。剪切唇表面光滑，与拉伸轴呈 $45°$，是典型的切断型断裂。

上述断口三区域的形态、大小和相对位置，因试样形状、尺寸和金属材料的性能以及试验温度、加载速率和受力状态不同而变化。一般说来，材料强度提高，塑性降低，则放射区比例增大；试样尺寸加大，放射区增大明显，而纤维区变化不大。

金属材料的韧性断裂不及脆性断裂危险，在生产实践中也较少出现（因为许多零件在其材料产生较大塑性变形后就已经失效了），但是研究韧性断裂对于正确制定金属压力加工工艺（如挤压、拉深等）规范有重要意义，因为在这些加工工艺中材料要产生较大的塑性变形，并且不允许产生断裂。

脆性断裂 [图 1-21（b）] 是突然发生的断裂，断裂工作应力很低，往往低于材料的屈服强度。脆性断裂前基本上不发生塑性变形，没有明显征兆，因而危害性很大。脆性断裂的断裂面一般与正应力垂直，断口平齐而光亮，常呈放射状或结晶状。板状矩形拉伸试样断口中的人字纹花样如图 1-24 所示。人字纹花样的放射方向也与裂纹扩展方向平行，但其尖顶指向裂纹源。实际多晶体金属断裂时主裂纹向前扩展，其前沿可能形成一些次生裂纹，这些裂纹向后扩展，借低能量撕裂与主裂纹连接便形成人字纹。

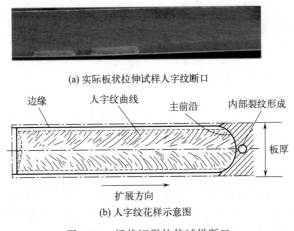

(a) 实际板状拉伸试样人字纹断口

(b) 人字纹花样示意图

图 1-24　板状矩形拉伸试样断口

通常，脆性断裂前也产生微量塑性变形。一般规定光滑拉伸试样的断面收缩率小于 5%（反映微量的均匀塑性变形，因为脆性断裂不形成颈缩）者为脆性断裂；反之，大于 5% 者为韧性断裂。由此可见，金属材料的韧性与脆性断裂是根据一定条件下的规定塑性变形量来区分的。材料的韧性与脆性行为也会随外界条件发生变化，在后续相关章节有详细讨论。

（2）穿晶断裂与沿晶断裂

如图 1-25 所示，多晶体金属断裂时，裂纹扩展的路径可穿过晶粒，也可沿晶界扩展。前者称为穿晶断裂，后者称为沿晶断裂。

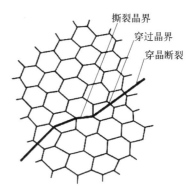

图 1-25　沿晶断裂和穿晶断裂示意图

图 1-26　冰糖状断口

从宏观上看，穿晶断裂可以是韧性断裂（如韧脆转变温度以上的穿晶断裂），也可以是脆性断裂（如低温下的穿晶解理断裂）；而沿晶断裂则一般是脆性断裂。沿晶断裂是由晶界上的一薄层连续或不连续脆性第二相、夹杂物，破坏了晶界的连续性所造成的，也可能是杂质元素向晶界偏聚引起的。应力腐蚀、氢脆、回火脆性、淬火裂纹、磨削裂纹等大都是沿晶断裂。

扫描电子显微镜（SEM）下沿晶断裂的断口形貌呈冰糖状（图 1-26），但若晶粒很细小，则肉眼无法辨认出冰糖状形貌，此时断口一般呈晶粒状，颜色较纤维状断口明亮，但比纯脆性断口要灰暗些，因为它们没有反光能力很强的小平面。

（3）纯剪切断裂、微孔聚集型断裂与解理断裂

① 剪切断裂。剪切断裂是金属材料在切应力作用下沿滑移面分离而造成的断裂，其中又分为纯剪切断裂（滑断）和微孔聚集型断裂。

纯金属尤其是单晶体金属常产生纯剪切断裂，其断口呈锋利的楔形（单晶体金属）或刀尖形（多晶体金属的完全韧性断裂）。这是纯粹由滑移流变所造成的断裂。

微孔聚集型断裂是通过微孔形核、长大、聚合而导致的材料的分离。实际材料中常同时形成许多微孔，微孔长大、互相连接，最终会导致材料断裂。常用金属材料一般易产生这类性质的断裂，如低碳钢在室温下的拉伸断裂。

② 解理断裂。解理断裂是金属材料在一定条件下（如低温），当外加正应力达到一定数值后，以极快速率沿一定晶体平面产生的穿晶断裂，因与大理石断裂类似，故称此种晶体学平面为解理面。解理面一般是低指数晶面或表面能最低的晶面。典型金属的解理面见表 1-7。

表 1-7 一些典型金属的解理面及临界解理应力

金属	晶体结构	解理面	试验温度/℃	临界解理应力/MPa
W	体心立方	(100)	—	—
α-Fe	体心立方	(100)	−185	254.8
			−185	267.5
Zn	密排六方	(0001)	−185	1.76～1.96
Zn（含 0.03%Cd）		(0001)，($10\bar{1}0$)	−185	1.86
			−185	17.64
Zn（含 0.13%Cd）		(0001)	−185	2.94
Zn（含 0.53%Cd）		(0001)	−185	11.76
Mg	密排六方	(0001)，($10\bar{1}1$)	—	—
		($10\bar{1}2$)，($10\bar{1}0$)	—	—
Te	密排六方	($10\bar{1}0$)	20	4.21
Sb	菱方	($11\bar{1}$)	20	6.47
Bi	菱方	(111)	20	3.14

通常，解理断裂总是脆性断裂，但有时在解理断裂前也存在一定的塑性变形，所以解理断裂与脆性断裂不是同义词，前者是针对断裂机理而言，后者则指断裂的宏观形态。

除了上述断裂分类方法外，还有按断裂面的取向或按作用力方式等分类方法。若断裂面取向垂直于最大正应力，即为正断型断裂；若断裂面取向与最大切应力方向一致而与最大正应力方向约成 45°，即为切断型断裂。前者如解理断裂或塑性变形受较大约束下的断裂，后者如塑性变形不受约束或约束较小情况的断裂，如拉伸断口上的剪切唇。

常用的断裂分类方法及其特征归纳见表 1-8。

表 1-8 断裂分类方法及其特征

分类方法	名称	断裂示意图	特征
根据断裂前塑性变形大小分类	脆性断裂		断裂前没有明显的塑性变形，断口形貌呈光亮的结晶状
	韧性断裂		断裂前产生明显塑性变形，断口形貌呈暗灰色纤维状
根据断裂面的取向分类	正断		断裂的宏观表面垂直于 σ_{max} 方向
	切断		断裂的宏观表面垂直于 τ_{max} 方向
根据裂纹扩展的途径分类	穿晶断裂		裂纹穿过晶粒内部
	沿晶断裂		裂纹沿晶界扩展

分类方法	名称	断裂示意图	特征
根据断裂机理分类	解理断裂		无明显塑性变形，沿解理面分离，穿晶断裂
	微孔聚集型断裂		沿晶界微孔聚合，沿晶断裂
			在晶内微孔聚合，穿晶断裂
	纯剪切断裂		沿滑移面分离，剪切断裂（单晶体）
			颈缩导致最终断裂（多晶体、高纯金属）

由于解理断裂是典型的脆性断裂，而韧性断裂多数是微孔聚集型断裂，所以下面主要介绍这两类断裂的机理和断裂的力学条件，以及两类断裂的相互转化。

1.4.2 断裂机制

1.4.2.1 解理断裂

解理断裂是沿特定界面发生的脆性穿晶断裂，对理想的单晶体，若解理断裂是完全沿单一晶面的分离，则解理面断口为一个平坦完整的面。但实际的解理断裂断口是由许多大致相当于晶粒大小的解理面集合而成的。这种大致以晶粒大小为单位的解理面称为解理刻面。在解理刻面内部，很少仅从一个解理面发生解理破坏。在多数情况下，裂纹要跨越若干相互平行的而且位于不同高度的解理面，因而在同一刻面内部出现了解理台阶［图1-27（a）］和河流花样［图1-27（b）］，后者实际上是解理台阶的一种标志。解理台阶、河流花样，还有舌状花样是解理断裂的基本微观特征。

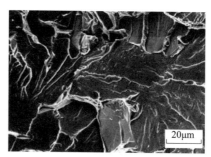

(a) 解理台阶　　　　　　　　　(b) 河流花样

图 1-27　解理断口形貌

解理台阶可认为是解理裂纹与螺型位错相交而形成的。设晶体内有一螺型位错 CD ［图1-28（a）］和代表解理裂纹的一刃型位错 ［图1-28（b）］。当解理裂纹与螺型位错相遇后，

便形成一个高度为 b 的台阶 [图 1-28（c）]。解理台阶也可由二次解理或撕裂形成，形成过程如图 1-29 所示。它们沿裂纹前端滑动而相互汇合，同号台阶相互汇合长大。当汇合台阶高度足够大时，便成为河流花样（图 1-30）。河流花样是判断是否为解理断裂的重要微观依据。"河流"的流向与裂纹扩展方向一致，所以可以根据"河流"流向确定在微观范围内解理裂纹的扩展方向，而按"河流"反方向去寻找断裂源。

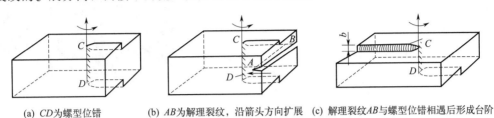

(a) CD为螺型位错　　(b) AB为解理裂纹，沿箭头方向扩展　(c) 解理裂纹AB与螺型位错相遇后形成台阶

图 1-28　解理裂纹与螺型位错相交形成解理台阶

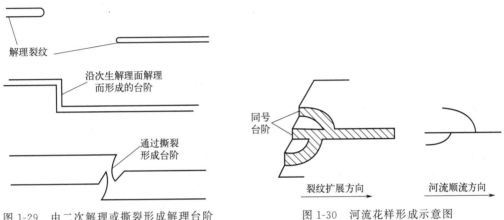

图 1-29　由二次解理或撕裂形成解理台阶　　　　图 1-30　河流花样形成示意图

解理断裂的另一微观特征是存在舌状花样（图 1-31），因其在电子显微镜 [图 1-31（a）] 下的形貌类似于人舌而得名。它是解理裂纹因沿孪晶界扩展而留下的舌头状凹坑或凸台 [图 1-31（b）]，故在匹配断口上"舌头"为黑白对应的。

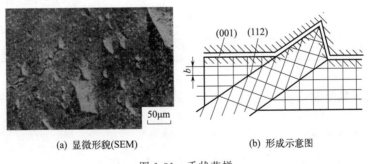

(a) 显微形貌(SEM)　　　　　　(b) 形成示意图

图 1-31　舌状花样

1.4.2.2　准解理断裂

在许多淬火回火钢（如回火马氏体钢）中，其回火产物中有弥散细小的碳化物质点，它

们影响裂纹的形成与扩展。当裂纹在晶粒内扩展时，难以严格地沿一定晶体学平面扩展。其解理面除（001）面外，还有（110）、（112）等晶面。断裂路径不再与晶粒位向有关，而主要与细小碳化物质点有关。其微观形态特征，似解理河流但又非真正解理，故称为准解理断裂（图 1-32）。

图 1-33 为准解理断口撕裂棱的形成过程示意图，一些质点（主要在晶粒内）单独形成裂纹，然后裂纹扩展，最终连接形成撕裂棱。由此可见准解理断裂是由解理断裂和微孔聚合复合作用所致。

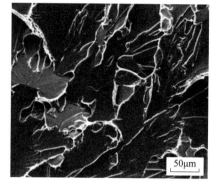

图 1-32　准解理断口（SEM）

(a) 裂纹形成　　　(b) 裂纹长大　　　(c) 撕裂连接成撕裂棱

图 1-33　准解理断裂过程

准解理断裂与解理断裂的共同点是：都属于穿晶断裂，有小解理刻面，有台阶或撕裂棱及河流花样。不同点为准解理断裂小刻面不是晶体学解理面。真正解理裂纹常源于晶界，而准解理裂纹则常源于晶内硬质点，形成从晶内某点发源的放射状河流花样。准解理断裂不是一种独立的断裂机理，而是解理断裂的变种，两者主要区别见表 1-9。

表 1-9　准解理断裂和解理断裂的主要区别

项目	断裂方式	
	准解理断裂	解理断裂
裂纹形核位置	晶内、夹杂、空洞、硬质点	晶界或其它界面
裂纹扩展面	不连续、局部放射扩展，碳化物及质点影响路径非标准解理面	自一侧向另一侧扩展标准解理面连接
扩展面连接方式	撕裂棱，韧窝、韧窝带	次解理面解理、撕裂棱
断口特征形态尺寸	较大凹盆状准解理面	狭长的河流状解理平面

1.4.2.3　微孔聚集断裂

（1）微孔形核和长大

微孔聚集断裂过程包括微孔形核、长大、聚合，直至断裂。

微孔是通过第二相（或夹杂物）质点本身破裂，或第二相（或夹杂物）与基体界面脱离而形核的，它们是金属材料在断裂前塑性变形进行到一定程度时产生的。在第二相质点处微孔形核的原因是：位错引起应力集中，或在高应变条件下因第二相与基体塑性变形不协调而产生分离。

微孔形核长大位错模型如图 1-34 所示。位错线运动遇到第二相质点时，往往按绕过机制在其周围形成位错环［图 1-34（a）］，这些位错环在外加应力作用下在第二相质点处堆积起来［图 1-34（b）］。当位错环移向质点与基体界面时，界面立即沿滑移面分离而形成微孔［图 1-34（c）］。由于微孔形核，后面的位错所受排斥力大大下降而被迅速推向微孔，并使位错源重新被激活起来，不断放出新位错。新的位错连续进入微孔，从而使微孔长大［图 1-34（d）］。

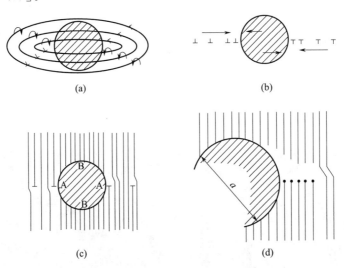

(a)　　　　　　　　　　　　　　(b)

(c)　　　　　　　　　　　　　　(d)

图 1-34　微孔形核长大模型示意图

微孔长大的同时，几个相邻微孔之间的基体横截面积不断减小。因此，基体被微孔分割成无数个小单元，每一小单元可看作一个小拉伸试样。它们在外力作用下，可能借塑性流变方式产生颈缩（内颈缩）并断裂，使微孔连接（聚合）形成微裂纹。随后，因在裂纹尖端附近存在三向拉应力区和不均匀集中塑性变形区，在该区又形成新的微孔。新的微孔借内颈缩与裂纹连通，使裂纹向前推进一定长度，如此不断进行下去直至最终断裂。

古兰德（J. Gurland）和普拉特奥（J. Plateau）指出，微孔聚集韧性断裂裂纹形成所需的拉应力与第二相质点尺寸的平方根成反比关系。试验证明，对于某些高强度淬火回火钢和球化的碳钢，在碳化物形状一定时，其抗拉强度 R_m 与碳化物大小之间也有类似关系。这说明，微孔形成处于这类材料韧性断裂的控制阶段，并且其赋予了抗拉强度以新的物理概念，即抗拉强度相当于微孔开始形成时的应力。

（2）微孔聚集断裂的微观断口特征

微孔形核长大和聚合在断口上留下的痕迹，就是在电子显微镜下观察到的大小不等的圆形或椭圆形韧窝。韧窝是微孔聚集断裂的基本特征。

韧窝形貌视应力状态不同而异，有下列三类：等轴韧窝、拉长韧窝和撕裂韧窝（图 1-35），在电子显微镜下的形貌如图 1-36 所示。等轴韧窝在拉伸正应力下形成，而拉长韧窝主要在剪切应力下形成，通常在拉伸、冲击断口的剪切唇部位出现，故也称为剪切韧窝。

韧窝的大小（直径和深度）取决于第二相质点的大小和密度、基体材料的塑性变形能力和应变硬化指数，以及外加应力的大小和状态等。第二相质点密度增大或其间距减小，则微孔尺寸减小。金属材料的塑性变形能力及其应变硬化指数大小直接影响着已长成一定尺寸的

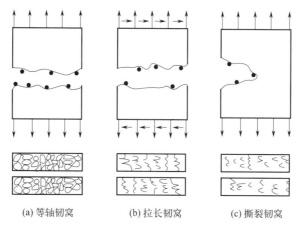

(a) 等轴韧窝   (b) 拉长韧窝   (c) 撕裂韧窝

图 1-35   不同应力状态下的韧窝形貌示意图

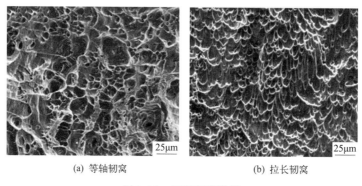

(a) 等轴韧窝   (b) 拉长韧窝

图 1-36   韧窝实际形貌

微孔的连接、聚合方式。应变硬化指数越大的材料，越难以发生内颈缩，故微孔尺寸变小。应力大小和状态的改变，实际上是通过影响材料塑性变形能力而间接影响韧窝深度的。在单向拉伸应力下，内颈缩易于产生，故韧窝深度增加；相反，在多向拉伸应力下或在缺口根部，韧窝则较浅。

必须指出，微孔聚集断裂一定有韧窝存在，但在微观形态上出现韧窝，其宏观上不一定就是韧性断裂。因为宏观上为脆性断裂时，在局部区域内也可能有塑性变形，从而显示出韧窝形态。

1.4.3 断裂强度

1.4.3.1 理论断裂强度

金属材料之所以具有工业价值，是因为它们有较高的强度，同时又有一定的塑性。决定材料强度的最基本因素是原子间结合力，原子间结合力越高，则弹性模量、熔点就越高。人们曾经根据原子间结合力推导出晶体在切应力作用下，两原子面做相对刚性滑移时所需的理论切应力，即理论切变强度。结果表明，理论切变强度与切变模量相差一定数量级。用同样的办法也可以推导出在外加正应力作用下，将晶体的两个原子面沿垂直于外力方向拉断所需的应力，即理论断裂强度。粗略计算表明，理论断裂强度与弹性模量也相差一定数量级。

假设一完整晶体受拉应力作用后，原子间结合力与原子间位移的关系曲线如图 1-37 所示。曲线上的最大值 σ_m 即代表晶体在弹性状态下的最大结合力——理论断裂强度。作为一级近似，该曲线可用正弦曲线表示为

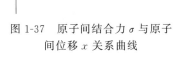

$$\sigma = \sigma_m \sin\frac{2\pi x}{\lambda} \tag{1-29}$$

式中　λ——正弦曲线的波长；

　　x——原子间位移。

图 1-37　原子间结合力 σ 与原子间位移 x 关系曲线

如果原子间位移很小，则 $\sin\frac{2\pi x}{\lambda} \approx \frac{2\pi x}{\lambda}$，于是

$$\sigma = \sigma_m \frac{2\pi x}{\lambda} \tag{1-30}$$

研究弹性状态下的晶体破坏，当原子间位移很小时，根据胡克定律有

$$\sigma = E\varepsilon = \frac{Ex}{a_0} \tag{1-31}$$

式中　ε——弹性应变；

　　a_0——原子间平衡距离。

合并上述式（1-30）和式（1-31），消去 x 得

$$\sigma_m = \frac{\lambda}{2\pi} \times \frac{E}{a_0} \tag{1-32}$$

另一方面，晶体脆性断裂时所消耗的功用来供给形成两个新表面所需的表面能。设裂纹表面上单位面积的表面能（即比表面能）为 γ_s，形成单位裂纹表面的外力所做的功，应为 σ-x 曲线下所包围的面积，即

$$U_0 = \int_0^{\lambda/2} \sigma_m \sin\frac{2\pi x}{\lambda}\mathrm{d}x = \frac{\lambda\sigma_m}{\pi} \tag{1-33}$$

这个功等于表面能 γ_s 的两倍（断裂时形成两个新表面），即

$$\frac{\lambda\sigma_m}{\pi} = 2\gamma_s$$

或

$$\lambda = \frac{2\pi\gamma_s}{\sigma_m} \tag{1-34}$$

将式（1-34）代入式（1-32），消去 λ 得

$$\sigma_m = \left(\frac{E\gamma_s}{a_0}\right)^{\frac{1}{2}} \tag{1-35}$$

这就是理想晶体脆性（解理）断裂的理论断裂强度。由式（1-35）可知，晶体弹性模量越大、表面能越大、原子间距越小，即结合越紧密，则理论断裂强度就越大。在 E、a_0 一定时，σ_m 与 γ_s 有关，解理面的 γ_s 低，所以 σ_m 小而易解理。

如果用 E、a_0 和 γ_s 的具体数值代入，则可以获得 σ_m 的实际值。如铁的 $E = 2\times 10^5\,\mathrm{MPa}$，$a_0 = 2.5\times 10^{-10}\,\mathrm{m}$，$\gamma_s = 2\,\mathrm{J/m^2}$，则 $\sigma_m = 4.0\times 10^4\,\mathrm{MPa}$。若用 E 表示，则 $\sigma_m = E/5$。通常 $\sigma_m = E/10$。实际金属材料的断裂应力仅为理论值 σ_m 的 $1/1000 \sim 1/10$。与引进位错理论以解释实际金属的屈服强度低于理论切变强度相似，人们自然想到，实际金属材料

中一定存在某种缺陷，使断裂强度显著下降。不过位错理论的提出要比解释断裂强度的理论晚十余年。

1.4.3.2 格里菲斯强度理论

为了解释玻璃、陶瓷等脆性材料断裂强度的理论值与实际值的巨大差异，格里菲斯（A. A. Griffith）在 1921 年提出，实际材料中已经存在裂纹，当平均应力还很低时，局部应力集中已达到很高数值（达到 σ_m），从而使裂纹快速扩展并导致脆性断裂。他根据能量平衡原理计算出了裂纹自动扩展时的应力值，即计算了裂纹体的强度。能量平衡原理指出，由于存在裂纹，系统弹性能降低，势必与因存在裂纹而增加的表面能相平衡。若弹性能降低足以满足表面能增加的需要，裂纹就会失稳扩展，引起脆性破坏。

设想有一单位厚度的无限宽薄板，对其施加一拉应力，而后使其固定以隔绝外界能量（图 1-38），在垂直板表面的方向上可以自由位移，$\sigma_z = 0$，板处于平面应力状态。

板每单位体积储存的弹性能为 $\sigma^2/(2E)$。如果在这个板的中心割开一个垂直于应力 σ、长度为 $2a$ 的裂纹，则原来弹性拉紧的平板就要释放弹性能。根据弹性理论计算，释放的弹性能大小为

$$U_e = \frac{\pi \sigma^2 a^2}{E} \tag{1-36}$$

因为是系统释放的弹性能，其前端应冠以负号，即

$$U_e = -\frac{\pi \sigma^2 a^2}{E} \tag{1-37}$$

另外，裂纹形成时产生新表面需提供表面能，设裂纹的比表面能为 γ_s，则表面能为

$$W = 4a\gamma_s \tag{1-38}$$

于是，整个系统的能量变化为

$$U_e + W = -\frac{\pi \sigma^2 a^2}{E} + 4a\gamma_s \tag{1-39}$$

由于 γ_s 及 σ 恒定，则系统总能量变化及每一项能量变化均与裂纹半长 a 有关。

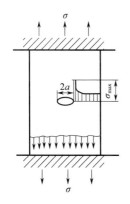

图 1-38 格里菲斯裂纹模型

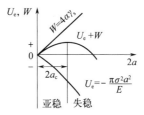

图 1-39 裂纹扩展尺寸与能量变化关系

由图 1-39 可见，在总能量曲线的最高点处，系统总能量对裂纹半长 a 的一阶偏导数应等于 0，即

$$\frac{\partial\left(-\dfrac{\pi\sigma^2 a^2}{E}+4a\gamma_{\mathrm{s}}\right)}{\partial a}=0 \tag{1-40}$$

于是裂纹失稳扩展的临界应力为

$$\sigma_{\mathrm{c}}=\left(\frac{2E\gamma_{\mathrm{s}}}{\pi a}\right)^{\frac{1}{2}} \tag{1-41}$$

这就是著名的格里菲斯公式，σ_{c} 即为有裂纹物体的断裂强度（实际断裂强度）。它表明，在脆性材料中，裂纹扩展所需的应力 σ_{c}（脆断应力）反比于裂纹半长的平方根。如物体所受的外加应力 σ 达到 σ_{c}，则裂纹产生失稳扩展。如外加应力不变，裂纹在物体服役时不断长大，则当裂纹长大到下列尺寸 a_{c} 时，也达到失稳扩展的临界状态，即

$$a_{\mathrm{c}}=\frac{2E\gamma_{\mathrm{s}}}{\pi\sigma^2} \tag{1-42}$$

式（1-41）和式（1-42）适用于薄板情况。对于厚板，由于 $\sigma_z\neq0$，厚板处于平面应变状态。此时因

$$U_{\mathrm{e}}=-\left(\frac{\pi\sigma^2 a^2}{E}\right)(1-\nu^2)$$

故

$$\sigma_{\mathrm{c}}=\left[\frac{2E\gamma_{\mathrm{s}}}{\pi(1-\nu^2)a}\right]^{\frac{1}{2}} \tag{1-43}$$

$$a_{\mathrm{c}}=\frac{2E\gamma_{\mathrm{s}}}{\pi(1-\nu^2)\sigma^2} \tag{1-44}$$

式中　ν——泊松比。

式（1-43）和式（1-44）中的 a_{c} 为在一定应力水平下的裂纹失稳扩展的临界尺寸，具有临界尺寸的裂纹称为格里菲斯裂纹。

式（1-41）～式（1-44）都是脆性断裂的断裂判据。比较式（1-41）和式（1-43）可知，对于脆性材料，无论是薄板还是厚板，它们的实际断裂强度几乎相同，二者仅相差 $1/(1-\nu^2)$。

格里菲斯理论是根据热力学原理得出断裂发生的必要条件，但这并不意味着事实上一定要断裂。裂纹自动扩展的充分条件是其尖端应力要大于或等于理论断裂强度 σ_{m}。设图 1-38 中裂纹尖端曲率半径为 ρ，根据弹性应力集中系数计算式，在此条件下裂纹尖端的最大应力为

$$\sigma_{\max}=\sigma\left[1+2\left(\frac{a}{\rho}\right)^{\frac{1}{2}}\right]\approx2\sigma\left(\frac{a}{\rho}\right)^{\frac{1}{2}} \tag{1-45}$$

式中　σ——名义拉应力。

由式（1-45）可知，$\sigma_{\max}$ 随名义拉应力增加而增大，当 $\sigma_{\max}$ 达到 σ_{m} 时，断裂开始（裂纹扩展），此时，$\sigma_{\max}=\sigma_{\mathrm{m}}$，即

$$2\sigma\left(\frac{a}{\rho}\right)^{\frac{1}{2}}=\left(\frac{E\gamma_{\mathrm{s}}}{a_0}\right)^{\frac{1}{2}}$$

由此，断裂时的名义应力为

$$\sigma_{\mathrm{c}}=\left(\frac{E\gamma_{\mathrm{s}}\rho}{4aa_0}\right)^{\frac{1}{2}} \tag{1-46}$$

如果裂纹很尖，其尖端裂纹曲率半径 ρ 小到原子面间距离 a_0 那样的尺寸，则式（1-46）成为

$$\sigma_c = \left(\frac{E\gamma_s}{4a}\right)^{\frac{1}{2}} \tag{1-47}$$

式（1-47）与格里菲斯公式［式（1-41）］基本相似，只是系数不同而已，前者的系数为 0.5，后者的系数为 0.8。由此可见，满足了格里菲斯能量条件，也就同时满足了应力判据规定的充分条件。但如果裂纹尖端曲率半径远比原子面间距大，则两个条件不一定能同时得到满足。

比较式（1-46）和式（1-41）可知，当 $\rho = 3a_0$ 时，两个公式数值相近，$3a_0$ 即代表格雷菲斯公式适用的弹性裂纹有效曲率半径的下限。如果 $\rho < 3a_0$，则用格里菲斯公式计算脆断应力，但 ρ 不能趋于零，因为这样的裂纹实际上是不存在的。如果 $\rho > 3a_0$，则按式（1-46）计算脆断应力。

必须指出，格里菲斯对长为 $2a$ 的中心穿透裂纹计算所得的断裂应力公式，对长为 a 的表面半椭圆裂纹也是适用的。对于后一种裂纹，式中的 a 就是裂纹长度。

格里菲斯公式只适用于脆性固体，如玻璃、金刚石等，即只适用于那些裂纹尖端塑性变形可以忽略的情况。

对于工程金属材料，如钢等，裂纹尖端会产生一定的塑性变形，要消耗塑性变形功，其值远比表面能大（至少相差 1000 倍）。为了能应用格里菲斯公式，需要对之进行修正。

奥罗万（E. Orowan）和欧文（G. R. Irwin）研究了裂纹尖端塑性变形的性质后指出，格里菲斯公式［式（1-41）］中的表面能应由形成裂纹表面所需的表面能 γ_s 及产生塑性变形所需的塑性功 γ_p 构成。于是，格里菲斯公式应转化为下列形式：

$$\sigma_c = \left[\frac{2E(\gamma_s + \gamma_p)}{\pi a}\right]^{\frac{1}{2}} \tag{1-48}$$

式（1-48）称为格里菲斯-奥罗万-欧文公式，式中 γ_p 为单位面积裂纹表面所消耗的塑性功，$(\gamma_s + \gamma_p)$ 称为有效表面能。因为 $(\gamma_s + \gamma_p)$ 远大于 γ_s，故式（1-48）可改写为

$$\sigma_c = \left(\frac{2E\gamma_p}{\pi a}\right)^{\frac{1}{2}} \tag{1-49}$$

格里菲斯理论的前提是承认实际金属材料中已经存在裂纹，不涉及裂纹的来源问题。裂纹既可能是原材料在冶炼中或工件在铸、锻、焊、热处理等加工过程中产生的，也可能是材料在受载过程中因塑性变形诱发而产生的。无论是何种来源的裂纹，其扩展的力学条件都是一致的，这可从表 1-10 中看出来。为了比较起见，表中还列出了理论断裂强度的表达式。表中格里菲斯公式或格里菲斯-奥罗万-欧文公式适用于两种来源的裂纹，位错理论公式则适用于塑性变形诱发的裂纹。

1.4.3.3　解理断裂的位错理论

研究发现，解理断口附近仍然有少量塑性变形，而金属材料的塑性变形是位错运动的反映，因此解理断裂时裂纹形成、扩展可能与位错运动有关。下面介绍两个著名的位错模型。

表 1-10 裂纹扩展力学条件比较

模型	裂纹扩展力学条件比较	备注
理想晶体解理断裂	$\sigma_m=\left(\dfrac{E\gamma_s}{a_0}\right)^{\frac{1}{2}}$	
格里菲斯理论	$\sigma_c=\left(\dfrac{2E\gamma_s}{\pi a}\right)^{\frac{1}{2}}$ $\sigma_c=\left[\dfrac{2E(\gamma_s+\gamma_p)}{\pi a}\right]^{\frac{1}{2}}$	格里菲斯公式 格里菲斯-奥罗万-欧文公式
位错塞积或位错反应理论	$\sigma_c=\dfrac{2G\gamma_s}{k_y\sqrt{d}}$	

（1）位错塞积理论

该理论由 Zener 和 Stroh 提出，模型如图 1-40 所示。在切应力作用下，滑移面上的刃型位错在晶界前受阻并互相靠近，形成位错塞积。当切应力达到某一临界值时，塞积头处的位错互相挤紧聚合而形成高为 nb、长为 r 的楔形裂纹（或孔洞形位错）。如果塞积头 P 处的应力集中不能为塑性变形所松弛，则塞积头处的最大拉应力 σ_f 可达到理论断裂强度，进而形成裂纹。

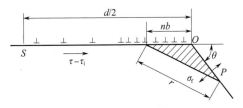

图 1-40　位错塞积形成裂纹

塞积头处的拉应力在与滑移面方向呈 $\theta=70.5°$ 时达到最大值，将在此形成裂纹（图中楔形区），形成裂纹所需切应力 τ 为

$$\tau=\tau_i+\sqrt{\dfrac{2Er\gamma_s}{da_0}} \tag{1-50}$$

式中　τ——形成裂纹所需的切应力；

　　　τ_i——位错在晶体中运动的摩擦阻力；

　　　E——弹性模量；

　　　r——自位错塞积头到裂纹形成点的距离；

　　　γ_s——表面能；

　　　d——晶粒直径，从位错源 S 到塞积头 O 的距离可视为 $d/2$；

　　　a_0——原子晶面间距。

若 r 与晶面间距 a_0 相当，且 $E=2G(1+\nu)$，ν 为泊松比，则式（1-50）可写为

$$\tau=\tau_i+\sqrt{\dfrac{4G\gamma_s(1+\nu)}{d}} \tag{1-51}$$

以上理论模型虽然得到一些试验数据的支持，但也存在不足。按照这种理论，断裂控制的关键是裂纹的萌生控制，一旦形成裂纹就会失稳扩展，而裂纹的萌生也只与切应力有关，与正应力无关。

（2）位错反应理论

科特雷尔（A. H. Cottrell）认为，断裂控制的关键是裂纹的扩展控制而不是裂纹的萌生控制。如图 1-41 所示，在 bcc 晶体中，有两个相交滑移面（101）和（10$\bar{1}$）与解理面

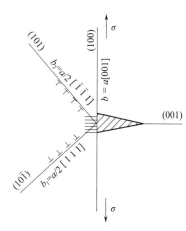

图 1-41 位错反应形成裂纹示意图

(001) 相交, 三面之交线为 [010]。现沿 (101) 面有一群柏氏矢量为 $\frac{a}{2}[\bar{1}\,\bar{1}1]$ 的刃型位错, 而沿 (10$\bar{1}$) 面有一群柏氏矢量为 $\frac{a}{2}(111)$ 的刃型位错, 两者于 [010] 轴相遇, 并产生下列反应:

$$\frac{a}{2}[\bar{1}\,\bar{1}1] + \frac{a}{2}[111] \rightarrow a[001]$$

新形成的位错线在 (001) 面上, 其柏氏矢量为 $a[001]$。因为 (001) 面不是 bcc 晶体的固有滑移面, 故 $a[001]$ 为不动位错。结果两相交滑移面上的位错群就在该不动位错附近产生塞积。当塞积位错较多时, 其多余半原子面如同楔子一样插入解理面中间形成宽度为 nb 的微裂纹。

科特雷尔提出的位错反应是降低能量的过程, 因而裂纹形核是自动进行的。FCC 金属虽有类似的位错反应, 但不是降低能量的过程, 故 FCC 金属不可能具有这样的裂纹形核机理。位错反应形成的解理裂纹, 在拉应力达到临界应力 σ_c 时才会扩展。

科特雷尔用能量分析法推导出解理裂纹扩展的临界条件为

$$\sigma nb = 2\gamma_s \tag{1-52}$$

式中 σ——外加正应力;

n——塞积的位错数;

b——位错柏氏矢量的模。

即为了产生解理断裂, 裂纹扩展时外加正应力所做的功必须等于产生裂纹新表面的表面能。

由图 1-40 可知, 裂纹底部边长即为切变位移 nb, 它是有效切应力 $\tau - \tau_i$ 作用的结果。

假定滑移带穿过直径为 d 的晶粒, 则原来分布在滑移带上的弹性剪切位移为 $\frac{\tau - \tau_i}{G}d$, 滑移带上的切应力因出现塑性位移 nb 而被松弛, 故弹性剪切位移应等于塑性位移, 即

$$\frac{\tau - \tau_i}{G}d = nb \tag{1-53}$$

将式 (1-53) 带入式 (1-52), 得

$$\sigma(\tau - \tau_i)d = 2\gamma_s G \tag{1-54}$$

由于屈服时 ($\tau = \tau_s$) 裂纹已经形成, 而 τ_s 又与晶粒直径之间存在霍尔-佩奇关系, 即 $\tau_s - \tau_i = k_y d^{-\frac{1}{2}}$, 代入式 (1-54), 得

$$\sigma_c = \frac{2G\gamma_s}{k_y\sqrt{d}} \tag{1-55}$$

σ_c 即表示长度相当于直径 d 的裂纹扩展所需的应力, 或裂纹体的实际断裂强度。式 (1-55) 也就是屈服时产生解理断裂的判据。

位错反应模型的成功之处在于, 把解理断裂的裂纹形核与扩展过程分开来, 并认为后者是控制因素, 因而拉应力起着重要作用, 比较符合实际情况。

实际解理裂纹扩展过程包括如下三个阶段: 塑性变形形成裂纹; 裂纹在同一晶粒内初期长大; 裂纹越过晶界向相邻晶粒扩展 (图 1-42)。这与多晶体金属的塑性变形过程十分相似。

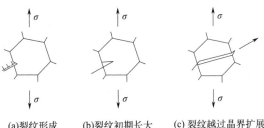

(a)裂纹形成　　　　(b)裂纹初期长大　　　(c)裂纹越过晶界扩展

图 1-42　解理裂纹扩展示意图

式（1-55）表明，晶粒直径 d 减小，断裂强度 σ_c 提高。这种晶粒大小对断裂强度的影响已被许多金属材料的试验结果所证实。图 1-43 所示为晶粒大小对低碳钢屈服应力和断裂应力的影响。由图可见，晶粒尺寸小于某一临界值时，屈服应力低于断裂应力，屈服先于断裂产生；但晶粒尺寸大于该临界值时，屈服应力延长线与断裂应力线重合，断裂是脆性的。对于有第二相质点的合金，d 实际上代表质点间距，d 越小，则材料的断裂应力越高。

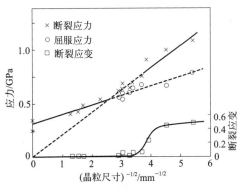

图 1-43　晶粒大小对低碳钢屈服应力和断裂应力的影响

上述两种解理裂纹形成模型的共同之处在于：裂纹形核前均需有塑性变形；位错运动受阻，在一定条件下便会形成裂纹。试验证实，裂纹往往在晶界、亚晶界、孪晶交叉处出现。

1.4.4　断裂理论的意义

由上所述，$\sigma_c = \dfrac{2G\gamma_s}{k_y\sqrt{d}}$ 是金属材料屈服时产生解理断裂的判据。既然是在屈服时产生的解理断裂，则 $\sigma_c = \sigma_s$，而 σ_s 和晶粒大小之间又存在霍尔-佩奇关系，即 $\sigma_s = \sigma_i + k_y d^{-\frac{1}{2}}$，因此可以得到

$$\sigma_i + k_y d^{-\frac{1}{2}} = \frac{2G\gamma_s}{k_y\sqrt{d}} \tag{1-56}$$

或
$$(\sigma_i d^{-\frac{1}{2}} + k_y)k_y = 2G\gamma_s \tag{1-57}$$

式（1-57）显然也是屈服时产生解理断裂的判据。若等式左边项小于右边项，则裂纹虽能形成但不能扩展，此即存在非发展裂纹的情况；反之，若等式左边项大于右边项，则裂纹形成后就能自动扩展。如果考虑到应力状态对断裂的影响，式（1-57）可写成

$$(\sigma_i d^{\frac{1}{2}} + k_y)k_y = 2G\gamma_s q \tag{1-58}$$

式中　q——应力状态系数。

由式（1-58）可知，为了降低金属材料脆断倾向，应采用下述措施：提高 G、γ_s 及 q；降低 σ_i、d 与 k_y。在这六个参数中，q 是外界条件（试验条件或服役条件），其它五个参量

都与材料本质有关。如果考虑到位错在晶体中运动所受的摩擦阻力 σ_i 有一部分与温度有关，则式（1-58）实际上反映了内、外因素对金属材料韧脆性的影响，它们的变化必然会导致材料韧脆行为的转化。

G 为材料切变模量，不同的金属材料具有不同的 G 值。材料的 G 值越高，则脆断强度也越高。热处理、合金化或冷热变形对 G 值影响很小，故现在常用的强化方法很难通过改变 G 而使金属材料韧化。

金属材料的 γ_s 实际上由表面能和塑性变形功两部分构成，即为有效表面能，其中主要是塑性变形功。塑性变形功大小与材料的有效滑移系数目及裂纹尖端附近可动位错数目有关。这显然主要取决于材料本身，如 BCC 金属虽然有效滑移系数目多，但因位错受杂质原子钉扎，故可动位错数目少，易于脆性断裂；FCC 金属的有效滑移系和可动位错数目都比较多，易于塑性变形而不易于产生脆性断裂。某些环境因素如腐蚀介质侵入会降低表面能，使材料变脆。

q 为表示应力状态的系数，其值等于滑移面上切应力与正应力之比。切应力是位错运动的推动力，同时它也决定了在障碍前位错塞积的数目，因此对塑性变形和裂纹的形成及扩展过程都有作用；正应力影响裂纹的扩展过程，拉应力促进裂纹的扩展。因而，任何减小切应力与正应力比值的应力状态都将增加金属材料的脆性。如单向拉伸时，$q \approx 1$；扭转时，$q \approx 2$；三向拉伸时，$q = 1/3$。故同一材料在拉伸时比在扭转时易显示其脆性。晶粒大小反映滑移距离的大小，因而影响在障碍前位错塞积的数目。细化晶粒，裂纹不易形成，并且裂纹形成后也不易扩展，因为裂纹扩展时要多次改变方向，将消耗更多能量。因此，具有细晶粒组织的金属材料，其抗脆断性能优于具有粗晶粒组织的金属材料。

σ_i 与 $\tau_{p\text{-}n}$ 及位错运动所遇到的障碍有关。高的 σ_i 值易导致脆性断裂，因为材料屈服前能达到的应力值必定较大。由于位错运动速率随应力提高而增加，因此，在 σ_i 较高时，位错加速运动，解理裂纹形核的机会也就随之增加。若因 σ_i 较高而使应力达到 σ_c，则裂纹必将快速扩展。

BCC 金属具有低温变脆现象，其原因之一就是 σ_i 随温度降低而急剧升高。但 BCC 金属低温变脆还和形变方式有关。在低温下，孪生是塑性变形的主要方式。孪晶彼此相交或孪晶与晶界相交处常常是解理裂纹形核的地方，因而在相同条件下，裂纹好像是在具有孪晶组织的金属中进行，加之因温度较低，裂纹前沿地区难以进行塑性变形。这些都有利于裂纹扩展而显示较大脆性。

k_y 为钉扎常数，位错被钉扎越强，k_y 越大，越易出现脆性断裂。

合金元素对钢的韧脆性的影响比较复杂。凡加入合金元素引起单系滑移或孪生的、产生位错钉扎而增加 k_y 及减小表面能的都增大脆性。若在合金中形成粗大的第二相，也使脆性增大。但若合金元素使晶粒细化，获得弥散状态的第二相，则必将提高材料的韧性。

以上根据裂纹扩展的临界力学条件定性地讨论了影响金属材料韧性、脆性的内因和外因，指明了韧化金属材料的方向，同时也表明，所谓金属材料的脆性和韧性是金属材料在不同条件下表现的力学行为或力学状态，两者是相对的并可以互相转化。在一定条件下，金属材料表现为脆性还是韧性取决于裂纹扩展过程。如果裂纹（已存裂纹或塑性变形诱发的裂纹）扩展时，其前沿区域能产生显著塑性变形或受某种障碍所阻，使断裂判据中表面能项增大，则裂纹扩展便会停止，材料就显示为韧性；反之，若在裂纹扩展中始终能满足脆性断裂判据的要求，则材料便显示为脆性。

案例链接 1-1：三级时效工艺提升动车组推杆的性能

某型动车组轴箱与构架通过在不同高度的端部装配推杆进行定位连接，其中上推杆结构如图 1-44 所示。在列车运行过程中，推杆主要承受单向拉压载荷，工作时不允许载荷超过屈服强度，为满足轻量化、承受高应力和耐蚀的需求，在材料选择时选用 Al-Zn-Mg-Cu（7×××系）高强铝合金。

铝合金推杆

图 1-44　某型动车组高强铝合金上推杆

该推杆具体选用 7A04 铝合金，经锻造成形后进行固溶＋时效热处理使其达到所需性能。其中，采用该研究开发的三级时效工艺（高温短时时效＋中温短时时效＋低温长时时效处理）进行处理，最终获得同时具有高强度、韧性和耐蚀性能的零件。具体力学性能数据如表 1-10 所示。

表 1-10　三级时效热处理工艺的性能对比

热处理工艺	抗拉强度 R_m/MPa	屈服强度 $R_{p0.2}$/MPa	断后伸长率 A/%	冲击功 KU/J
峰值时效工艺	664.4	598.0	10.7	9.7
双级时效工艺	655.2	589.2	10.9	10.1
本研究开发的三级时效工艺	680.2	559.0	12.6	17.1

该零件在 2009 年研发成功，并在某型动车组上大批量使用，据用户反馈，使用性能超过原进口零件，对高速动车组转向架关键零部件的国产化工作作出了重要贡献。

【资料来源：（1）戴光泽，徐磊，宋继晓，等 . Al-Zn-Mg-Cu 系高强铝合金的热处理工艺：CN102321858A12［P］. 2012-01-18.（2）戴光泽 . 探索高校产业化开发与国家重大需求相结合的新尝试　纪高速列车铝合金推杆国产化研发过程［J］. 学术动态（成都），2010（4）：39-40.（3）徐磊 .7A04 铝合金热流变成形及其构件疲劳性能预测的研究［D］. 成都：西南交通大学，2013.】

1.5 本章小结

通过拉伸试验可以揭示金属材料在静载荷作用下常见的力学行为，即弹性变形、塑性变形和断裂；还可以测定金属材料的最基本力学性能指标，如屈服强度 R_{eL}、抗拉强度 R_m、

断后伸长率 A 和断面收缩率 Z。本章介绍了这些性能指标的物理概念与实用意义，讨论了金属弹性变形、塑性变形及断裂的基本规律和原理，并在此基础上探讨了改善上述性能指标的途径和方向。

弹性模量的大小表征了材料对弹性变形的抗力。弹性变形是材料微观结构质点（原子、离子、分子）在其平衡位置附近发生可逆性位移的结果，其大小与原子之间的结合力有关。金属的弹性模量对组织的变化不敏感。对于部分实际的工程材料，弹性变形具有不完整性，表现为弹性后效、循环韧性和包辛格效应。

塑性变形是不可逆的变形，可细分为不均匀屈服塑性变形、均匀塑性变形、不均匀集中塑性变形阶段。退火低碳钢有不均匀屈服塑性变形阶段，即屈服现象。金属材料的屈服强度取决于位错在晶体中运动所受的阻力，影响位错增殖和运动的内在因素（成分、第二相、晶界）和外在因素（应力状态、温度及变形速率）都会影响金属材料的屈服强度。

断裂可以分为裂纹产生和裂纹扩展两个阶段。典型的韧性金属材料的拉伸断口呈杯锥状，可以分为三个区。对于金属一般都会在其断口上发现塑性变形的痕迹，所以其裂纹的产生与位错运动有关。对于微孔聚集型断裂，其显微特征为韧窝；解理断裂的微观特征是河流花样和舌状花样。

材料的实际断裂强度远小于其理论断裂强度。这与材料内部存在缺陷有关。如果材料在断裂过程中存在明显的塑性变形，则其断裂过程中消耗的功会大大增加，材料的韧性也会增加。

本章重要词汇

（1）弹性模量：elastic modulus

（2）屈服强度：yield strength

（3）规定塑性延伸强度：proof strength

（4）抗拉强度：tensile strength

（5）弹性比功：elastic strain energy

（6）滞弹性：anelasticity

（7）循环韧性：cyclic toughness

（8）包辛格效应：Bauschinger effect

（9）解理刻面：cleavage facet

（10）塑性：plasticity

（11）脆性：brittleness

（12）韧性：toughness

（13）解理台阶：cleavage step

（14）河流花样：river pattern

（15）解理面：cleavage plane

（16）穿晶断裂：transgranular fracture

（17）沿晶断裂：intergranular fracture

（18）韧脆转变：ductile-brittle transition

（19）断后伸长率：percentage elongation after fracture

（20）断面收缩率：percentage reduction of area

（21）延伸率：percentage extension

思考与练习

（1）说明下列力学性能指标的意义：

$E(G)$；R_{eH}、R_{eL}、$R_{p0.2}$、$R_{r0.2}$、$R_{t0.2}$；R_m；n；A、$A_{11.3}$、A_{50mm}、A_{gt}、Z。

（2）金属的弹性模量主要取决于什么因素？为什么说它是一个对组织不敏感的力学性能指标？

（3）今有 45、40Cr、35CrMo 钢和灰铸铁几种材料，你会选择哪种材料来制造机床床身？为什么？

（4）试述多晶体金属产生明显屈服的条件，并解释 BCC 金属及其合金与 FCC 金属及其合金屈服行为不同的原因。

（5）试述退火低碳钢、中碳钢和高碳钢的屈服现象在拉伸力-伸长曲线图上的区别，并表述其产生原因。

（6）决定金属屈服强度的因素有哪些？

（7）试述 A、Z 两种塑性指标评定金属材料塑性的优缺点。

（8）试举出几种能显著强化金属而又不降低其塑性的方法。

（9）试述韧性断裂与脆性断裂的区别。为什么脆性断裂最危险？

（10）剪切断裂与解理断裂都是穿晶断裂，为什么断裂性质完全不同？

（11）在什么条件下易于出现沿晶断裂？怎样才能减小沿晶断裂倾向？

（12）何谓拉伸断口三要素？影响宏观拉伸断口形态的因素有哪些？

（13）板材宏观脆性断口的主要特征是什么？如何寻找断裂源？

（14）试证明，滑移面相交产生微裂纹的科特雷尔机理对 FCC 金属而言在能量上是不利的。

（15）通常纯铁的 $\gamma_s = 2J/m^2$，$E = 2 \times 10^5 MPa$，$a_0 = 2.5 \times 10^{-10} m$，试求其理论断裂强度 σ_m。

（16）论述格里菲斯裂纹理论分析问题的思路，推导格里菲斯方程，并指出该理论的局限性。

（17）若一薄板物体内部存在一条长 3mm 的裂纹，且 $a_0 = 3 \times 10^{-8} cm$，试求脆性断裂时的断裂应力。（设 $\sigma_m = 0.1E$，$E = 2 \times 10^5 MPa$）

（18）有一材料 $E = 2 \times 10^{11} N/m^2$，$\gamma_s = 8N/m$。试计算在 $7 \times 10^7 N/m^2$ 的拉应力作用下，该材料中能扩展的裂纹的最小长度。

（19）断裂强度 σ_c 与抗拉强度 R_m 有何区别？

（20）铁素体钢的断裂强度与屈服强度均与晶粒尺寸 $d^{-1/2}$ 成正比，怎样解释这一现象？

（21）裂纹扩展受哪些因素支配？

（22）试分析能量断裂判据与应力断裂判据之间的联系。

（23）决定韧性断口宏观形貌的因素有哪些？

（24）试根据方程 $(\sigma_i d^{-\frac{1}{2}} + k_y)k_y = 2G\gamma_s q$ 讨论下述因素对金属材料韧脆转变的影响：材料成分；杂质；温度；晶粒大小；应力状态；加载速率。

第 2 章

材料在其它静载荷下的力学性能

很多工程结构或机械零件在服役时常承受压力、弯矩或扭矩的作用，或其上有螺纹、孔洞、台阶等引起应力集中的部位，有必要测定所用材料在相应承载条件下的力学性能指标，作为设计和选材的依据。另一方面，不同的加载方式在试样中将产生不同的应力状态。材料在不同应力状态下所表现的力学行为不完全相同。因此，有必要研究不同应力状态下材料相应力学性能的变化。

本章介绍压缩、弯曲、剪切、扭转、硬度和缺口静拉伸等试验方法及需要测定的力学性能指标。

2.1 加载方式与应力状态

2.1.1 应力状态软性系数

材料在使用时承受的载荷形式不同，具有不同的应力状态，最终会有不同的破坏形式。当材料所受的最大切应力 τ_{max} 达到屈服强度 τ_s 时，产生屈服；当 τ_{max} 达到断裂强度 τ_k 时，产生剪切型断裂；当最大正应力 σ_{max} 达到正断强度时，产生正断型断裂。但同一种材料，在一定承载条件下产生何种失效形式，除与其自身的强度大小有关外，还与承载条件下的应力状态有关。不同的应力状态，其最大正应力 σ_{max} 与最大切应力 τ_{max} 的相对大小是不一样的。因此，对材料的变形和断裂性质将产生不同的影响。由材料力学理论可知，任何复杂应力状态都可以用三个主应力 σ_1、σ_2 和 σ_3（$\sigma_1 > \sigma_2 > \sigma_3$）来表示。根据这三个主应力，可以按最大切应力理论（第三强度理论）计算最大切应力，即

$$\tau_{max} = (\sigma_1 - \sigma_3)/2$$

可以按第二强度理论计算最大正应力，即

$$\sigma_{max} = \sigma_1 - \nu(\sigma_2 + \sigma_3)$$

式中，ν 为泊松比。

τ_{max} 与 σ_{max} 的比值表示它们的相对大小，称为应力状态软性系数，记为 α。其含义与第 1 章 1.4.4 节介绍的应力状态系数 q 相近，但数值上不等。对于金属材料，ν 取 0.25，则 α 值为

$$\alpha = \frac{\tau_{max}}{\sigma_{max}} = \frac{\sigma_1 - \sigma_3}{2\sigma_1 - 0.5(\sigma_2 + \sigma_3)} \tag{2-1}$$

例如，单向拉伸时的应力状态只有 σ_1，$\sigma_2 = \sigma_3 = 0$，代入式（2-1）后得 $\alpha = 0.5$。

常用的几种静加载方式的应力状态软性系数 α 值列于表 2-1。

表 2-1 不同加载方式的应力状态软性系数 α $(v = 0.25)$

加载方式	主应力			软性系数 α
	σ_1	σ_2	σ_3	
三向等拉伸	σ	σ	σ	0
三向不等拉伸	σ	$(9/8)\sigma$	$(9/8)\sigma$	0.1
单向拉伸	σ	0	0	0.5
扭转	σ	0	$-\sigma$	0.8
二向等拉伸	0	$-\sigma$	$-\sigma$	1
单向压缩	0	0	$-\sigma$	2
三向不等压缩	$-\sigma$	$-(7/3)\sigma$	$-(7/3)\sigma$	4
三向不等压缩	$-\sigma$	-2σ	-2σ	∞
三向等压缩	$-\sigma$	$-\sigma$	$-\sigma$	不适用 ($\sigma_{max} < 0$)

注：表中三向不等拉伸和三向不等压缩的 σ_2 和 σ_3 值是假定的。

α 值越大的试验方法，试样中最大切应力分量越大，表示应力状态越"软"，金属越易于产生塑性变形和韧性断裂。反之，α 值越小的试验方法，试样中最大正应力分量越大，应力状态越"硬"，金属越不易产生塑性变形，越易于产生脆性断裂。通常，$\alpha > 1$ 的应力状态称为"软性"应力状态；$\alpha < 1$ 的应力状态称为"硬性"应力状态；$\alpha \approx 1$ 的应力状态称为"较软性"应力状态。注意，α 的绝对值并不能定量评定材料的塑性变形（或塑性）特性，仅用于比较不同试验方法应力状态的"硬"或"软"，以供选择试验方法之用。

由表 2-1 可见，单向拉伸的应力状态较硬，故一般适用于那些塑性变形抗力与切断强度较低的所谓塑性材料试验。对于那些正断强度较低的所谓脆性材料（如淬火并低温回火的高碳钢、灰铸铁及某些铸造合金），在这种加载方式下试验，金属将产生脆性正断，显示不出它们在韧性状态下所表现的各种力学行为。此时，如在弯曲、扭转等应力状态较"软"的加载方式下试验，则可以揭示那些客观存在而在静拉伸下不能反映的塑性性能。反之，对于塑性较好的金属材料，则常采用三向不等拉伸的加载方法，使之在更"硬"的应力状态下显示其脆性倾向。

2.1.2 力学状态图

材料变形与断裂是内在因素（材料的屈服强度、断裂强度等）和外在因素（应力状态、温度和加载速率等）综合作用的结果。力学状态图把这几个影响因素综合起来表达于图中，如图 2-1（a）所示，由该图可以定性地判断材料将发生何种形式的断裂，这对预测工程材料的破坏方式有着重要的意义。力学状态图的绘制方法为：以按第三强度理论计算的最大切应力为纵坐标，以按第二强度理论计算的最大正应力为横坐标，应力状态软性系数 α 用过原点的射线表示，不同斜率的射线表示不同的应力状态。材料的性能在力学状态图上用三个指标来表示，即剪切屈服强度 τ_s、切断强度 τ_k 和抗断强度 σ_k。材料的剪切屈服强度 τ_s 和切断强度 τ_k 可用静扭转试验求得。而材料的抗断强度 σ_k 要求材料不发生塑性变形，故这一指标只能通过缺口试样低温下静弯曲试验求得。

如图 2-1（a）所示，对于给定的材料，其 τ_s、τ_k 和 σ_k 均为定值，分别以图中的水平线和垂直线表示。该材料在压缩和扭转载荷下最终发生切断破坏。在三向不等拉伸（如试样上

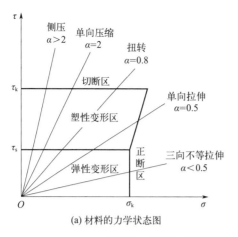
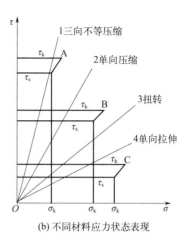

（a）材料的力学状态图　　　　　（b）不同材料应力状态表现

图 2-1　以联合强度理论建立的力学状态图

开缺口）$\alpha < 0.5$ 的情况下，试样未经屈服（直线未与 τ_s 水平线相交）就先达到了材料的断裂强度 σ_k，因此表现为脆断，即完全由正应力引起的脆断。在单向拉伸 $\alpha = 0.5$ 下，该材料先经剪切屈服（直线 $\alpha = 0.5$ 先与 τ_s 相交），随后被拉断，但其最终的拉断抗力并不是 σ_k，而是拉伸曲线上的断裂真应力（断裂载荷除以最终横截面积）。断裂真应力随变形量而增加，在图中以一斜线连接于 σ_k 和 τ_k。凡是先达到 τ_s 最后达到断裂真应力线的应力状态，其断裂形式均为正断＋切断的混合型断裂。因此，对给定的这种材料，依据应力状态不同，可分为切断、正断和混合断三个区域。

图 2-1（b）是几种不同材料在不同应力状态下的表现。射线 1 表示三向不等压缩（如硬度试验的应力状态），射线 2 表示单向压缩，射线 3 表示扭转，射线 4 表示单向拉伸。材料 A 的抗剪能力强而抗拉能力弱（如陶瓷材料），材料 C 抗剪能力弱而抗拉能力强（如金属材料），材料 B 介于两者之间。通常把易于拉断的材料叫作硬性材料，易于引起拉断的应力状态叫作硬性应力状态；把易于剪断的材料叫作软性材料，易于引起剪断的应力状态叫作软性应力状态。因此，材料从 A 到 C 是由硬到软，应力状态从 1 到 4 是从软到硬。对材料 A 进行压入试验可引起剪断；而进行单向压缩试验时，已不能引起 A 材料的屈服而直接脆断了。对材料 B 进行单向压缩试验可引起剪断；而进行扭转试验时，就表现为由正应力引起的脆断。

温度和载荷速率的影响，主要表现在对剪切屈服强度和抗断强度相对位置的影响上。一般随着温度的降低和加载速率的升高，τ_s 升高较快而 σ_k 变化不大，因而增加了材料（如体心立方和密排六方金属）的脆断倾向。在力学状态图中，各种加载方式所引起的应力状态是固定不变的，但事实上，材料在经过屈服变形之后应力状态会发生变化。例如，材料在单向拉伸产生颈缩后，会造成三向拉应力；而在颈缩试样中心形成裂纹之后，当发展到试样边缘时又接近单向拉伸状态，产生剪断。

由上可见，材料的脆性或塑性只是一个相对的概念，它是材料性质与应力状态相互作用的结果。引入 $\beta_1 = \tau_s / \sigma_k$ 和 $\beta_2 = \tau_k / \sigma_k$ 来表征材料发生塑性变形和塑性断裂的难易程度。当 $\alpha < \beta_1$ 时，材料呈脆性；当 $\alpha > \beta_2$ 时，材料呈韧性。

利用力学状态图，不仅可以定性地判断材料的相对脆性或塑性，还可以为一定材料的性能评定选择合适的试验方法，以获得尽可能多的信息。此外，对一定的服役条件，还可根据应力状态的软硬程度，选择合适的材料。

2.2 压缩

2.2.1 压缩试验的特点

① 单向压缩试验的应力状态软性系数较大，比拉伸、扭转、弯曲的应力状态都"软"，所以主要用于拉伸时呈脆性的材料（如铸铁、高碳钢、水泥和砖石等）的力学性能测定，以显示这类材料在塑性状态下的力学行为（如图 2-2 中的铸铁）。

② 拉伸时塑性很好的材料在压缩时只发生压缩变形而不会断裂（如图 2-2 中的低碳钢）。脆性金属材料在拉伸时产生垂直于载荷轴线的正断，塑性变形量几乎为零；而在压缩时除能产生一定的塑性变形外，常沿与轴线呈 45°方向产生断裂，具有切断特征。

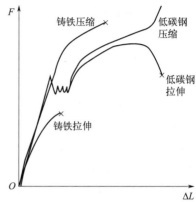

图 2-2 不同材料的拉伸和压缩曲线

2.2.2 压缩试验

压缩试验试样的横截面为圆形或正方形，试样长度一般为横截面直径或边长的 2.5～3.5 倍。在有侧向约束装置以防试样屈曲的条件下，也可采用板状试样。金属压缩试验方法具体参见 GB/T 7314—2017。

压缩可视为反向拉伸，因此拉伸试验时所定义的各个力学性能指标在压缩试验中基本上都能对应使用。

对于脆性材料，通过压缩试验主要测定其抗压强度 R_{mc}，即试样压至破坏过程中的最大应力。从压缩曲线上确定最大压缩力 F_{mc}，然后按下式计算：

$$R_{mc} = \frac{F_{mc}}{S_0} \tag{2-2}$$

式中，S_0 为试样原始横截面积，mm^2。如果在试验时材料产生明显屈服现象，还可测定上压缩屈服强度 R_{eHc} 和下压缩屈服强度 R_{eLc}。若材料无明显压缩屈服现象，也可求规定塑性压缩强度 R_{pc}。

在管状陶瓷及粉末冶金制品的研究和质量检验中，也常采用环压强度试验方法。该试验采用圆环形试件，其形状与加载方式如图 2-3 所示。

如图 2-3，试验时将试件放在试验机上下压头之间，自上而下加压直至试件断裂。根据断裂时的压力即可求出环压强度。由材料力学可知，试件的 I—I 截面处受到最大弯矩作用，该处拉应力最大，试件破坏时此处对应的力即为环压强度 σ_r，可根据下式求得：

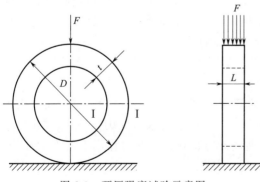

图 2-3 环压强度试验示意图

$$\sigma_r = p_r(D-t)/2Lt^2 \qquad\qquad\qquad (2\text{-}3)$$

式中　p_r——试件压断时的载荷；

　　　D——圆环外径；

　　　t——试件壁厚；

　　　L——试件宽度。

应当注意，试件必须保持圆整度，表面无伤痕且壁厚均匀。

2.3　弯曲

2.3.1　弯曲试验的特点

弯曲是材料在实际应用中的一种常见承载方式，通过弯曲试验，可以直接模拟并测定脆性材料及低塑性材料在弯曲时的力学性能指标。

杆状试样承受弯矩作用后，其内部应力主要为正应力，与单向拉伸和压缩时产生的应力类似。但由于杆件截面上的应力分布不均匀，表面最大，中心为零，且应力方向发生变化，因此，材料在弯曲加载下所表现的力学行为与单纯拉应力或压应力作用下的不完全相同。例如，很多材料的拉伸弹性模量与压缩弹性模量不同，而弯曲弹性模量却是两者的复合结果。又如，在拉伸或压缩载荷下产生屈服现象的材料，在弯曲载荷下显示不出来。因此，对于承受弯曲载荷的零件如轴、板状弹簧等，常用弯曲试验测定其力学性能，以作为设计或选材的依据。

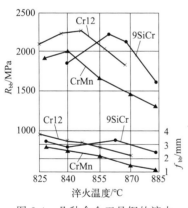

图 2-4　几种合金工具钢的淬火温度对抗弯强度 R_{bb} 及挠度 f_{bb} 的影响（150℃回火）

弯曲试验与拉伸试验相比还有以下特点：

① 弯曲试验试样形状简单，操作方便。同时，弯曲试验不存在拉伸试验时的试样偏斜（力的作用线不能准确通过拉伸试样的轴线而产生附加弯曲应力）对试验结果的影响，并可用试样弯曲的挠度显示材料的塑性。因此，弯曲试验方法常用于测定铸铁、铸造合金、工具钢及硬质合金等脆性与低塑性材料的强度和显示塑性的差别。图 2-4 所示为热处理工艺对合金工具钢弯曲力学性能影响的试验结果，据此可确定最佳淬火温度范围。

② 弯曲试样表面应力最大，可较灵敏地反映材料表面缺陷。因此，常用来比较和鉴别渗碳和表面淬火等化学热处理及表面热处理零件的质量和性能。

2.3.2　弯曲试验

弯曲试验时，将圆柱形或矩形试样放置在一定跨距 L_s 的支座上，进行三点弯曲（集中加载）或四点弯曲（等弯矩加载）加载，如图 2-5 所示，通过记录弯曲力 F 和试样挠度 f 之间的关系曲线（图 2-6），称为弯曲图。通过弯曲图确定材料在弯曲力作用下的力学性能，其中材料的变形性能可通过弯曲试件的最大挠度 f_{max} 来表示。

试样在弹性范围内弯曲时，受拉侧表面的最大弯曲应力 σ 按下式计算：

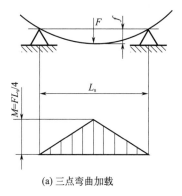 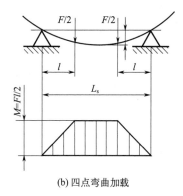

(a) 三点弯曲加载　　　　　　　(b) 四点弯曲加载

图 2-5　弯曲试验加载方式

$$\sigma = \frac{M}{W} \tag{2-4}$$

式中　M——最大弯矩,三点弯曲时,$M = \dfrac{FL_s}{4}$,四点弯曲时 $M = \dfrac{Fl}{2}$;

　　　W——试样抗弯截面系数。直径为 d 的圆柱试样,$W = (\pi d^3)/32$;宽度为 b、高度为 h 的矩形试样,$W = (bh^2)/6$。

四点弯曲试验法的优点是:载荷使试样在一定长度内产生纯弯曲,最大应力就产生在该一定区域内,所以弯曲性能不是反映试样的一个偶然截面的性能,而是反映较大体积的性能,结果比较可靠。

弯曲试验主要测定脆性或低塑性材料(如工具钢、铸铁、硬质合金、陶瓷等)的抗弯强度。试样弯曲至断裂前达到的最大弯曲力为 F_{bb}。按弹性弯曲应力公式计算的最大弯曲应力,称为抗弯强度。从图 2-7 所示的曲线上 B 点读取最大弯曲力 F_{bb},然后计算断裂前的最大弯矩,再按式(2-4)计算抗弯强度 R_{bb}。

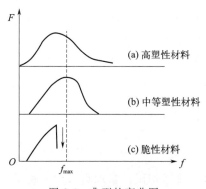 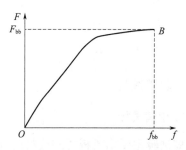

图 2-6　典型的弯曲图　　　　　　　图 2-7　弯曲力-挠度曲线

弯曲试验还可以测定弯曲弹性模量 E_b、断裂挠度 f_{bb} 和断裂能量 U(弯曲力-挠度曲线下所包围的面积,表示材料断裂所消耗的能量或断裂功)等力学性能指标。

弯曲试验所用圆形截面试样的直径 d 为 $5 \sim 45\text{mm}$,矩形截面试样的 $h \times b$ 为 $5\text{mm} \times 7.5\text{mm}$(或 $5\text{mm} \times 5\text{mm}$)$\sim 30\text{mm} \times 40\text{mm}$(或 $30\text{mm} \times 30\text{mm}$)。试样的跨距 L_s 为直径 d 或高度 h 的 16 倍。要求试样有一定的加工精度,但铸铁弯曲试样表面不可加工。金属、工程陶

瓷和塑料的弯曲试验，可分别按 GB/T 232—2024《金属材料 弯曲试验方法》、GB/T 6569—2006《精细陶瓷弯曲强度试验方法》和 GB/T 9341—2008《塑料 弯曲性能的测定》进行。

R_{bb} 是灰铸铁的重要力学性能指标。灰铸铁的抗弯性能优于抗拉性能，其 R_{bb} 为 280～650MPa，而 R_m 仅为 150～350MPa。球墨铸铁和可锻铸铁的 R_{bb} 比灰铸铁的大得多，如珠光体球墨铸铁的 R_{bb} 为 700～1200MPa。

2.4 剪切

2.4.1 剪切试验的特点

制造承受剪切力零件的材料，通常要进行剪切试验，以模拟实际服役条件，并提供材料的抗剪强度数据作为设计的依据。这对诸如铆钉、销之类的零件尤为重要。常用的剪切试验方法有单剪试验、双剪试验和冲孔式剪切试验，如图 2-8 所示。

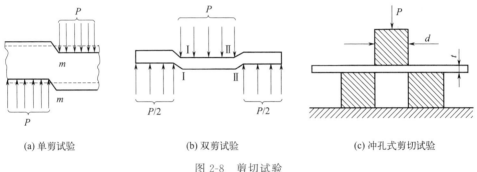

(a) 单剪试验   (b) 双剪试验   (c) 冲孔式剪切试验

图 2-8   剪切试验

材料在剪切时受力和变形的特点是：作用在试样两侧面上的横向外力的合力大小相等、方向相反、作用线相隔很近，使材料沿受剪面发生错动。剪切试验就是测定最大错动应力。试样有一个剪切面时称为单剪试验，有两个剪切面时称为双剪试验，另外还有冲孔式剪切试验，其剪切面为环面。试样在受到剪切作用时还会发生挤压和弯曲，这对试验数据的分析处理有较大影响。因此在设计剪切试验时必须尽可能消除挤压和弯曲带来的不利影响，选择合适的试样规格和剪切装置。

2.4.2 剪切试验

（1）单剪试验

单剪试验主要用于板材和线材的抗剪强度测量，故剪切试件常取自板材或线材。试验时将试件固定在底座上，然后对上压横加压，直至试件沿剪切面 m—m 剪断［图 2-8（a）］。根据试件被剪断时的载荷 F_m 和试件的原始截面面积 A_0，计算剪切面上的最大切应力，即材料的抗剪强度为

$$\tau_b = \frac{F_m}{A_0} \qquad (2-5)$$

（2）双剪试验

双剪试验是最常用的剪切试验。试验时，将试样装在压式或拉式剪切装置内，然后加载。这时，试件在Ⅰ—Ⅰ面和Ⅱ—Ⅱ截面上同时受到剪力的作用［图2-8（b）］。根据试件断裂时的载荷 F_m，可计算材料的抗剪强度为

$$\tau_b = \frac{F_m}{2A_0} \tag{2-6}$$

双剪试验用的试件为圆柱体，其被剪部分长度不能太长。因为在剪切过程中，除了两个剪切面受到剪切外，试样还受到弯曲作用。为了减小弯曲的影响，被剪部分的长度与试件直径之比值不要超过1.50。剪断后，如试件发生明显的弯曲变形，则试验无效。

（3）冲孔式剪切试验

薄板的抗剪强度，也可用冲孔式剪切试验法测定，试验装置如图2-8（c）所示。试件断裂时的载荷为 F_m，断裂面为一圆柱面，故材料的抗剪强度为

$$\tau_b = \frac{F_m}{\pi d t} \tag{2-7}$$

式中　d——冲孔直径；

　　　t——板料厚度。

2.5 扭转

2.5.1 扭转试验的特点

当圆柱试样承受扭矩 T 进行扭转时，试样表面的应力状态如图2-9（a）所示。在与试样轴线呈45°的两个斜截面上作用最大与最小正应力 σ_1 及 σ_3，在与试样轴线平行和垂直的截面上作用最大切应力 τ。两种应力的比值近于1。在弹性变形阶段，试样横截面上的切应力和切应变沿半径方向的分布是线性的［图2-9（b）］。当表层产生塑性变形后，切应变的分布仍保持线性关系，但切应力则因塑性变形而有所降低，不再呈线性分布［图2-9（c）］。

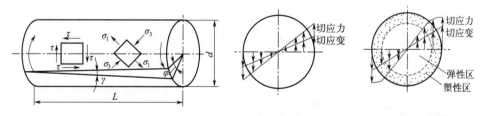

(a) 试样表面应力状态　　(b) 弹性变形阶段横截面上　　(c) 弹塑性变形阶段横截面上
　　　　　　　　　　　切应力与切应变分布　　　　切应力与切应变分布

图2-9　扭转试样中的应力与应变

根据上述应力状态和应力分布，可以看出扭转试验具有如下特点：

① 扭转的应力状态软性系数 $\alpha = 0.8$，比拉伸时的 α 大，易于显示金属的塑性行为。

② 圆柱形试样扭转时，整个长度上的塑性变形是均匀的，没有颈缩现象，所以能实现大塑性变形量下的试验。高温扭转试验（热扭转试验）可以用来研究金属在热加工条件下的

流变性能与断裂性能，评价材料的热压力加工性，并为确定生产条件下的热压力加工工艺（如轧制、锻造、挤压）参数提供依据。

③ 能敏感地反映出金属表面缺陷及表面硬化层的性能。因此，可利用扭转试验，研究或检测工件热处理的表面质量和各种表面强化工艺的效果。

④ 扭转时试样中的最大正应力与最大切应力在数值上大体相等，而生产上所使用的大部分金属材料的正断强度大于切断强度，所以，扭转试验是测定这些材料切断强度最可靠的方法。此外，根据扭转试样的宏观断口特征，还可以明确区分金属材料最终断裂方式是正断还是切断。塑性材料的断裂面与试样轴线垂直，断口平整，有回旋状塑性变形痕迹 ［图 2-10（a）］，这是由切应力造成的切断；脆性材料的断裂面与试样轴线呈 45°角，呈螺旋状 ［图 2-10（b）］，这是在正应力作用下产生的正断。图 2-10（c）所示为木纹状断口，断裂面顺着试样轴线形成纵向剥层或偏析，并在轧制过程中使其沿轴向分布，降低了试样轴向切断强度。因此，可以根据断口宏观特征，来判断因承受扭矩而断裂的零件的性能。

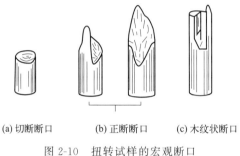

(a) 切断断口　　　(b) 正断断口　　　(c) 木纹状断口

图 2-10　扭转试样的宏观断口

2.5.2　扭转试验

扭转试验主要采用直径 $d_0 = 10\mathrm{mm}$、标距长度 L_0 分别为 50mm 或 100mm 的圆柱形试样，在扭转试验机上进行，具体技术规定参见 GB/T 10128—2007《金属材料　室温扭转试验方法》。

试验时，对试样施加扭矩 T，随扭矩增加，试样标距 L_0 间的两个横截面不断产生相对转动，其相对扭角以 φ（单位为 rad）表示。金属扭转时的扭矩-扭角（T-φ）曲线（扭转曲线）如图 2-11 所示。

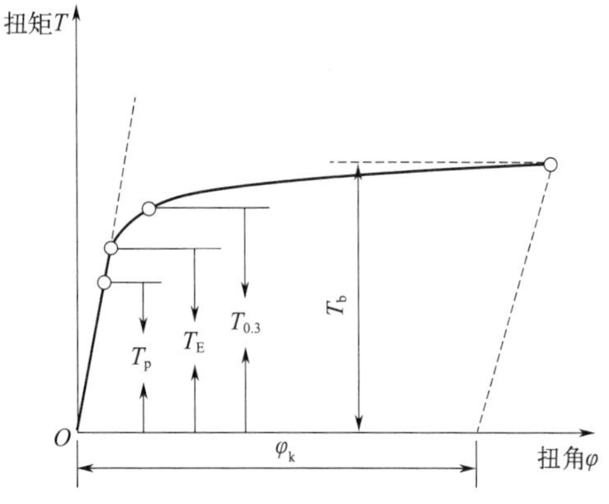

试样在弹性范围内表面的切应力 τ 和切应变 γ 为

$$\tau = \frac{T}{W} \tag{2-8}$$

$$\gamma = \frac{\varphi d_0}{2L_0} \tag{2-9}$$

式中　W——试样抗扭截面系数，圆柱试样为 $(\pi d_0^3)/16$；

d_0——试样直径；

L_0——试样标距长度。

扭转试验可测定下列主要性能指标：

图 2-11　扭矩-扭角曲线

① 切变模量 G。在弹性范围内，切应力与切应变之比称为切变模量。测出扭矩增量 ΔT 和相应的扭角增量 $\Delta\varphi$，求出切应力、切应变，即可得

$$G = \frac{32\Delta T L_0}{\pi\Delta\varphi d_0^4} \tag{2-10}$$

② 扭转屈服强度。具有明显拉伸物理屈服现象的金属材料，扭转试验时也同样有屈服现象。在扭转曲线或试验机扭矩度盘上读出首次下降前的最大扭矩为上屈服扭矩 T_{eH}，屈服阶段中不计初始瞬时效应的最小扭矩为下屈服扭矩 T_{eL}，按式（2-11）、式（2-12）计算扭转上屈服强度 τ_{eH} 和扭转下屈服强度 τ_{eL}：

$$\tau_{eH} = \frac{T_{eH}}{W} \tag{2-11}$$

$$\tau_{eL} = \frac{T_{eL}}{W} \tag{2-12}$$

③ 抗扭强度 τ_m。试样在扭断前承受的最大扭矩为 T_m，利用弹性扭转公式计算的切应力称为抗扭强度，即

$$\tau_m = \frac{T_m}{W} \tag{2-13}$$

图 2-12 所示为 20CrMnTi 钢渗碳层表面含碳量对抗扭强度的影响。由图 2-12 可见，控制表面含碳量为 0.9%～1.1% 可获得最大抗扭强度，该结果对指导生产具有重要意义。

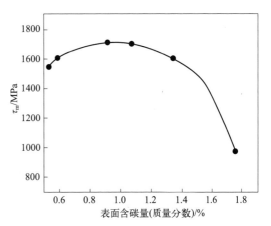

图 2-12　渗碳层表面含碳量对 20CrMnTi 钢抗扭强度的影响

2.6　缺口试样静载荷试验

2.6.1　缺口效应

前面介绍的拉伸、压缩、弯曲、剪切、扭转等静载荷试验方法，都是采用横截面均匀的光滑试样，但实际生产中的零件上，往往存在截面的急剧变化，如螺纹、键槽、轴肩、退刀槽、油孔及焊缝等。这种截面变化的部位可视为"缺口"。由于缺口的存在，在静载荷作用下，缺口截面上的应力状态将发生变化，产生所谓的"缺口效应"，从而影响材料的力学性能。

（1）应力集中本质

图 2-13 是具有单边缺口的平板受纵向均匀拉伸应力时的受力示意图。由于缺口的存在，破坏了位于缺口两侧面相对应的原子对之间的键合，使这些原子对不能承担外力。所以，缺口两面的外力需要由缺口前方的区域来承担。其中，在缺口的正前方、远离缺口处的原子对 PQ，可认为基本上不承担额外的外力，这一原子对之间的相对位移基本上不受缺口存在的影响，其位移量相当于该平板上没有开缺口时的情况。由于应变协调的要求，在缺口正前方的原子对 AB、CD、EF……之间的相对位移量必将由大到小连续地过渡到 PQ 对之间的相对位移量。缺口根部表面的原子对 AB 之间的相对移动距离最大，相应在该处的纵向应力 σ_y 最大。在缺口的正前方，随着距缺口根部距离的增大，应变逐渐减小，从而使纵向应力

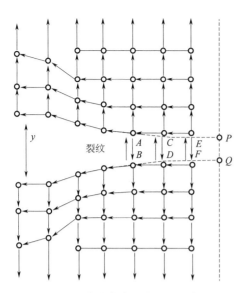

图 2-13　应力集中形成原因示意图

σ_y 逐渐减小，直至减小到某一恒定数值，这时缺口的影响便消失了。这种由于缺口所造成的局部应力增大的现象称为应力集中。

（2）缺口试样在弹性状态下的应力分布

设一薄板的边缘开有缺口，并承受拉应力 σ 的作用。当板材处于弹性范围内时，其缺口截面上的应力分布如图 2-14 所示。由图 2-14 可见，缺口截面上的应力分布是不均匀的。轴向应力 σ_y 在缺口根部最大。随着离开根部距离的增大，σ_y 不断下降，即在缺口根部产生应力集中。其最大应力取决于缺口几何参数（形状、深度、角度及根部曲率半径），其中根部曲率半径影响最大，缺口越尖锐，应力越大。

缺口引起的应力集中程度通常用理论应力集中系数 K_t 表示。K_t 定义为缺口净截面上的最大应力 σ_{max} 与平均应力 σ 之比，即

$$K_t = \frac{\sigma_{max}}{\sigma} \tag{2-14}$$

K_t 值与材料性质无关，只取决于缺口几何形状，可从有关手册中查到。

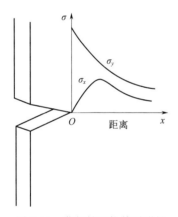

图 2-14　薄板缺口拉伸时弹性
状态下的应力分布

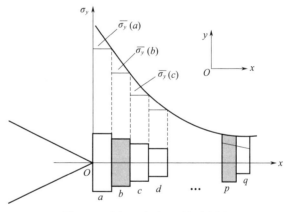

图 2-15　因 σ_y 产生 σ_x 的示意图

由图 2-15 可见，开有缺口的薄板承受拉伸应力后，缺口根部内侧还出现了横向拉应力 σ_x。它是由材料横向收缩引起的。

可以设想，假如沿方向 x 将薄板等分成很多细小的纵向拉伸试样，每一小试样受拉伸后都能自由变形。根据小试样所处位置不同，它们所受的应力大小也不一样。越靠近缺口根部，σ_y 越大，相应的纵向应变 ε_y 也越大。每一小试样在产生纵向应变的同时，必然要产生横向收缩应变 ε_x，且 $\varepsilon_x = -\nu\varepsilon_y$（$\nu$ 为泊松比）。如果横向收缩能自由进行，则每一个小试样将彼此分离开来。但是，实际上薄板是弹性连续介质，不允许各部分自由收缩变形。由于此种约束，各小试样在相邻界面上必然要产生横向拉应力 σ_x，以阻止横向收缩分离。因此，σ_x 的出现是金属变形连续性要求的结果。在缺口截面上 σ_x 的分布是先增后减，这是由于在

缺口根部金属能自由收缩，所以根部的 $\sigma_x=0$。自缺口根部向内部发展，收缩变形阻力增大，因此 σ_x 逐渐增加。当增大到一定数值后，随着 σ_y 的不断减小，σ_x 也随之下降。

对于薄板，在垂直于板面方向可以自由收缩变形，于是 $\sigma_z=0$。这样，具有缺口的薄板受拉伸后，其中心部分是两向拉伸的平面应力状态。但在缺口根部（$x=0$ 处），$\sigma_x=0$，仍为单向拉伸应力状态。

对于厚板，即当板厚 B 相对于缺口或裂纹深度足够大时，则受拉伸力作用后，在垂直于板厚方向的收缩变形受到约束，在板厚中心所受约束最大，即 $\varepsilon_z=0$，故 $\sigma_z\neq0$，$\sigma_z=\nu(\sigma_x+\sigma_y)$。厚板缺口拉伸时弹性状态下的应力分布如图 2-16 所示。由图可见，在缺口根部为两向拉伸应力状态，缺口内侧为三向拉伸的平面应力状态，且 $\sigma_y>\sigma_z>\sigma_x$。

由上述分析可知，缺口的第一个效应是引起应力集中，并改变了缺口前方的应力状态，使缺口试样或零件中所受的应力由原来的单向应力状态改变为两向或三向应力状态，也就是出现了 σ_x（平面应力状态）或 σ_x 和 σ_z（平面应变状态），这要视板厚或直径而定。

两向或三向不等拉伸的应力状态软性系数 $\alpha<0.5$，使金属难以产生塑性变形。脆性材料或低塑性材料进行缺口试样拉伸时，很难通过缺口根部极为有限的塑性变形使应力重新分布，往往直接由弹性变形过渡到断裂。由于断裂是在试样缺口根部的最大纵向应力 σ_y 作用下产生的，因此其抗拉强度必然比光滑试样的低。

（3）缺口试样在塑性状态下的应力分布

对于塑性较好的金属材料，若缺口根部产生塑性变形，应力将重新分布，并随载荷的增大，塑性区逐渐扩大，直至整个截面上都产生塑性变形。

现以厚板为例，讨论缺口截面上应力重新分布的过程。根据特雷斯卡判据，金属屈服的条件是 $\sigma_{max}=\sigma_y-\sigma_x=\sigma_s$（式中 σ_{max} 为在三向应力状态下换算的最大正应力）。在缺口根部，$\sigma_x=0$，故 $\sigma_{max}=\sigma_y=\sigma_s$。因此，当外加载荷增加时，$\sigma_y$ 也随之增加，缺口根部将最先满足 $\sigma_{max}=\sigma_y=\sigma_s$ 的要求而首先屈服。一旦根部屈服，则 σ_y 便松弛而降低到材料的 σ_s 值。但在缺口内侧的截面上，由于 $\sigma_x\neq0$，故要满足特雷斯卡判据要求，必须增大纵向应力 σ_y，即心部屈服在 σ_y 不断增大的情况下才能产生。如果满足这一条件，则塑性变形将自表面向心部扩展。与此同时，σ_y、σ_z 随 σ_x 快速增大而增大［因 $\sigma_y=\sigma_x+\sigma_s$，$\sigma_z=\nu(\sigma_x+\sigma_y)$］且塑性变形时，$\sigma_y$ 引起的横向收缩约比弹性变形时大一倍，需要较大的 σ_x 才能保持变形的连续性，一直增大到塑性区与弹性区交界处为止（图 2-17）。因此，当缺口内侧截面上局部

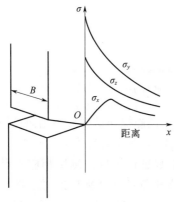

图 2-16　厚板缺口拉伸时弹性
状态下的应力分布

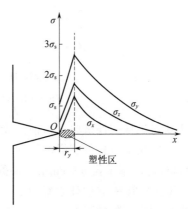

图 2-17　缺口内侧截面上局部区域
屈服后的应力分布

区域产生塑性变形后，最大应力已不在缺口根部，而在其内侧一定距离 r_y 处。该处 σ_x 最大，所以 σ_y 及 σ_z 也最大。越过交界处，弹性区内的应力分布与前述弹性变形状态的应力分布稍有不同，σ_x 是连续下降的。显然，随着塑性变形逐步向内部转移，各应力峰值越来越大，它们的位置也逐步移向中心，可以预料，试样中心区 σ_y 最大。

由此可见，在存在缺口的条件下由于出现了三向应力状态，并产生应力集中，试样屈服应力比单向拉伸时，产生了所谓"缺口强化"现象。"缺口强化"并不是金属内在性能发生变化，而是由于三向拉伸应力约束了塑性变形所致。因此，不能把"缺口强化"看作强化金属材料的手段。

在有缺口时，塑性材料的抗拉强度也因塑性变形受约束而增高，但由于缺口约束塑性变形，故使塑性降低，增加材料的变脆倾向。缺口使塑性材料强度增高，塑性降低，这是缺口的第二个效应。

综上所述，无论脆性材料或塑性材料，其零件上的缺口都因造成两向或三向应力状态和应力应变集中而产生变脆倾向，降低了使用的安全性。为了评定不同金属材料的缺口变脆倾向，必须采用缺口试样进行静载力学性能试验。一般采用的试验方法是缺口试样静拉伸和缺口试样静弯曲。

2.6.2 缺口试样静拉伸试验

材料在缺口静拉伸时的力学行为，可用图 2-18 表示。对塑性材料，缺口使材料的屈服强度或抗拉强度升高，塑性降低，即缺口强化 [图 2-18（a）]。但这种强化是与同缺口净截面面积的光滑试样相比较而言的，如果与包括缺口深度的原始总面积的光滑试样比较，断裂载荷总是降低的。对于塑性材料，缺口强度随缺口深度的增加而升高。但缺口强度升高是有限制的，这就是塑性约束系数，其计算值约为 2.57，即缺口试样的强度不会超过光滑试样强度的 3 倍。对于脆性材料，由于缺口造成的应力集中，不会因塑性变形而使应力重新分布，因此缺口试样的强度只会低于光滑试样，如图 2-18（b）所示。缺口试样的宏观断口特征如图 2-19 所示。

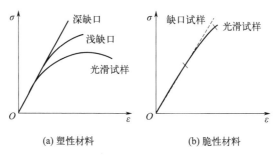

图 2-18　材料缺口静拉伸时的力学行为

对于缺口试样拉伸试验，目前尚无国家标准。缺口试样静拉伸试样分为轴向拉伸和偏斜拉伸两种。常用缺口拉伸试样的形状如图 2-20 所示。缺口张角 ω 满足 $45° \leqslant \omega \leqslant 60°$，一般取 $60°$；缺口根部曲率半径 $\rho \leqslant 1\text{mm}$，根据所需应力集中系数进行设置；测试相应光滑试样的 R_m 时，其直径取 d_n，整体直径取 d_0。试验时必须严格注意试样装夹中的对中性，防止因试样偏斜引起测试值的降低。相关试验方法可参考 HB 5214—1996《金属室温缺口拉伸试验方法》。

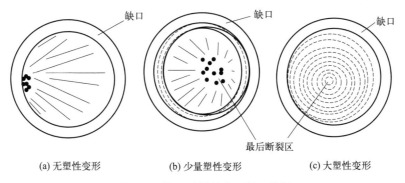

| (a) 无塑性变形 | (b) 少量塑性变形 | (c) 大塑性变形 |

图 2-19 缺口试样的宏观断口特征

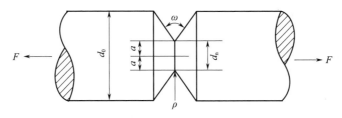

图 2-20 缺口拉伸试样示意图

金属材料的缺口敏感性指标用缺口试样的抗拉强度 R_{mn} 与等截面尺寸光滑试样的抗拉强度 R_m 的比值表示，称为缺口敏感度，记为 NSR（notch sensitivity ratio），即

$$\text{NSR} = \frac{R_{mn}}{R_m}$$

NSR 越大，材料缺口敏感性越低；NSR 越小，材料对缺口越敏感。脆性材料如铸铁、高碳钢的 NSR 总是小于 1，表明缺口根部尚未发生明显塑性变形时就已经断裂，对缺口很敏感。高强度材料的 NSR 一般也小于 1，塑性材料的 NSR 一般大于 1。

缺口静拉伸试验，广泛用于研究高强度钢的力学性能、钢和钛的氢脆，以及用于研究高温合金的缺口敏感性等。缺口敏感性指标 NSR 如同材料的塑性指标一样，也是安全性的力学性能指标。在选材时只能根据使用经验确定对 NSR 的要求，不能进行定量计算。

在进行缺口试样偏斜拉伸试验时，因试样同时承受拉伸和弯曲载荷的复合作用，故其应力状态更"硬"，缺口截面上的应力分布更不均匀，因而更能显示材料对缺口的敏感性。这种试验方法很适合高强度螺栓之类零件的选材和热处理工艺的优化，因此螺栓带有缺口，并且在工作时难免有偏斜。

图 2-21 所示为缺口偏斜拉伸试验装置。与一般缺口拉伸不同，其在试样与试验机夹头之间有一垫圈，垫圈的偏斜角 α 有 4°和 8°两种，相应的缺口抗拉强度以 R_{mn}^4 和 R_{mn}^8 表示。一般也用缺口试样的 R_{mn}^α 与光滑试样的 R_m 之比表示材料的缺口敏感度。

图 2-22 所示为 30CrMnSiA 钢的热处理工艺对缺口偏斜拉伸性能的影响。图中虚线表示光滑试样的 R_m，实线为缺口偏斜拉伸试样的抗拉强度。偏斜角为 0°，即为缺口试样轴向拉伸，所得结果为 R_{mn}，将其除以 R_m 即为 NSR。试样经淬火后在 200℃ 和 500℃ 两种温度下回火，其缺口试样轴向拉伸试验的 NSR 都是 1.2 左右。但两者偏斜拉伸的结果却不相同。由图 2-22 可见，该钢经 200℃ 回火后，R_{mn} 较高，但对偏斜十分敏感，表现为偏斜角增大，

强度急剧下降；经 500℃ 回火后，R_{mn} 仍高于 R_m，但由于金属的塑性升高，应力分布均匀化，故 R_{mn} 偏斜不敏感，数据分散性也很小。这个试验结果表明，对于 30CrMnSiA 钢制造的高强度螺栓，其热处理工艺以淬火＋500℃ 回火为佳。进一步试验证明，若对 30CrMnSiA 钢施以 860℃ 加热、370℃ 等温淬火，其偏斜 4°、8° 的缺口强度均优于淬火＋500℃ 回火。偏斜 8° 时，两者相差一倍以上。

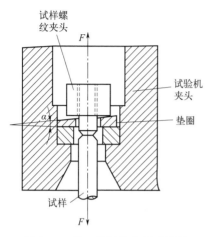

图 2-21　缺口偏斜拉伸试验装置

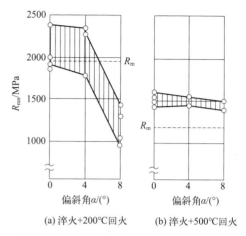

(a) 淬火+200℃回火　　　(b) 淬火+500℃回火

图 2-22　30CrMnSiA 钢的热处理工艺对缺口偏斜拉伸性能的影响

2.6.3　缺口试样静弯曲试验

缺口静弯曲试验也可显示材料的敏感性，用于评定或比较结构钢的缺口敏感度和裂纹敏感度。船用板材或压力容器制造选用低合金高强度钢时，规定用缺口试样静弯曲试验评定钢材冶金质量和热加工、热处理工艺是否符合检验标准。由于缺口和弯曲所引起的应力不均匀性叠加，试样缺口弯曲的应力应变分布的不均匀性比缺口拉伸时更高，但应力应变的多向性却更低。

缺口静弯曲试验可采用图 2-23 所示的试样及装置。也可采用尺寸为 10mm×10mm×55mm、缺口深度为 2mm、夹角为 60° 的 V 型缺口试样。试验时记录弯曲曲线（试验力 F 与挠度 f 关系曲线），直至试样断裂。

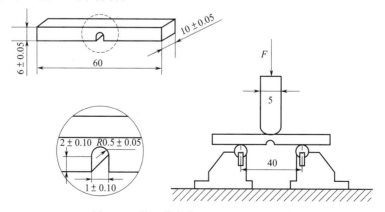

图 2-23　缺口静弯曲试验的试样及装置

图 2-24 所示为某种金属材料的缺口试样静弯曲曲线。试样在 F_{max} 时形成裂纹，在 F_1 时裂纹扩展到临界尺寸，随即失稳扩展而断裂。曲线所包围的面积分为弹性区Ⅰ、塑性区Ⅱ和断裂区Ⅲ。各区所占面积分别表示弹性变形功、塑性变形功和断裂功的大小。断裂功的大小取决于材料塑性。塑性好的材料裂纹扩展慢，断裂功增大，因此可用断裂功或 F_{max}/F_1 的比值来表示金属的缺口敏感度。断裂功大或 F_{max}/F_1 大，

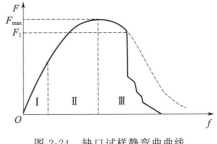

图 2-24　缺口试样静弯曲曲线

则缺口敏感度小；反之，则缺口敏感度大。若断裂功为零或 $F_{max}/F_1=1$，表明裂纹扩展极快，金属易产生突然脆性断裂，缺口敏感度最大。

2.7　硬度

2.7.1　硬度试验的特点

硬度是表征金属材料软硬程度的一种力学性能指标，其表征在给定的载荷条件下材料对形成表面压痕（刻痕）的抵抗能力。硬度试验方法在工业生产及材料研究中应用非常广泛。其物理意义取决于所采用的试验方法。

硬度试验按测量方法的不同可分为回跳法（如肖氏硬度等）、压入法（如布氏硬度、洛氏硬度、维氏硬度等）和划痕法（如莫氏硬度）等三类，其中压入法应用最多。例如，划痕法硬度值主要表征金属切断强度；回跳法硬度值主要表征金属弹性变形功的大小；压入法硬度值则表征金属塑性变形抗力及应变硬化能力。因此，硬度值实际上是表征材料的弹性、塑性、形变强化、强度和韧性等一系列不同力学性能的综合性能指标，而非确定的单一基本力学性能指标。

压入硬度试验方法的应力状态软性系数 $\alpha>2$，在此应力状态下，几乎所有的材料都能产生塑性变形。所以这种试验方法不仅可测定塑性材料的硬度，也可测定淬火钢、硬质合金甚至陶瓷等脆性材料的硬度。

硬度试验所用设备简单，操作方便。同时，硬度试验一般仅在样品表面局部区域产生很小的痕迹，属于无损或微损检测，因而可在大多数成品上直接试验，无须专门加工试样。此外，材料的硬度与其它力学性能指标间还存在一定的经验关系。硬度试验也易于检查金属表层的质量（如脱碳）、表面淬火和化学热处理后的表面性能等，因此，硬度试验在工业生产及科学研究中得到了广泛的应用。

2.7.2　布氏硬度

布氏硬度试验的原理是用一定直径 D（mm）的硬质合金球压头，施以一定的试验力 F（N），将其压入试样表面［图 2-25（a）］，经规定保持时间 t（s）后卸除试验力，试样表面将残留压痕［图 2-25（b）］。测量压痕平均直径 d（mm），求得压痕球形面积 A（mm²）。布氏硬度值（HBW）就是试验力 F 除以压痕球形表面积 A 所得的商，F 以 N 为单位时，其计算公式为

$$HBW = \frac{0.102F}{A} = \frac{0.204F}{\pi D(D - \sqrt{D^2 - d^2})}$$ (2-15)

式中　d——压痕平均直径，mm；

　　　A——压痕球形面积，mm^2；

　　　F——试验力，N；

　　　D——压头直径，mm。

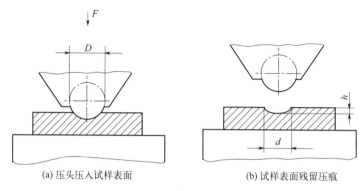

(a) 压头压入试样表面　　　　　　(b) 试样表面残留压痕

图 2-25　布氏硬度试验原理图

通常，布氏硬度值不标出单位。

对于材料相同而厚薄不同的试样，要测得相同的布氏硬度值；或对软硬不同的材料，要求测得的硬度具有可比性，在选配压头球直径 D 及试验力 F 时，应保证得到几何相似的压痕（即压痕的压入角 φ 保持不变），如图 2-26 所示。

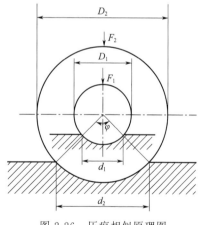

图 2-26　压痕相似原理图

为此，应使

$$\frac{F_1}{D_1^2} = \frac{F_2}{D_2^2} = \cdots = \frac{F}{D^2} = 常数$$

与此同时，压痕直径 d 应控制在 $(0.24 \sim 0.6)D$ 之间，以保证得到有效的硬度值。

布氏硬度试验用的压头球直径 D 有 10mm、5mm、2.5mm 和 1mm 四种，主要根据试样厚度选择，应使压痕深度 h 小于试样厚度的 1/8。当试样厚度足够时，应尽量选用 10mm 的压头球。压痕平均直径与试样最小厚度关系参见 GB/T 231.1—2018《金属材料 布氏硬度试验 第 1 部分：试验方法》中附录表 A.1。

布氏硬度试验中 $0.102F/D^2$ 的比值有 30、15、10、5、2.5 和 1 六种（单位：N/mm^2），其中 30、15、2.5 三种最常用。表 2-2 为根据材料和硬度值范围选择 $0.102F/D^2$ 的规定。

当压头球直径 D 及 $0.102F/D^2$ 的比值选定后，试验力 F（N）也就随之确定。试验力保持时间为 10～15s；对试验力要求保持时间较长的材料，试验力保持时间允许误差为 ±2s。

布氏硬度试验主要用于室温下黑色、有色金属原材料检验，也可用于退火、正火钢铁零件的硬度测试。布氏硬度试验时一般采用直径较大的压头球，因而所得压痕面积较大。压痕面积大的一个优点是其硬度值能反映金属在较大范围内各组成相的平均性能，而不受个别组成相及微小不均匀性的影响。因此，布氏硬度试验特别适用于测定灰铸铁、轴承合金等具有粗大晶粒或组成相的金属材料的硬度。压痕较大的另一个优点是试验数据稳定，重复性好。

表 2-2　不同材料的 F/D^2

材料	布氏硬度 HBW	$0.102F/D^2/(\text{N/mm}^2)$
钢、镍基合金、钛合金		30
铸铁	＜140	10
	≥140	30
铜及铜合金	＜35	5
	35～200	10
	＞200	30
轻金属及其合金	＜35	2.5
	35～80	5
		10
		15
	＞80	10
		15
铅、锡		1
烧结金属	依据 GB/T 9097—2016	

注：对于铸铁的试验，压头的名义直径应为 2.5mm、5mm 或 10mm。

布氏硬度试验的缺点是对不同材料需更换不同直径的压头球和改变试验力，压痕直径的测量也较麻烦，因而用于自动检测时受到限制。当压痕直径较大时，不宜在成品上进行试验。

由于布氏硬度值与试验规范有关，故其表示方法应能反映规范的内容。布氏硬度表示方法为：①布氏硬度值；②符号 HBW；③球直径；④试验力；⑤试验保持时间（10～15s 不标注）。

布氏硬度 HBW 表示方法示例如下：

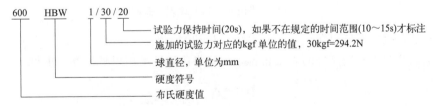

其中后三项之间各用斜线隔开。如 350 HBW5/750 表示用直径 5mm 的硬质合金球在 750kgf（7.355kN）试验力下保持 10～15s 测得的布氏硬度值为 350。又如 600 HBW1/30/20 表示用直径 1mm 的硬质合金球在 294.2N 试验力下保持 20s 测得的布氏硬度值为 600。值得注意的是，表 2-2 中试验力的单位为牛（N），而在布氏硬度表示方法中，试验力的单位是千克力（kgf），两者的换算关系为 1kgf＝9.80665N。也可以由球直径（mm）和试验力（N）直接查表求出对应的布氏硬度符号。

2.7.3 洛氏硬度

洛氏硬度试验以测量压痕深度表示材料的硬度值。洛氏硬度试验所用的压头有两种：一种是圆锥角 $\alpha=120°$ 的金刚石圆锥体；另一种是一定直径的小淬火钢球或硬质合金球。

图 2-27 所示为洛氏硬度试验原理示意图。为保证压头与试样表面接触良好，试验时先加初始试验力 F_0，在试样表面得一压痕，深度为 h_0。此时，测量压痕深度的指针在表盘上指零 [图 2-27 (a)]。然后加上主试验力 F_1，压头压入深度为 h_1。表盘上指针沿逆时针方向转动到相应刻度位置 [图 2-27 (b)]。试样在 F_1 作用下产生的总变形 h_1 中包括弹性变形与塑性变形。当将 F_1 卸除后，总变形中的弹性变形恢复，压头回升一段距离 (h_1-h) [图 2-27 (c)]。这时试样表面残留的塑性变形深度 h 即为压痕深度，而指针顺时针方向转动停止时所指的数值就是洛氏硬度值。

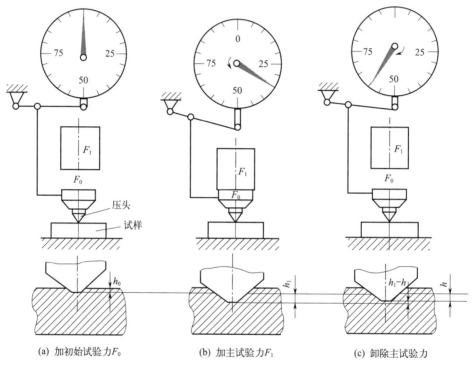

(a) 加初始试验力F_0 (b) 加主试验力F_1 (c) 卸除主试验力

图 2-27 洛氏硬度试验原理示意图

洛氏硬度值就是以压痕深度 h 来计算的。h 越大，硬度值越低；反之，则越高。为了与人们习惯上数值越大硬度越高的思维相符，规定洛氏硬度值用以下计算式求得：

$$HR = N - \frac{h}{S} \tag{2-16}$$

式中　HR——洛氏硬度值的符号；

　　　　N——全量程常数，洛氏硬度标尺 A，C，D，N，T 时取值为 100，其余标尺取值为 130；

　　　　S——标尺常数，洛氏硬度标尺 N，K 时取值为 0.001mm，其余标尺取值为 0.002mm；

　　　　h——最终压痕深度和初始压痕深度的差值，mm。

实际使用的洛氏硬度计，其测量压痕深度的百分表表盘上的刻度，已按式（2-16）换算为相应的硬度值，因此试验时可根据指针的指示值直接读出硬度值。

为了能在一台硬度计上测定不同软硬或厚薄试样的硬度，可采用不同的压头和试验力组合成几种不同的洛氏硬度标尺。用不同标尺测定的洛氏硬度符号在 HR 后面加标尺字母表示，有 A、B、C、D、E、F、G、H、K 共 9 种，常用的为 HRA、HRB、HRC 三种，其试验规范见表 2-3。

表 2-3 常用洛氏硬度试验的标尺、试验规范及应用

标尺	硬度符号	压头类型	初始试验力 F_0/N	总试验力 F/N	测量硬度范围	应用举例
A	HRA	金刚石圆锥		588.4	20～95	硬质合金、硬化薄钢板、表面薄层硬化钢
B	HRBW	ϕ1.5875m 球	98.07	980.7	10～100	低碳钢、铜合金、铁素体可锻铸铁
C	HRC	金刚石圆锥		1471	20～70	淬火钢、高硬度铸件、珠光体可锻铸铁

由于洛氏硬度试验所用试验力较大，不能用来测定极薄试样、渗氮层及金属镀层等的硬度，为此，人们应用洛氏硬度试验的原理，提出了表面洛氏硬度试验方法，共有 6 种标尺，表 2-4 即为各标尺的试验规范。

表 2-4 表面洛氏硬度试验的标尺、试验规范及应用

标尺	硬度符号	压头类型	初始试验力 F_0/N	总试验力 F/N	测量硬度范围	应用举例
15N	HR15N	金刚石圆锥	29.42	147.1	70～94	渗碳钢、渗氮钢、极薄钢板、切削刃、零件边缘部分、表面镀层
30N	HR30N			294.2	42～86	
45N	HR45N			441.3	20～77	
15T	HR15TW	ϕ1.5875m 球	29.42	147.1	67～93	低碳钢、铜合金、铝合金等薄板
30T	HR30TW			294.2	29～82	
45T	HR45TW			441.3	10～72	

洛氏硬度表示方法是：洛氏硬度值、符号 HR、标尺字母。如：60 HRC 表示用 C 标尺测得的洛氏硬度值为 60。洛氏硬度详细规定参见 GB/T 230.1—2018。

碳化钨合金球形压头为标准型洛氏硬度压头，用 W 表示。淬硬钢球仅在薄产品 HR30TSm 和 HR15TSm 试验中允许使用。表面洛氏硬度表示方法是：硬度值、符号 HR、总试验力、标尺。如 70HR30N 表示用总试验力 294.2N 的 30N 标尺测得的表面洛氏硬度值为 70。

洛氏硬度试验主要用于室温下金属材料热处理后的产品硬度测试。洛氏硬度试验的优点是：操作简单迅速，硬度值可直接读出；压痕较小，可直接在成品零件上进行试验；采用不同标尺可测定各种软硬、厚薄试样的硬度。其缺点是：压痕较小，若材料中有偏析及组织不均匀等缺陷，则所测硬度值重复性差，分散度大，故不适用于具有不均匀、粗大组织材料硬度的测定。此外，用不同标尺测得的硬度值彼此没有联系，不能直接比较。

2.7.4 维氏硬度

维氏硬度的试验原理与布氏硬度相同，也是根据压痕单位面积所承受的试验力计算硬度值。但维氏硬度试验的压头不是球体，而是两相对面间夹角 α 为136°的金刚石四棱锥体，如图 2-28 所示。压头在试验力 F（N）作用下将试样表面压出一个四方锥形的压痕，经一定保持时间后卸除试验力，测量压痕对角线平均长度 d $[d=(d_1+d_2)/2]$，用以计算压痕表面积 A（mm）。维氏硬度值（HV）为试验力 F 除以压痕表面积 A 所得的商，即

$$HV=\frac{0.102F}{A}=\frac{0.204F\sin(136°/2)}{d^2}=0.1891\frac{F}{d^2} \tag{2-17}$$

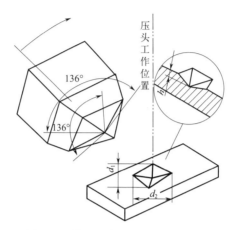

图 2-28　维氏硬度试验压头及压痕图

维氏硬度试验之所以采用正四棱锥体压头，是为了当改变试验力时，压痕的几何形状总保持相似，而不致影响硬度值。

维氏硬度试验的试验力见表 2-5，常用的试验力范围为 $49.03\sim980.7$N。使用时应视零件厚度及材料的预期硬度，尽可能选取较大的试验力，以减小压痕尺寸的测量误差。

表 2-5　维氏硬度试验力

维氏硬度试验		小负荷维氏硬度试验		显微维氏硬度试验	
硬度符号	试验力/N	硬度符号	试验力/N	硬度符号	试验力/N
HV5	49.03	HV0.2	1.961	HV0.01	0.09807
HV10	98.07	HV0.3	2.942	HV0.015	0.1471
HV20	196.1	HV0.5	4.903	HV0.02	0.1961
HV30	294.2	HV1	9.807	HV0.025	0.2452
HV50	490.3	HV2	19.61	HV0.05	0.4903
HV100	980.7	HV3	29.42	HV0.1	0.9807

注：1. HV 符号后试验力单位为 kgf。

2. 维氏硬度试验可使用大于 980.7N 的试验力。

3. 显微维氏硬度试验的试验力为推荐值。

如果维氏硬度试验时选用的试验力较小，达到 $0.098\sim0.9807$N，则可测定金属箔、极薄的表面层的硬度以及合金中各种组成相的硬度。因为压痕尺寸较小，为了提高测量精度，

需要配用显微放大装置，这就是显微维氏硬度试验（显微硬度），其试验力见表 2-5。

维氏硬度的表示方法是：维氏硬度值、符号 HV、试验力、试验力保持时间（10～15s 不标注）。

如 630HV30 表示在试验力在 30kgf（294.2N）下保持 10～15s 测得的维氏硬度值为 640，又如 300HV0.1 表示在试验力为 0.1kgf（0.9807N）下保持 10～15s 测得的显微维氏硬度值为 300。

显微维氏硬度可以测定 10μm 以上的晶粒和显微颗粒的硬度。表 2-6 列出了钢中一些合金相的显微维氏硬度。

表 2-6　钢中一些合金相的显微维氏硬度

合金相	显微维氏硬度/HV	合金相	显微维氏硬度/HV
奥氏体	340～450	渗碳体	750～980
铁素体	150～250	TiC	2850～3200
马氏体	670～1200	WC	1430～2470

维氏硬度试验的优点是不受布氏硬度法那种要求试验力 F 与压头直径 D 之间所规定条件的约束，也不存在洛氏硬度法中不同标尺的硬度值无法比较的问题；维氏硬度试验时不仅试验力可任意选取，而且压痕测量的精度较高，硬度值较为精确。唯一的缺点是硬度值需要通过测量压痕对角线长度后才能进行计算（或查表）出来，因此，工作效率比洛氏硬度法低，但随着自动维氏硬度计的发展，这一缺点将不复存在。

2.7.5　其它硬度试验

（1）努氏硬度试验

金属努氏硬度试验也是一种显微硬度试验方法。它与显微维氏硬度相比有两点不同：一是压头形状不同，如图 2-29。努氏硬度试验所使用的是两个对角不等的四角棱锥金刚石压头（其对面分别为 172°30′ 和 130°），长对角线和压痕深度之间的关系约为 30:1。二是硬度值不是试验力除以压痕表面积的商值，而是除以压痕投影面积的商值。因此，测量出压痕长对角线的长度 d（mm），就可按式（2-18）计算努氏硬度值（HK）：

$$HK = 常数 \times \frac{试验力}{压痕投影面积} = 1.451 \frac{F}{d^2} \qquad (2-18)$$

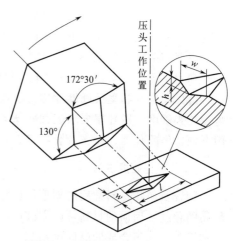

图 2-29　努氏硬度试验压头与压痕图

式中　F——试验力，在 $0.09807\sim19.614N$ 之间选取。

努氏硬度试验由于压痕细长，而且只测量长对角线的长度，因而精确度较高。对于表面淬硬层或渗层、镀层等薄层区域的硬度测定以及渗层截面上硬度分布的测定较为方便。努氏硬度试验没有专用的硬度计，通常是共用显微维氏硬度计，只需更换压头并改变硬度值计算方法即可。更多关于努氏硬度试验的规定请参阅 GB/T 18449.1—2024《金属材料 努氏硬度试验 第 1 部分：试验方法》。

（2）肖氏硬度试验和里氏硬度试验

肖氏硬度试验是一种动载荷试验法，其原理是将一定质量的带有金刚石圆头或钢球的标准冲头，从一定高度自由下落到金属试样表面，根据冲头回跳高度来表征金属硬度值大小，故也称为回跳硬度。计算如下：

$$HS = Kh/h_0 \tag{2-19}$$

式中　HS——肖氏硬度；

　　　K——肖氏硬度系数（C 型仪器 $K=104/65$，D 型仪器 $K=140$）；

　　　h——冲头第一次回跳高度，mm；

　　　h_0——冲头落下高度，mm。

肖氏硬度的符号用 HS 表示。HS 前方的数字为肖氏硬度值，HS 后面的符号为硬度计类型。如 25 HSC 表示用 C 型（目测型）肖氏硬度计测得的肖氏硬度值为 25，51 HSD 表示用 D 型（指示型）肖氏硬度计测得的肖氏硬度值为 51。肖氏硬度计的主要技术参数如表 2-7 所示。

表 2-7　肖氏硬度计主要技术参数

项目	C 型	D 型
冲头质量/g	2.5	36.2
冲头下落高度/mm	254	19
冲头顶端球面半径/mm	1	1

肖氏硬度试验主要用于在室温条件下测定精度要求不高的金属及合金大型工件的硬度。

里氏硬度试验也是动载荷试验法，它是用规定质量的冲头（碳化钨球）在弹力作用下以一定速度冲击试样表面，用冲头的回弹速度表征金属的硬度值。里氏硬度的符号为 HL。

更多相关规定参见 GB/T 4341.1—2014《金属材料 肖氏硬度试验 第 1 部分：试验方法》和 GB/T 17394.1—2014《金属材料 里氏硬度试验 第 1 部分：试验方法》。

肖氏硬度计和里氏硬度计均为手提式，使用方便，可在现场测量大型工件的硬度，如检验冷轧辊硬度。冷轧辊要求表面淬火，硬度为 45～105HS。肖氏硬度计和里氏硬度计虽使用方便，但受仪器、操作者影响较大，要经常校对，专人检测。

（3）莫氏硬度试验

陶瓷及矿物材料常用的划痕硬度称为莫氏硬度，它只表示硬度从小到大的顺序，不表示软硬的程度，后面的材料可以划破前面材料的表面。起初，莫氏硬度分为 10 级，后来因为出现了一些人工合成的高硬度材料，故又将莫氏硬度分为 15 级。表 2-8 为两种莫氏硬度的分级顺序。

表 2-8　两种莫氏硬度的分级顺序

材料	旧顺序	新顺序	材料	旧顺序	新顺序
滑石	1	1	黄玉	8	9
石膏	2	2	石榴石	—	10
方解石	3	3	熔融氧化锆	—	11
萤石	4	4	刚玉	9	12
磷灰石	5	5	碳化硅	—	13
正长石	6	6	碳化硼	—	14
SiO_2 玻璃	—	7	金刚石	10	15
石英	7	8			

2.7.6　硬度与其它性能指标的关系

硬度是材料的一种重要力学性能，在材料科学研究和生产实际应用中具有十分重要的意义。加之硬度试验方法迅速、简便，人们对材料的硬度进行了大量的检查与测量。一些常用材料的硬度如表 2-9 所示。从表中可以看出，金属材料、陶瓷材料和高分子材料在硬度上有巨大差异，而这种差异主要是由材料的组成和结构决定的。

表 2-9　一些常用材料的硬度

材料	条件	硬度 HV	材料	硬度 HV
金属材料			BN（立方）	7500
99.5%铝	退火	20	金刚石	6000～10000
	冷轧	40	玻璃	
7 系铝合金（Al-Zn-Mg-Cu）	退火	60	硅石	700～750
	沉淀硬化	170	钠钙玻璃	540～580
软钢（w_C=0.2%）	正火	120	光学玻璃	550～600
	冷轧	200	高分子聚合物	
轴承钢	正火	200	高压聚乙烯	40～70
	淬火（830℃）	900	酚醛塑料（填料）	30
	回火（150℃）	750	聚苯乙烯	17
陶瓷材料			有机玻璃	16
WC	烧结	1500～2400	聚氯乙烯	14～17
金属陶瓷（WC-6%Co）	20℃	1500	ABS❶	8～10
	750℃	1000	聚碳酸酯	9～10
Al_2O_3		约 1500	聚甲醛	10～11
B_4C		2500～3700	聚四氟乙烯	10～13
			聚砜	10～13

❶　ABS 指丙烯腈-丁二烯-苯乙烯共聚物。

（1）硬度与其它力学性能的关系

材料的弹性极限、屈服强度、抗拉强度及材料的抗扭强度、抗剪强度、抗压强度等力学性能指标的测定需要制备特定形状的试样进行破坏性试验，而材料的硬度试验方法简便快捷，无须专门加工试样，且对试样的损伤较小。因此，人们一直都在探索如何通过硬度值来评定材料的其它力学性能指标，但至今未从理论上建立材料的硬度与其它力学性能指标的内在联系，只是根据大量试验数据确定了硬度与某些力学性能指标之间的经验关系。

试验证明，金属的布氏硬度与抗拉强度之间成正比关系，即

$$R_m = k \, \text{HB} \tag{2-20}$$

式中　k——经验常数，随材料不同而异。

不同的金属材料其 k 值不同；同一类金属材料经不同热处理后，尽管强度和硬度都发生了变化，其 k 值仍基本保持不变。但若通过冷变形提高硬度，其值将不再恒定。表 2-10 列出了某些金属的硬度 HB 与 k 值。

表 2-10　金属材料不同状态下的硬度 HB 与 k 值表

材料	HB 范围	k（R_m/HB）	材料	HB 范围	k（R_m/HB）
退火/正火碳钢	125~175	3.4	退火黄铜及黄铜	—	5.5
	>175	3.6	加工青铜及黄铜	—	4.0
淬火碳钢	<250	3.4	冷作青铜	—	3.6
淬火合金钢	240~250	3.3	软铝	—	4.1
常用镍铬钢	—	3.5	硬铝	—	3.7
锻轧钢材	—	3.6	其它铝合金	—	3.3
锌合金	—	0.9			

有人利用硬度试验间接地测定出了材料的屈服强度、评价出了钢的冷脆倾向以及借助特殊硬度试样近似地建立了真实应力-应变曲线等。

此外，有人试图通过测定材料的硬度 HB 估算材料的疲劳极限 σ_{-1}。对于钢铁材料，因 $\sigma_{-1} = 0.4 \sim 0.6 R_m$，而 R_m 约为 HB 的 3.3 倍，于是 $\sigma_{-1} = 1.3 \sim 2 \text{HB}$。

压痕硬度还可以用来大致判断材料的耐磨性，硬度愈高，则耐磨性愈好。此外，硬度与断裂韧度、夏比摆锤冲击吸收能量和剪切模量间也有定性的关系，甚至有定量的经验关系。几种常用硬度相互之间有如下经验关系：$\text{HBW} \approx 0.95 \text{HV}$；$\text{HK} \approx 1.05 \text{HV}$；$\text{HRC} \approx 100 \sim 1480 \text{HBW}^{-\frac{1}{2}}$；$\text{HRB} \approx 134 \sim 6700 \text{HB}^{-1}$。

（2）硬度与其它物理性能的关系

从化学键的角度讲，化学键强的材料，其硬度一般就高。对于共价键的材料，其硬度按如下顺序依次下降：共价键≥离子键>金属键>氢键>范氏键。显然，完全由共价键组成的材料，其硬度最高。从聚集态结构的角度讲，结构越密，分子间作用力越强，材料硬度越高，如具有高度交联网状结构的热固性塑料的硬度比未交联的要高得多。另外，温度对高分子材料的硬度也有较大影响：距玻璃化转变温度越远，高分子材料的硬度越高。弹性模量也反映化学键的强弱，故硬度越高的材料，通常弹性模量也越高。

压痕硬度与材料的残余应力有理论和经验的关系。材料的化学成分（元素含量）、状态

（固溶、时效、淬火、回火、相变等）和组织结构的不均匀性（偏析、晶界、第二相）都与硬度有关，即使是细微的变化，也能由硬度反映出来。

（3）硬度的扩大应用

上述已经表明，硬度与许多力学性能和物理性能间存在许多定性或定量的经验关系。由于硬度试验造成的表面损伤小，要求测试的样品小，当条件限制而无法测试材料力学性能和其它性能时，通过硬度试验便可判断材料的某些定性或定量的性能。例如，对出土文物不能进行损坏性测试，可通过纳米压痕仪分析其性质；进口或年代久远设备的零件已损坏且很难得到备件时，硬度试验便是帮助选择何种材料及状态进行加工替代的手段之一。

利用硬度试验可以辅助确定表面强化层、扩散层、涂层、脱碳层、氧化层及腐蚀层的硬度、硬度分布和深度。显微硬度可以用来测定疲劳裂纹尖端塑性区的分布规律；压痕硬度可以用来测量材料的残余应力和断裂韧度。通过硬度试验可判断某些材料的化学和组织状态，以及材料组织和结构的均匀性。近年来出现的纳米压痕仪的用途更加细微，例如：测试疲劳中材料表面硬度的变化规律，进而分析其疲劳机理；测试复合材料界面的显微硬度，便可大致了解其界面结合强度。

通过仪器化压入试验设备获得压入试验力-深度实时测量曲线，基于所建立的力学模型，可以获得被测材料的弹性模量、抗拉强度、硬度，并实现各种硬度之间的换算，具体参见GB/T 37782—2019《金属材料 压入试验 强度、硬度和应力-应变曲线的测定》。

案例链接 2-1：缺口对 7A85 合金拉伸性能的影响

高速列车运行过程中，由于空气动力学原因，气流吸起异物撞击在裸露的转向架零部件上，会在零部件表面造成各种撞击伤和擦伤。铝合金零部件表面的微损伤会导致局部区域应力显著升高，产生应力集中，并成为裂纹源，严重影响构件的疲劳寿命并威胁列车的安全运行。

在光滑试样中心位置预制缺口，每种缺口试样加工 3 根（共 9 根）用于拉伸试验，通过CMT5305 型万能试验机测试光滑试样和缺口试样的拉伸性能，拉伸速率设置为 1.5mm/min，所有试样均采用相同的拉伸速率，测试缺口对材料拉伸性能的影响。图 2-30 为拉伸试样尺寸以及缺口尺寸。

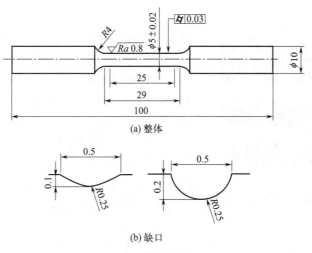

图 2-30　拉伸试样尺寸

不同缺口尺寸 7A85 铝合金试样拉伸试验结果如图 2-31 所示，由图 2-31（a）可以看出，随着缺口深度增加，试样拉伸强度和塑性都有所下降。缺口引起的应力集中使得试样内部晶粒快速达到位错滑移条件，并且位错运动的速率相比于光滑试样也更快，导致缺口试样在拉伸过程中的变形量更小。从图 2-31（b）可以看出，缺口对试样抗拉强度和屈服强度的影响小于对试样塑性的影响，缺口深度 $H=0.1mm$ 时，试样抗拉强度、屈服强度、断后伸长率和断面收缩率分别下降了 3.7%、2.5%、14.2%、25.3%；$H=0.2mm$ 时试样抗拉强度、屈服强度、断后伸长率和断面收缩率分别下降了 6.2%、4.9%、47.5%、55.7%。当缺口深度 $H=0.1mm$ 时，试样强度变化不大，塑性略微降低。当缺口深度增加至 $H=0.2mm$ 时，试样强度略微降低，而塑性显著降低。导致这种现象的原因是缺口根部的应力集中使局部位置应力快速达到裂纹扩展阈值，并加快了后续的裂纹扩展过程，最终造成试样塑性显著降低。

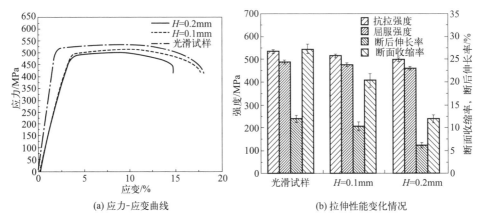

(a) 应力-应变曲线　　　　　　　(b) 拉伸性能变化情况

图 2-31　不同缺口试样的拉伸性能

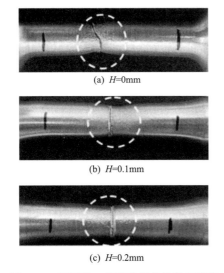

(a) $H=0mm$

(b) $H=0.1mm$

(c) $H=0.2mm$

图 2-32　不同缺口深度试样拉伸断裂情况

如图 2-32 所示，光滑试样沿 45° 最大切应力方向断裂，试样有明显的颈缩和伸长现象；缺口深度 $H=0.1mm$ 试样沿预制缺口断裂，断口相较于光滑试样较为平整，在缺口附近有明显颈缩现象；而对于 $H=0.2mm$ 试样，试样沿着预制缺口断裂，试样颈缩以及伸长现象均没有前两种试样明显，说明缺口深度增加降低了试样的塑性。

缺口也显著降低了 7A85 铝合金的疲劳性能。在 10^7 周次循环条件下，光滑试样疲劳极限为 180MPa，缺口深度 0.1mm 和 0.2mm 的试样疲劳极限较光滑试样分别下降了 27% 和 44%，

以上研究结果为高速列车高强铝合金零件生产过程中表面质量控制及使用过程中表面损伤后性能变化评估提供数据支撑。

【资料来源：张焯栋，赵君文，等 . 缺口对 7A85 铝合金拉伸性能和疲劳性能的影响［J］. 材料导报，2023，37（24）：220-226.】

2.8 本章小结

本章论述了应力状态软性系数的概念，主要讨论了材料在扭转、弯曲、压缩、剪切等条件下的受力特点、试验方法、性能指标、断口特征和应用范围，并比较了与静载拉伸试验方法的异同。扭转、弯曲、压缩等试验方法主要用于测定脆性材料和低塑性材料的力学性能，并用于评价材料以及提供结构件设计中所需的力学性能数据。几种静载试验方法的比较如下所示。

试验方法		拉伸 (GB/T 228.1—2021)	压缩 (GB/T 7314—2017)	弯曲 (GB/T 232—2024)	扭转 (GB/T 10128—2007)
横截面上的 应力分布		均匀分布		不均匀，最大应力出现在表面层	
主要技术 指标	模量	弹性模量 E	压缩弹性模量 E_c		切变模量 G
	强度	规定塑性延伸强度 R_p，上/下屈服强度 R_{eL}/R_{eH}，抗拉强度 R_m	规定塑性压缩强度 R_{pc}，抗压强度 R_{mc}	抗弯强度 R_{bb}，规定塑性弯曲强度 R_{pb}	规定非比例扭转强度 τ_p，上/下屈服强度 τ_{eL}/τ_{eH}，抗扭强度 τ_m
	塑性	断后伸长率 A，断面收缩率 Z	规定塑性压缩应变 e_{pc}	断裂挠度 f_{bb}	最大非比例切应变 γ_{max}
适用材料		低脆性 塑性	脆性 中低塑性	脆性 低塑性	中高塑性
其它特点			间接拉伸	表面分析	表面分析 断口分析

从应力集中、双向或三向应力、缺口试件的屈服、应变集中等角度，分析了缺口对试件应力分布和材料力学性能的影响。定义了表征缺口敏感性的参数 NSR，阐明了缺口试件静拉伸、缺口试件偏斜拉伸、缺口试件静弯曲试验的特点和要求。

硬度是衡量材料软硬程度的性能指标，在工业生产及材料研究中的应用极为广泛。本章从硬度的分类出发，着重介绍了布氏硬度、洛氏硬度、维氏硬度等压入法试验的试验原理、试验特点、表征方法和应用范围。已有研究建立了材料的硬度与强度等力学性能指标的关系，因此在一些场合可通过测量硬度来方便地获得材料的强度水平等信息。硬度方法总结如下所示。

试验方法		标记	特点
测定原理	硬度类别		
压入法	布氏硬度	HBW	稳定、精度高，但不宜测定高硬度材料及薄材
	洛氏硬度	HRC HRA	效率高、检测范围广，但可比性差
		HRBW	
		HR (15/30/45) N HR (15/30/45) TW	

试验方法		标记	特点
测定原理	硬度类别		
压入法	维氏硬度	HV	可比性好、范围广、精度高，但效率不高
	显微维氏硬度	HV	微、薄件测定
	努氏硬度	HK	
回跳法	肖氏硬度	HS	测定迅速，但结果分散
	里氏硬度	HL	
刻划法	莫氏硬度		定性描述

本章重要词汇

（1）应力状态软性系数：stress state softness coefficient

（2）布氏硬度：Brinell hardness（HB）

（3）洛氏硬度：Rockwell hardness（HR）

（4）维氏硬度：Vickers hardness（HV）

（5）努氏硬度：Knoop hardness（HK）

（6）肖氏硬度：Shore hardness（HS）

（7）缺口效应：notching effect

（8）缺口敏感度：notch sensitivity ratio（NSR）

思考与练习

（1）说明下列性能指标的意义：

① R_{bb}；② R_{mn}；③ τ_{eH}，τ_{eL}；④ τ_m；⑤ R_{mc}；⑥ HBW；⑦ HRA；⑧ HRB；⑨ HRC；⑩ HV；⑪ HK；⑫ HS；⑬ HL；⑭ NSR。

（2）有如下零件和材料等需测定硬度，试说明选用何种硬度试验方法为宜。

①渗碳层的硬度分布；②淬火钢；③灰铸铁；④钢中的隐晶马氏体与残余奥氏体；⑤仪表小黄铜齿轮；⑥龙门刨床导轨；⑦陶瓷涂层；⑧高速钢刀具；⑨退火态低碳钢；⑩硬质合金。

（3）在评定材料的缺口敏感性时，什么情况下宜选用缺口试件静拉伸试验？什么情况下宜选用缺口试件偏斜拉伸试验？

（4）试综合比较单向拉伸、压缩、弯曲及扭转试验的特点和应用范围。

（5）为何铸铁件抗压能力高于其抗拉能力？

第 3 章

材料在冲击载荷下的力学性能

3.1 概述

载荷以高速度作用于材料的现象称为冲击。许多机器零件在服役时会受冲击载荷的作用，如汽车行驶通过凸凹不平的路面时，铁路车辆在不平顺轨道上运行时，飞机起飞和降落及材料加工设备工作时（如金属锻造、冲压）。通常冲击载荷速度越高，产生的危害越大，如交通工具的高速碰撞、飞石对高速列车零件的击打及飞鸟对飞机的撞击等，可能导致零件损毁、结构破坏甚至人员伤亡。

当然，有时也要利用冲击载荷来实现静载荷难以实现的效果。比如：在自由锻、高速冲压、爆炸成形、电磁成形等各种金属动力成形的过程中，工件受到冲击载荷而迅速发生塑性变形。反坦克武器的长杆穿甲弹，以 $1.5\sim2.0\text{km/s}$ 的速度着靶后实现快速穿孔。

冲击载荷与静载荷的主要区别是加载速率不同。加载速率是指载荷施加于试样或零件时的速率，用单位时间内应力增加的数值表示。由于载荷加载速率与材料形变速率存在对应关系，因此可用形变速率间接地反映加载速率的变化。应用中常采用相对形变速率（又称应变速率）来表示。一般将 10^0s^{-1} 以下的应变速率称为低应变速率，$10^0\sim10^2\text{s}^{-1}$ 之间的应变速率称为中应变速率，将 $10^{-2}\sim10^4\text{s}^{-1}$ 之间的应变速率称为高应变速率，将 10^4s^{-1} 以上的应变速率称为超高应变速率。

为了评定材料承受冲击载荷的能力，揭示材料在冲击载荷作用下的力学行为，需要选择合适的试验方法。蠕变和应力松弛试验应变速率一般低于 10^{-5}s^{-1}，常规的准静态拉压弯剪扭试验应变速率一般为 $10^{-4}\sim10^{-1}\text{s}^{-1}$。常见冲击试验的应变速率和测试手段见表 3-1。研究表明，应变速率在 10^{-2}s^{-1} 内时，金属力学性能没有明显变化，可按静载荷处理。当应变速率大于 10^{-2}s^{-1} 时，材料力学性能将发生显著变化。

表 3-1 常见冲击试验的应变速率和测试手段

常用试验	应变速率/s^{-1}	测试手段
低动态	$10^{-1}\sim10^3$	高速液压伺服试验机、摆锤、落锤旋转飞轮、凸轮
高动态	$10^2\sim10^4$	Hopkinson 杆、膨胀环、Taylor 杆
高速碰撞	$10^5\sim10^8$	斜冲击、爆炸箔、脉冲激光、平板正冲击

3.2 冲击载荷下材料性能的特点

冲击载荷具有作用时间短、应变速率高和能量转化剧烈的特点。在冲击载荷作用下，零件的变形和断裂总体与静载荷一样，仍分为弹性变形、塑性变形和断裂三个阶段。其差别在于不同加载速率对以上各阶段的影响。

当变形在弹性范围内时，由于应力和变形在固态材料中传播速度快，冲击弹性变形总能紧跟上冲击外力的变化，因而应变速率对金属材料的弹性行为及弹性模量没有影响。

但是，应变速率对塑性变形、断裂及有关的力学性能却有显著的影响。由于冲击载荷下应力水平比较高，许多位错源同时开动，位错交互作用增加，因此材料在冲击载荷作用下塑性变形难以充分进行，屈服强度增加。同时，在冲击载荷下，塑性变形集中在某些局部区域，塑性变形极不均匀。这种不均匀的情况也限制了塑性变形的发展，导致屈服强度、抗拉强度提高（图 3-1）。

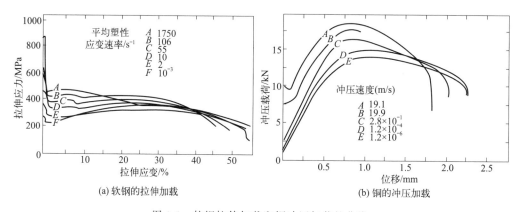

图 3-1　软钢拉伸加载和铜冲压加载的曲线

材料塑性、韧性和应变速率之间无单值依赖关系。在大多数情况下，高应变速率下试样的塑性比低应变速率下的低。当应变速率超过一定值后，温度效应显著，可使材料塑性增加。材料的塑性和韧性随应变速率的变化还与断裂方式有关。如果在一定加载规范和温度下，材料产生正断，则断裂应力变化不大，塑性随应变速率增加而减小；如果材料产生切断，则断裂应力随应变速率提高而显著增加，塑性可能不变，也可能提高。

3.3 冲击下材料的性能

3.3.1 冲击试验方法

冲击试验是一种动态力学性能试验，主要用来测定冲断一定形状的试样所消耗的能量，又叫冲击韧度试验。常见的冲击加载方法有摆锤、落锤、旋转飞轮或凸轮式的冲击试验装置，其冲击速度不超过 $10\mathrm{m/s}$，可获得 $10^{-1}\mathrm{s}^{-1} \sim 10^{3}\mathrm{s}^{-1}$ 范围内的应变速率。

在冲击吸收能量方面，金属摆锤的一般是 300J、500J、800J；金属落锤的可达几万焦耳；橡胶塑料的只有几焦耳，如 5J、10J；木材的一般是 100J。

在测试温度方面，常温冲击试验在室温（一般 23±5℃）下进行；高低温冲击试验，将试样在高低温介质下保存一定时间后快速取出完成冲击试验。可使用冰水混合物、酒精或液氮槽对试样进行低温冷却处理，或使用烘箱、高温炉等对试样进行高温加热处理。

在变形观测方面，直到现代才建立起一些较可行的方法，如超高速照相、光弹法等，但仍需改进。因此，冲击试验更多适用于测定材料的宏观平均抗冲击能力。

3.3.2　摆锤冲击试验

摆锤冲击试验可通过测定材料断裂时吸收的能量来评价材料的冲击破坏性能，也常用于材料缺口敏感性及韧脆转变温度的测定。该方法易操作，成本低，可以快速得到测试结果，故得到了广泛应用。具体试验方法和操作规范详见国家标准 GB/T 229—2020、GB/T 19748—2019 等。材料的冲击韧性（冲击破坏性能衡量指标）常用标准试样的冲击吸收能量表示，反映材料抵抗单次大能量冲击的能力。

摆锤冲击试验方法主要有两种（图 3-2）：一种为简支梁式冲击试验，试样处于三点弯曲受力状态，称为夏比（Charpy）冲击试验；另一种为悬臂梁式冲击试验，试样处于悬臂弯曲受力状态，称为伊佐德（Izod）冲击试验。后者对试样的装夹要求较高，应用受到一定限制。而前者简便易行，又可根据测试材料与试验目的采用不同几何形状的试样，因而得到更广泛的应用。

夏比摆锤式冲击试验装置如图 3-3 所示，试验时，将试样水平放在试验机支座上，缺口位于冲击相背方向。然后将具有一定质量 m 的摆锤举升至一定高度 H_1，使其获得一定初始势能 mgH_1。释放摆锤冲断试样，摆锤的剩余能量为 mgH_2，则摆锤冲断试样失去的势能为 $mgH_1 - mgH_2$，若忽略不计消耗于试样掷出、机身振动以及空气阻力等的能量，此即为试样变形和断裂所消耗的能量，称为冲击吸收能量，以 K 表示，单位为 J。值得注意的是，当摆锤轴线与试样缺口中心线不一致时，测得的 K 值会产生显著差异。

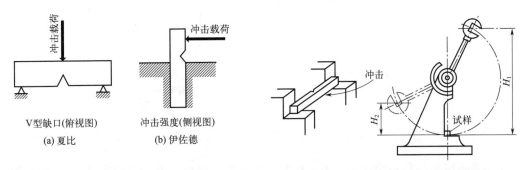

图 3-2　摆锤冲击试验方法示意图　　　　图 3-3　夏比摆锤冲击试验装置及原理

夏比冲击弯曲试验用标准试样一般开有 U 型或 V 型缺口，分别称为夏比 U 型缺口试样和夏比 V 型缺口试样，其规格尺寸在 GB/T 229—2020 中有严格规定。用不同缺口试样测得的冲击吸收能量分别记为 KU 和 KV，并用下标数字 2 或 8 表示摆锤刀刃半径（单位 mm），如 KU_2，KV_8。测量铸铁或工具钢等脆性材料的冲击吸收能量，常采用无缺口冲击试样。

冲击吸收能量 K 的大小并不能真正反映材料的韧脆程度。因设备自身损耗的能量不同，同一材料在不同冲击试验机上测得的冲击吸收能量 K 值不同。在同一试验机上进行试验，试样尺寸不同，缺口的形状和尺寸不同，测得的吸收能量值也会不相同，并难以换算和对比。因此，查阅国内外材料性能数据评定材料韧脆程度时，要注意冲击试验的条件。

此外，不同材料、不同温度下测出的冲击吸收能量即使相同，实际韧性也有可能存在很大差别，这可通过冲击断口和冲击弯曲过程的力-位移曲线判定。

通过仪器化冲击弯曲试验方法得到的典型四类力-位移曲线见图 3-4。冲击试样的力-位移曲线图各特征值见图 3-5，从图上可见，试样冲击断裂总吸收能量可分为三部分，即弹性区、塑性区和断裂区（裂纹扩展区）。即使材料的总冲击吸收能量相同，这三部分所占的比例也可能不同。

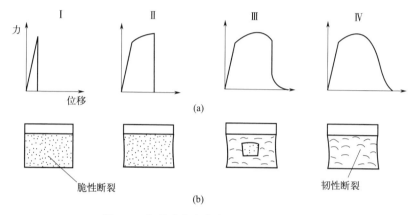

图 3-4　典型冲击弯曲力-位移曲线及断面

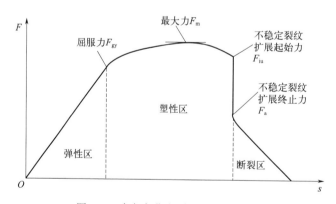

图 3-5　冲击弯曲力-位移曲线特征值

虽然冲击吸收能量不能真正代表材料的韧脆程度，但由于其对材料内部组织变化敏感，而且冲击弯曲试验方法简便易行，所以仍被广泛采用。冲击弯曲试验主要用途如下：①作为原材料或产品质量控制指标。通过测量冲击吸收能量 K 值和对冲击试样进行断口分析，可揭示原材料中的夹渣、气泡、严重分层、偏析以及夹杂物等冶金缺陷；检查过热、过烧、回火脆性等锻造或热处理缺陷。②评定材料的低温脆性倾向。根据系列冲击试验可得 K 值与温度的关系曲线，测定材料的韧脆转变温度，供选材或抗脆断设计参考。比如，设计时要求零件的服役温度高于材料的韧脆转变温度。

3.3.3 落锤冲击试验

普通的摆锤冲击试验设备简单，使用方便，但冲击试样尺寸过小，不能反映实际零件的应力状态，而且结果分散性大，不能满足一些特殊要求。落锤冲击试验是在已知力学约束条件下测量材料对固有断裂扩展的抗力，可最大限度模拟实物，测定其动态断裂和韧脆转变特性，所获得的数据可直接在实际工程中加以应用。其分为无塑性转变（nil-ductility transition，NDT）温度落锤试验和落锤撕裂试验（drop-weight tear test，DWTT），试验规范具体参见 GB/T 6803—2023 及 GB/T 8363—2018。

NDT 温度落锤试验机由垂直导轨（支承块）、能自由落下的重锤和砧座等组成 [图 3-6(a)]。重锤锤头是一个半径为 25mm 的钢制圆柱，硬度不小于 50HRC。重锤能升到不同高度，以获得 340～1650J 的能量。砧座上除了两端的支承块外，中心部分还有一挠度终止垫，以限制试样产生过大的塑性变形。落锤具有的能量、支承块的跨距和挠度终止垫的厚度应根据材料的屈服强度及板厚选择。如图 3-6（b），试样一面堆焊一层脆性合金，焊块中用薄片砂轮或手锯割开一个缺口，缺口方向与试验拉力方向垂直，其宽度≤1.5mm，深度为焊块厚度的一半，用以诱发裂纹。

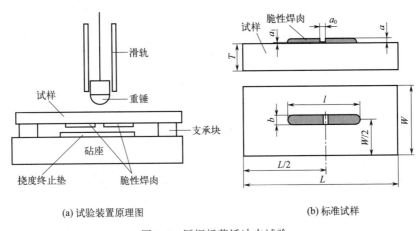

(a) 试验装置原理图　　　　　　　　　(b) 标准试样

图 3-6　厚钢板落锤冲击试验

NDT 温度落锤试验和 DWTT 虽然均在落锤试验机上进行，但是二者对试验机的要求不同。NDT 温度落锤试验需要落锤试验机的最大能量约为 6000J，DWTT 需要试验机的最大能量约为 50000J，二者锤头的重量和砝码重量相差较大。另外，NDT 温度落锤试验在打击时需要二次缓冲，DWTT 为一次打击，二者砧座设计不同。

3.3.4 其它冲击试验

除了广泛采用的摆锤冲击试验和落锤冲击试验，其它冲击试验还包括分离式霍普金森压杆试验、旋转飞轮拉伸试验、凸轮压缩试验、电液伺服冲击试验和多冲试验等。

（1）分离式霍普金森压杆试验

在高应变速率下测试材料应力-应变行为通常采用分离式霍普金森压杆（split Hopkinson pressure bar，SHPB）。其试验原理是根据一维应力波理论确定试样上的应变速率、应力和应变。SHPB 试验装置如图 3-7 所示，结构简单，操作方便，测量方法巧妙，加载波形易于控制。其冲击速度一般不超过 100m/s，可以获得材料在 $10^2 \sim 10^4 \mathrm{s}^{-1}$ 应变速率范围内的应力-应变曲线。

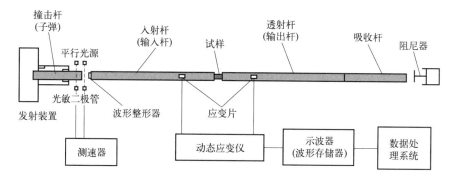

图 3-7 现代 SPHB 试验装置示意图

SHPB 试验原理是将试样夹持于两个细长弹性杆（入射杆与透射杆）之间，由圆柱形子弹以一定的速度撞击入射弹性杆的另一端，产生压应力脉冲并沿着入射弹性杆向试样方向传播。当应力波传到入射杆与试样的界面时，一部分反射回入射杆，另一部分对试样加载并传向透射杆，通过贴在入射杆与透射杆上的应变片可记录入射脉冲、反射脉冲及透射脉冲。当材料在受冲击时，瞬间变形可近似地视为恒应变速率，由一维应力波理论可以确定试样上的应变速率、应力和应变。

现代 SHPB 试验装置不仅能进行动态压缩试验，也可进行动态拉伸、动态扭转、动态剪切等试验，可研究材料在不同应力状态下的动态力学行为，其中分离式霍普金森拉杆的实现方法如图 3-8 所示。

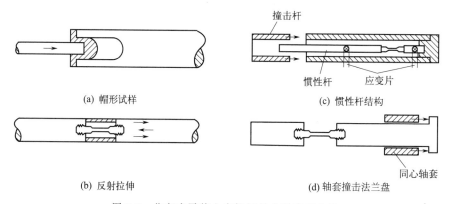

图 3-8 分离式霍普金森拉杆的几种实现方法

（2）旋转飞轮拉伸试验

旋转飞轮拉伸机能够获得的应变速率在 $0.1 \sim 10^3 \mathrm{s}^{-1}$ 之间。其采用一个大飞轮在电动机驱动下旋转，当飞轮的转速达到预定值时，释放销就会松开击锤，使得击锤撞击与拉伸试样底部连接的砧座，从而快速拉伸试样（图 3-9）。飞轮的质量要足够大，才能确保在拉伸试样的过程中其速度几乎不变。击锤的释放位置要与砧座所在位置协调，以确保击锤释放后可立即撞击砧座。利用光学位移传感器测量弹性杆的位移和砧座的位移，就可计算出试样的应变、应力，亦可获得试样在冲击拉伸过程中的应力-应变曲线。

（3）凸轮压缩试验

凸轮试验机采用特定旋转速率的凸轮作为动力源，试样放在升降块与弹性杆之间，在某一时刻，凸轮随动块嵌入到升降块下方，试样被迅速压扁。凸轮试验机获得的应变速率在 $0.1 \sim 10^2 \mathrm{s}^{-1}$，并且大多数凸轮试验机具有将圆柱试样压缩 50% 的能力，因而得到了广泛的应用。

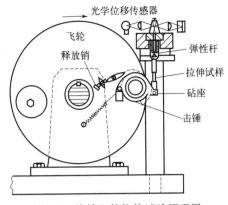

图 3-9　旋转飞轮拉伸试验原理图

（4）电液伺服冲击试验

用液压油驱动活塞进行加载的伺服试验机，可以产生很高的速度。利用先进技术控制试验机可以提供高速液压油，使活塞的速度接近 10m/s，从而获得 $10 \sim 10^3 \mathrm{s}^{-1}$ 量级的应变速率。实现快速加载的关键是利用液压系统来克服机械运动部分自身惯性并产生很高的加速度，必要时直到加载达到预定速度才夹紧试样，使之受到快速拉伸或压缩。

（5）多冲试验

材料承受小能量多次冲击，也称为冲击疲劳，可通过多冲试验来测定，包括多冲弯曲、多冲拉伸、多冲压缩和多冲扭转试验，其中前两种研究相对较多。在一定冲击吸收能量下，试样断裂前的冲击次数作为多冲抗力的指标，称为冲击寿命 N。如果采用不同的冲击吸收能量 K 就可以得到一系列相应的冲击寿命 N，作图可得 K-N 曲线（图 3-10）。将 K-N 曲线外延到与纵坐标相交，便得到了一次冲断的冲击吸收能量 K。高强低韧材料和高韧低强材料的 K-N 曲线有一个交点。说明在大能量低冲击寿命条件下，高韧低强材料的多冲抗力更高；而在小能量高冲击寿命时，高强低韧材料的多冲抗力更高。因此，材料抵抗大能量一次冲击的能力主要取决于材料的塑性和韧性，而抵抗小能量多次冲击的能力则主要取决于材料的强度。

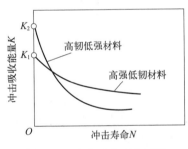

图 3-10　多次冲击弯曲试验及 K-N 曲线

多冲载荷兼有冲击载荷和循环载荷的特点。循环载荷的特点导致材料在多次冲击下的破坏过程不同于在一次冲击下的破坏过程，多次冲击下材料的破坏过程是循环载荷下的裂纹萌生、扩展、最后断裂的过程，与疲劳断裂过程相同，但载荷具有的冲击特性又使其具有一些不同于常规疲劳破坏的特点。冲击应力波使试样或零件的体积效应凸显，高加载速率导致材料性能有所变化，如屈服强度升高等。

3.4　低温下材料的冲击性能

3.4.1　低温脆性现象

体心立方晶体金属或某些密排六方晶体金属及其合金，特别是工程上常用的中低强度结构钢（铁素体-珠光体钢），在试验温度低于某一温度 T_t 时，会由韧性状态变为脆性状态，

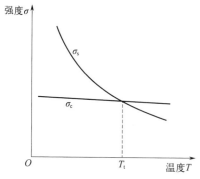

图 3-11 σ_s 和 σ_c 随温度变化示意图

冲击吸收能量显著下降，断裂机理由微孔聚集型变为穿晶解理型，断口特征由纤维状变为结晶状，这就是低温脆性。转变温度 T_t 称为韧脆转变温度，也称为冷脆转变温度。

低温脆性对压力容器、桥梁和船舶结构以及在低温下服役的零件（高寒地区的石油、天然气输送管线等）非常重要。历史上就曾经发生过多起由低温脆性导致的断裂事故，造成了很大损失。低温脆性是材料屈服强度随温度降低急剧增加的结果。图 3-11 中，屈服强度 σ_s 随温度下降而升高，但材料的解理断裂强度 σ_c 却随温度变化很小。两条线相交于一点，交点对应的温度即为 T_t。温度高于 T_t 时，外加应力先达到 σ_s（$\sigma_c > \sigma_s$），材料受载后先屈服再断裂，为韧性断裂；温度低于 T_t 时，外加应力先达到 σ_c（$\sigma_s > \sigma_c$），材料表现为脆性断裂。

体心立方金属的低温脆性还可能与迟屈服现象有关。迟屈服即对低碳钢高速施加大于屈服强度的载荷，材料并不立即产生屈服，而需要经过一段孕育期（称为迟屈服时间）才开始塑性变形。在孕育期中只产生弹性变形，由于没有塑性变形消耗能量，故有利于裂纹的扩展，从而易表现为脆性破坏。

3.4.2 韧脆转变温度

当温度降低时，材料屈服强度急剧增加，而塑性（A、Z）和冲击吸收能量（K）急剧减小。材料屈服强度急剧升高的温度，或断后伸长率、断面收缩率、冲击吸收能量急剧变化的温度，就是韧脆转变温度 T_t。静拉伸试验、冲击弯曲试验都可显示材料低温脆性倾向，测定韧脆转变温度。拉伸试验测定的 T_t 偏低，且试验方法不方便，故通常还是用缺口试样冲击弯曲试验测定 T_t。

在低温下进行系列冲击弯曲试验，可以先测出试样冲击吸收能量，或断裂后侧膨胀值、断口形貌随温度变化的关系曲线，再根据这些曲线求转变温度 T_t。因为曲线上急剧变化区通常覆盖较宽的温度范围，因此对转变温度没有普适定义，可根据不同准则确定转变温度。以下介绍根据能量准则和断口形貌准则定义 T_t 的方法（图 3-12）。

（1）按能量法定义 T_t

① 吸收能量达到某一特定值时对应的温度，例如 $KV_8 = 27$ J 时对应的温度，记为 T_{t27}；

② 吸收能量达到上平台某一百分数时，例如 50%，对应的温度记为 $T_{t50\%US}$。

（2）按断口形貌定义 T_t

冲击试样冲断后，其断口形貌如图 3-13 所示。冲击试样断口一般由剪切区（即图中的纤维区和剪切唇区）和解理区（即图中的结晶状区）两大部分组成。在不同试验温度下，解理

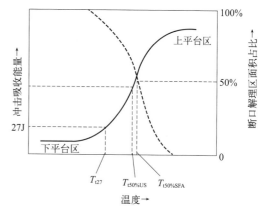

图 3-12 各种韧脆转变温度准则

区和剪切区之间的相对面积不同。随着试验温度降低，剪切区面积减少，解理区面积增大（图 3-13），材料由韧变脆。可取剪切断面率（SFA）达到某一百分数时对应的温度作为转变温度，例如 50% SFA 时，记为 $T_{t50\%SFA}$。研究表明，$T_{t50\%SFA}$ 与断裂韧度 K_{IC} 开始急速增加的温度有较好的对应关系，故得到广泛应用。

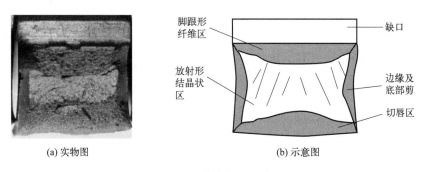

(a) 实物图   (b) 示意图

图 3-13　冲击断口形貌

韧脆转变温度 T_t 也是金属材料的韧性指标，因为它反映了温度对韧脆性的影响。T_t 与 A、Z、K、NSR 一样，也是安全性指标，T_t 是从韧性角度选材的重要依据之一，可用于抗脆断设计，保证零件服役安全，但不能直接用来计算零件（或构件）的承载能力或截面尺寸。

对于低温下服役的中低强度钢零件（或构件），依据材料的 T_t 值可以直接或间接地估计它们的最低使用温度。很明显，中低强度钢零件（或构件）的最低使用温度必须高于 T_t，两者之差越大越安全。为此，选用的材料应该具有一定的韧性温度储备，即应该具有一定的 Δ 值，$\Delta = T_0 - T_t$，Δ 为韧性温度储备，T_0 为材料使用温度。通常，T_t 为负值，T_0 应高于 T_t，故 Δ 为正值，实际取值 20~60℃。

必须注意，同一材料不同方法定义的 T_t 必有差异；同一材料即使采用同一定义方法，如外界条件发生了改变（如试样尺寸、缺口尖锐度和加载速率等），T_t 也会变化。对于热轧或锻造件，不同方向取样测得的 T_t 也会不一样。所以，在一定条件下，用试样测得的 T_t 由于与实际结构工况之间无直接联系，不能说明该材料制成的零件一定在该温度下会发生脆断。

3.4.3　影响韧脆转变温度的因素

影响材料韧脆转变温度的因素较多，主要因素有晶体结构、化学成分、晶粒尺寸和显微组织。

（1）晶体结构

同类型材料缺口冲击韧性随温度的变化规律如图 3-14 所示。由图可知，面心立方金属（铝、铜等）没有明显的韧脆转变，低温下也能保持高的韧性；而低强度体心立方金属（低碳钢等）具有显著的韧脆转变。

材料的脆性倾向本质上是其塑性变形能力对低温和高加载速率的适应性的反映。在可用滑移系足够多且阻碍滑移的因素不因变形条件而加剧的情况下，材料将保持足够的变形能力而不表现出脆性断裂，面心立方金属即属于这种情况。在低温和冲击条件下，若位错难以通过滑移协调变形，对变形的适应能力减弱，则会表现出明显的低温脆性，低强度体心立方金属即属于此种情况。

（2）化学成分

不同合金元素对钢的韧脆转变温度影响规律不同（图3-15）。间隙原子易偏聚于位错、晶界，阻碍位错运动，导致局部应力集中，使钢的韧脆转变温度提高。以正火碳钢为例，随含碳量增加，其吸收能量-温度曲线的上平台下移，相同温度下冲击吸收能量下降，韧脆转变温度升高，转变温度区间变宽（图3-16）。

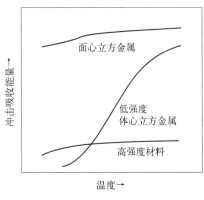

图 3-14　温度对缺口冲击韧性的影响

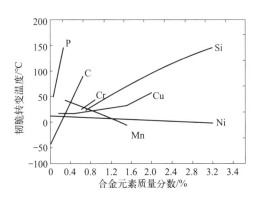

图 3-15　合金元素对韧脆转变温度的影响

钢中加入置换型溶质元素一般也会提高韧脆转变温度，但 Ni 和一定量 Mn 例外。Ni 可以减小低温时位错运动的摩擦阻力，还会增加层错能，故能提高低温韧性。Mn 对退火或正火碳钢有一定细化晶粒作用，从而可以改善材料的韧性。Nb、V、Ti 等微合金元素加入钢中，可以得到具有高韧性和低韧脆转变温度（-30℃以下）的低合金高强度钢，这主要缘于其细化晶粒和沉淀强化的作用。

钢中杂质元素 S、P、As、Sn、Sb 等偏聚于晶界，会降低晶界表面能和脆断应力，产生沿晶脆性断裂，降低材料的韧性。

（3）晶粒尺寸

由断裂应力 $\sigma_c = \dfrac{4G\gamma}{k_y\sqrt{d}}$ 和 Hall-Petch 公式可知，当晶粒尺寸减小时，解理断裂应力 σ_c 和屈服强度 R_{eL} 均增大，且前者增加量一般大于后者，其韧脆转变温度向低温推移。同时，晶粒尺寸 $\ln d^{-1/2}$ 与韧脆转变温度 T_t 呈线性关系。

研究表明，很多情况下韧脆转变温度与晶粒尺寸之间有类似于 Hall-Petch 关系的规律。如图3-17所示，在不同加载速率下，韧脆转变温度（DBTT）与晶粒尺寸（$d^{1/2}$）呈线性关系。

细化晶粒也有利于提高材料韧性，因为晶界增加，裂纹扩展阻力增加，单位晶界前塞积的位错数减少，有利于降低应力集中；晶界总面积增加也使晶界上杂质浓度减少，沿晶脆性断裂倾向降低。

对于相同成分和加工工艺的热轧板，厚板韧脆转变温度高于薄板，其原因是厚板冷却慢更难获得均匀、细小组织。

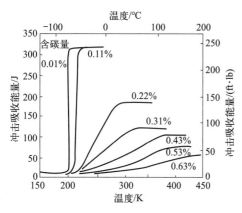

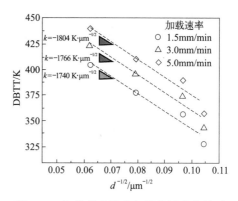

图 3-16　温度对正火碳钢 V 型缺口试样冲击　　　图 3-17　韧脆转变温度与晶粒尺寸的关系
　　　　　吸收能量的影响

（4）显微组织

显微组织对材料的韧脆转变温度影响显著。在较低强度水平时，强度相等而组织不同的钢，其冲击吸收能量和韧脆转变温度以调质组织（回火索氏体）最佳，贝氏体回火组织次之，片状珠光体组织最差。在较高强度水平时，如中高碳钢在较低等温温度下获得下贝氏体组织，则其冲击吸收能量和韧脆转变温度优于同强度的淬火＋回火组织。

钢淬火组织随着回火温度上升，通常冲击吸收能量增加。但是几乎所有的钢在 200～350℃回火时，均会出现韧性低谷，韧脆转变温度也升高，一般认为是碳化物沿板条马氏体条界、束界等析出，削弱了界面结合强度所致。此外，对于铬钢、锰钢及镍铬钢等，在450～650℃回火后缓冷，也会出现韧性很差的现象，这主要与杂质元素在晶界偏聚有关。

在低碳合金钢中，经不完全等温处理获得贝氏体（低温上贝氏体或下贝氏体）和马氏体混合组织，其韧性比单一马氏体或单一贝氏体组织好。这是因为裂纹在混合组织内扩展要多次改变方向，消耗能量大，故钢的韧性较高。在马氏体组织中若含有稳定残余奥氏体，将显著改善钢的韧性。马氏体板条间的残余奥氏体膜也有类似作用。

钢中夹杂物、碳化物等第二相颗粒对钢的脆性有重要影响，影响的程度与第二相颗粒的性质、尺寸、形状、分布及颗粒与基体的结合力等有关。无论第二相颗粒分布于晶界上还是独立于基体中，当其尺寸增大时，均使材料韧性下降，韧脆转变温度升高。

案例链接 3-1：镍含量提高球墨铸铁低温韧性

由于具有优异的室温综合力学性能和相对于钢的低廉成本，球墨铸铁在现代制造业中得到了大量运用，比如高速列车转向架轴箱。我国北方地区冬季气温可达−40℃以下，高速列车运行时转向架零部件（包括轴箱）暴露在低温下，为了防止脆断，需要其具有高的低温韧性。常规球墨铸铁韧脆转变温度高，低温韧性差，因此需要研究低温高韧性球墨铸铁。

通过成分设计、控制成形工艺及优化热处理工艺等方法可以改善和调节合金的微观组织，有效地提高其力学性能，适量镍元素的添加能有效地细化晶粒和强化基体，改善球墨铸铁的低温冲击性能。

图 3-18 是不同镍含量铸态和退火态球墨铸铁的冲击吸收能量-温度曲线。可见，冲击吸

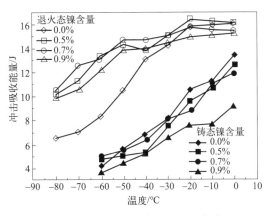

图 3-18 不同镍含量铸态和退火态球墨
铸铁试样的冲击吸收能量-温度曲线

收能量随着测试温度降低而下降，而退火态球墨铸铁的冲击吸收能量明显高于铸态样品。含Ni退火态球铁的低温冲击性能优于无Ni时。无Ni球墨铸铁具有明显的冲击断裂温度敏感性，当试验温度从−40℃下降到−70℃时，冲击吸收能量从13.21J骤降为6.98J。而含Ni球墨铸铁在−80～−30℃温度区间内具有优异的冲击性能，特别是含0.7%Ni的退火态球墨铸铁，−70℃下的冲击吸收能量仍高于12J。Ni的添加也显著降低球墨铸铁的韧脆转变温度。

研究结果为耐高寒高速列车球墨铸铁轴箱材料成分选择与性能设计提供了理论指导和数据支撑。

【资料来源：陈江，黄兴民，高杰维，等. 低镍球墨铸铁低温冲击性能及断裂机理研究［J］. 材料工程，2012，40（12）：33-38.】

案例链接 3-2：钢轨焊接接头的落锤冲击试验

列车高速行驶使得轮轨相互作用加剧，为减小轮轨振动与噪声对高铁运行安全性、平稳性和旅客舒适性的影响，无缝钢轨成为高铁建设的必然选择。而无缝钢轨焊接接头作为性能相对薄弱的部位，需要保证高的力学性能。

钢轨焊接生产之前要做型式试验，包括落锤冲击试验、静弯试验及疲劳试验，只有用通过型式试验的参数和设备去焊同一厂家生产的同种类型钢轨才是被允许的。开始焊接后，进行焊接接头探伤检验，并且定期进行落锤冲击试验。对于落锤冲击试验，以50kg/m钢轨为例，其具体试验和评判标准如下：试件长度为1.2～1.6m，焊缝中心位于试件中央，两端应锯切加工。试件的轨头向上，平放在试验机的两固定支座上，支距1m，焊缝居中。锤头的标准质量为（1000±5)kg。锤头底面圆弧半径为100mm。锤头硬度为300～350 HBW10/3000。要求落锤高度4.2m时一次不断，或落锤高度2.5m时，两次不断。

由于以上钢轨焊接接头高性能的要求以及钢轨的高碳当量、大截面及特殊廓形的特点，国际上普遍采用闪光焊技术焊接无缝钢轨。2006年前，我国钢轨闪光焊装备基本依赖进口。后我国西南交通大学吕其兵教授团队研制了具有自主知识产权的钢轨闪光焊装备及工艺，应用结果表明，焊接接头质量显著高于国外进口设备，相关设备和工艺已在我国高速铁路的大规模建设中得到广泛使用（图3-19）。比如，在川藏铁路拉林段约400公里的线路现场焊接，焊接接头全部一次通过包括探伤和冲击的检测试验，至今一直运行良好。

图 3-19 国产钢轨闪光焊装备在高铁建设中的应用

此外，我国相应装备和技术也出口海外，焊接质量优异。比如，在马来西亚东海岸铁路建设中，应用某工厂焊接设备及工艺于 2023 年 10 月到 2024 年 7 月焊接了约 26500 个接头，周检试验 40 余次（每次 5 根落锤冲击试验），均未发生断裂。

【资料来源：西南交通大学吕其兵老师团队供稿。】

3.5 本章小结

应变速率对材料的塑性变形、断裂及有关的力学性能有显著的影响。高加载速率、缺口和低温作用会增加材料脆性倾向。材料在冲击弯曲下的力学特性可通过仪器化试验方法（冲击力-位移曲线）进行分析。夏比摆锤冲击试验是常用的冲击试验方法，其测得的冲击吸收能量 K 是材料重要的力学性能指标之一。但具有相同 K 值的不同材料，韧性可能差别很大，其断裂机理可能显著不同。

材料随温度下降由韧性状态转变为脆性状态的现象称为低温脆性。低温脆性是材料屈服强度随温度降低急剧增加的结果，可通过材料韧脆转变温度 T_t 进行评定，材料成分、显微组织等对 T_t 有显著影响。

本章重要词汇

(1) 夏比摆锤冲击：Charpy pendulum impact
(2) 缺口冲击试样：notched impact specimen
(3) 吸收能量：absorbed energy
(4) 低温脆性：low temperature brittleness
(5) 韧脆转变温度：ductile-brittle transition temperature
(6) 落锤冲击试验：drop weight test
(7) 无塑性转变温度：nil-ductility transition temperature
(8) 剪切断面率：percentage of shear fracture

思考与练习

(1) 说明下列力学性能指标的意义：
①KV_2，KV_8，KU_2，KU_8；②$T_{t50\%US}$，$T_{t50\%SFA}$，T_{t27}。
(2) 现需检验以下材料的冲击韧性，哪些材料要开缺口？哪些材料不用开缺口？
W18Cr4V，Cr12MoV，3Cr2W8V，40CrNiMo，30CrMnSi，20CrMnTi，铸铁
(3) 试说明低温脆性的物理本质及其影响因素。研究韧脆转变对生产有什么指导意义？
(4) 为什么细化材料晶粒可以降低韧脆转变温度？
(5) 下列三组试验方法中，每一组中哪种试验方法测得的 T_t 较高？为什么？
①拉伸和扭转；②缺口静弯曲和缺口冲击弯曲；③光滑试样拉伸和缺口试样拉伸。
(6) 试从宏观上和微观上解释为什么有些材料有明显的韧脆转变温度，而另外一些材料则没有。

第 4 章

材料的断裂韧度

金属零件或者结构的断裂往往在短时间内发生，这种失效形式极度危险，例如钢桥、高铁车轴或者转向架构架、储能罐体，这些零件或者结构的断裂极易造成安全事故和经济损失。为了防止断裂失效，一般采用三种设计方法：静强度安全设计、疲劳强度设计和断裂韧度设计。

静强度安全设计较为传统，此方法先根据材料的屈服强度，用强度储备方法确定研究对象的工作应力，即 $\sigma \leqslant \dfrac{R_{p0.2}}{n}$，$n$ 为安全系数；然后再考虑特定的一些结构特点（存在缺口等）及环境温度的影响，根据材料使用经验，对塑性、韧度及缺口敏感度等安全性指标提出附加要求。据此设计的零件，按理不会发生塑性变形和断裂，是安全可靠的。但是，实际情况并非总是这样，高强度、超高强度钢的零件，中低强度钢的大型、重型零件（如火箭壳体、大型转子、船舶、桥梁、压力容器等）却经常在屈服应力以下发生低应力脆性断裂。

第二种设计方法为疲劳强度设计，这种方法基于经典的 $S\text{-}N$ 曲线概念。根据服役工况计算零件服役寿命，根据安全因子确定零件服役周期。

如果零件在制造或者服役过程中产生裂纹，低应力下也可能发生瞬间失效，即断裂，如钢桥断裂、航空器解体、轮船断裂和列车断轴。这些零件或者结构在设计过程中均满足强度要求，但是在制造或者服役过程中产生的裂纹破坏了几何连续性，承载力严重下降。静力学强度和疲劳强度理论不能够准确评价或者预测含临界裂纹零件或者结构的强度，需要基于断裂力学理论进行设计，即断裂韧度设计方法。

断裂力学是为解决工程零件断裂问题而发展起来的一门新型断裂强度科学。它在假设零件或结构存在宏观裂纹的前提下，研究裂纹体的断裂问题，建立了裂纹扩展的各种新的力学参量，并提出了裂纹体的断裂判据和材料断裂韧度。可以说，断裂力学就是研究裂纹体强度的学科，具有重大科学意义和工程价值。

本章从材料角度简要介绍断裂力学基本原理，着重讨论线弹性条件下金属断裂韧度的意义、测试原理和影响因素。

4.1 裂纹及其尖端应力场

断裂是材料的主要失效形式之一，而表征材料发生断裂时的临界应力称为断裂强度。研究材料的断裂强度对探明材料的抗断裂能力、预防断裂事故的发生具有重要意义。大量断口分析表明，金属零件（或构件）的低应力脆断断口没有宏观塑性变形痕迹，由此可以认为，裂纹在断裂扩展时，其尖端附近总是处于弹性状态，应力和应变应该成线性关系。因此，在研究低应力脆断的裂纹扩展问题时，可以应用弹性力学理论，从而形成线弹性断裂力学。线弹性断裂力学分析裂纹体断裂问题常采用应力、应变分析方法，考虑裂纹尖端附近的应力场强度，得到相应的断裂 K 判据，以 K_{IC} 作为断裂韧性指标。这是本章重点讨论的内容。

4.1.1　裂纹扩展的基本形式

由于裂纹尖端附近的应力场强度与裂纹扩展类型有关，所以，首先讨论裂纹扩展的基本形式。含裂纹的金属零件（或构件），根据外加应力与裂纹扩展面的取向关系，其裂纹扩展有三种基本形式，如图 4-1 所示。

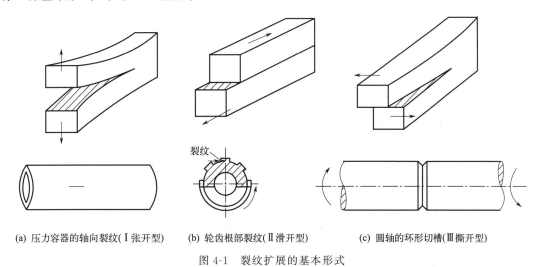

(a) 压力容器的轴向裂纹(Ⅰ张开型)　　(b) 轮齿根部裂纹(Ⅱ滑开型)　　(c) 圆轴的环形切槽(Ⅲ撕开型)

图 4-1　裂纹扩展的基本形式

（1）张开型（Ⅰ型）裂纹扩展

如图 4-1（a）所示，拉应力垂直作用于裂纹扩展面，裂纹沿作用力方向张开，沿裂纹面扩展。如轴的横向裂纹在轴向拉力或弯曲力作用下的扩展、容器纵向裂纹在内压力下的扩展。

（2）滑开型（Ⅱ型）裂纹扩展

如图 4-1（b）所示，切应力平行作用于裂纹面，而且与裂纹线垂直，裂纹沿裂纹面平行滑开扩展。如轮齿根部裂纹沿切向力的扩展。

（3）撕开型（Ⅲ型）裂纹扩展

如图 4-1（c）所示，切应力平行作用于裂纹面，而且与裂纹线平行，裂纹沿裂纹面撕开扩展。如轴的纵、横裂纹在扭矩作用下的扩展。

实际裂纹的扩展并不局限于这三种形式，裂纹面处的应力可能为多轴应力，此时的裂纹为复合型裂纹，是以上裂纹形式的两种或者三种的组合。在这些不同的裂纹扩展形式中，以Ⅰ型裂纹扩展最危险，容易引起脆性断裂。因此，在研究裂纹体的脆性断裂问题时，总是先以这种裂纹为对象，然后将这些研究方法推广到其它裂纹形式。

4.1.2　裂纹尖端应力场

前面分析缺口试样的拉伸时曾指出，缺口根部区会出现两向或三向拉应力，使应力状态变硬，增加材料的脆性。对于Ⅰ型裂纹试样，在拉伸或弯曲时，其裂纹尖端附近处于复杂的应力状态，最典型的是平面应力和平面应变两种应力状态。前者出现在薄板中，假设在厚度方向上材料自由变形，应力可以忽略。后者则在厚板中出现，假设在厚度方向上没有变形，应变可以忽略。

（1）裂纹尖端附近应力场

由于裂纹扩展是从其尖端开始向前进行的，所以应该分析裂纹尖端的应力、应变状态，建立裂纹扩展的力学条件。欧文（G. R. Irwin）等人对Ⅰ型裂纹尖端附近的应力、应变进行了分析，建立了应力场、位移场的数学解析式。

如图 4-2 所示，假设有一无限大板，其中有 $2a$ 长的Ⅰ型裂纹，在无限远处作用有均匀拉应力 σ，应用弹性力学可以分析裂纹尖端附近的应力场、位移场。如用极坐标表示，则各点 (r, θ) 的应力分量、位移分量可以近似表达如下。

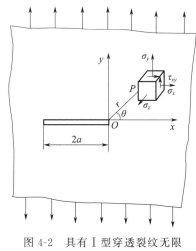

图 4-2　具有Ⅰ型穿透裂纹无限大板的应力分析

应力分量为

$$
\begin{cases}
\sigma_x = \dfrac{K_{\mathrm{I}}}{\sqrt{2\pi r}} \cos \dfrac{\theta}{2} \left(1 - \sin \dfrac{\theta}{2} \sin \dfrac{3\theta}{2}\right) \\[2mm]
\sigma_y = \dfrac{K_{\mathrm{I}}}{\sqrt{2\pi r}} \cos \dfrac{\theta}{2} \left(1 + \sin \dfrac{\theta}{2} \sin \dfrac{3\theta}{2}\right) \\[2mm]
\sigma_z = \nu(\sigma_x + \sigma_y) \text{（平面应变）} \\[2mm]
\sigma_z = 0 \text{（平面应力）} \\[2mm]
\tau_{xy} = \dfrac{K_{\mathrm{I}}}{\sqrt{2\pi r}} \sin \dfrac{\theta}{2} \cos \dfrac{\theta}{2} \cos \dfrac{3\theta}{2}
\end{cases}
\tag{4-1}
$$

位移分量（平面应变状态）为

$$
\begin{cases}
u = \dfrac{1+\nu}{E} K_{\mathrm{I}} \sqrt{\dfrac{2r}{\pi}} \cos \dfrac{\theta}{2} \left(1 - 2\nu + \sin^2 \dfrac{\theta}{2}\right) \\[3mm]
v = \dfrac{1+\nu}{E} K_{\mathrm{I}} \sqrt{\dfrac{2r}{\pi}} \sin \dfrac{\theta}{2} \left[2(1-\nu) - \cos^2 \dfrac{\theta}{2}\right]
\end{cases}
\tag{4-2}
$$

式中，$K_{\mathrm{I}} = \sigma\sqrt{\pi a}$；$\nu$ 为泊松比；E 为弹性模量；u，v 为 x 和 y 方向的位移分量。

式（4-1）和式（4-2）都是近似表达式，只有满足 $r \ll a$ 时，其计算结果才是足够准确的。

由式（4-1）可知，在裂纹延长线上，$\theta = 0$，则

$$
\sigma_y = \sigma_x = \frac{K_{\mathrm{I}}}{\sqrt{2\pi r}}
\tag{4-3}
$$

$$
\tau_{xy} = 0
$$

可见，在 x 轴上裂纹尖端区的切应力分量为零，拉应力分量最大，裂纹最易沿 x 轴方向扩展。

（2）应力强度因子

式（4-1）表明，裂纹尖端区域各点的应力分量除了取决于位置 (r, θ) 外，还与强度

因子 K_I 有关。对于某一确定的点，其应力分量就由 K_I 决定。因此，K_I 的大小直接影响应力场各点应力大小，即：K_I 越大，应力场各点应力分量也越大。这样，K_I 就可以表示应力场的强弱程度，故称为应力强度因子。下脚标"I"表示 I 型裂纹。同理，K_{II}、K_{III} 分别表示 II 型和 III 型裂纹的应力强度因子。

需要注意区别应力集中系数 K_t 和应力强度因子 K，前者只取决于裂纹的几何形状，而后者是裂纹几何形状与外加应力联合作用下裂纹尖端应力场的状态参量。

由式（4-1）亦可知，当 $r \rightarrow 0$ 时，各应力分量都以 $r^{-1/2}$ 的速率趋近于无限大，表明裂纹尖端处应力是奇点。这是由公式推导时假设线弹性等条件引起的。常见的几种裂纹的 K_I 表达式见附录 2。综合可得 I 型裂纹 K_I 的一般表达式为

$$K_I = Y\sigma\sqrt{a} \tag{4-4}$$

式中　Y——裂纹形状系数，量纲为 1。

Y 值与裂纹几何形状及加载方式有关。一般取 $Y = 1 \sim 2$。由式（4-4）可知，K_I 是一个取决于 σ 和 a 的复合力学的参量。不同的 σ 与 a 的组合可以获得相同的 K_I。

K 的量纲为 $[应力] \times [长度]^{1/2}$，其单位为 MPa·$\sqrt{\text{m}}$ 或 MN·m$^{-3/2}$。同理，对于 II、III 型裂纹，其应力强度因子的表达式为

$$K_{II} = Y\tau\sqrt{a}$$

$$K_{III} = Y\tau\sqrt{a}$$

4.2　断裂韧度 K_{IC}

4.2.1　断裂判据

既然 K_I 是决定应力场强弱的一个复合力学参量，就可将它看作是推动裂纹扩展的动力，以建立裂纹失稳扩展的力学判据和断裂韧度。

当 σ 和 a 单独或共同增大时，K_I 和裂纹尖端各应力分量也随之增大。当 K_I 增大达到临界值时，也就是在裂纹尖端足够大的范围内应力达到了材料的断裂强度，裂纹便失稳扩展，导致材料断裂。这个临界或失稳状态的 K_I 值记作 K_{IC} 或 K_C，称为断裂韧度。K_{IC} 为平面应变条件下的断裂韧度，表示在平面应变条件下材料抵抗裂纹失稳扩展的能力。K_C 为平面应力断裂韧度，表示在平面应力条件下材料抵抗裂纹失稳扩展的能力。它们都是 I 型裂纹的材料断裂韧性指标。但 K_C 值与试样厚度有关。当试样厚度增加，使裂纹尖端达到平面应变状态时，断裂韧度趋于一稳定的最低值，即为 K_{IC}，它与试样厚度无关，而是真正的材料常数。在临界状态下所对应的平均应力，称为断裂应力或裂纹体断裂强度，记作 σ_c；对应的裂纹尺寸称为临界裂纹尺寸，记作 a_c。三者的关系为

$$K_{IC} = Y\sigma_c\sqrt{a_c} \tag{4-5}$$

可见，材料的 K_{IC} 越高，则裂纹体的断裂应力或临界裂纹尺寸就越大，表明材料难以断裂。因此，K_{IC} 表示材料抵抗断裂的能力。

当应力强度因子 K_I 增大到临界值 K_{IC} 时，材料发生断裂。K_{IC} 与 $R_{p0.2}$ 类似，都是力学性能指标，只和材料成分、组织结构有关，而和载荷及试样尺寸无关。

K_C 或 K_{IC} 的量纲及单位和 K 相同，常用的单位为 $MPa \cdot \sqrt{m}$ 或 $MN \cdot m^{-3/2}$。

根据应力强度因子和断裂韧度的相对大小，可以建立裂纹失稳扩展脆性断裂的判据，即断裂 K 判据。由于平面应变断裂最危险，通常就以 K_{IC} 为标准建立，即

$$K_I \geqslant K_{IC}$$

或
$$Y\sigma\sqrt{a} \geqslant K_{IC} \tag{4-6}$$

裂纹体在受力时，只要满足上述条件，就会发生脆性断裂。反之，即使存在裂纹，若 $K_I < K_{IC}$ 或 $Y\sigma\sqrt{a} < K_{IC}$，也不会断裂，这种情况称为破损安全。

断裂判据式（4-6）是工程上很有用的关系式，它将材料断裂韧度同零件（或构件）的工作应力及裂纹尺寸的关系定量地联系起来了，因此可以直接用于设计计算，如用于估算裂纹体的最大承载能力 σ、允许的裂纹尺寸 a，以及用于正确选择零件材料、优化工艺等。

同理，Ⅱ、Ⅲ型裂纹的断裂韧度为 K_{IIC}、K_{IIIC}，断裂判据为

$$K_{II} \geqslant K_{IIC}, K_{III} \geqslant K_{IIIC}$$

4.2.2 裂纹尖端塑性区及 K_I 修正

从理论上讲，按 K_I 建立的脆性断裂判据 $K_I \geqslant K_{IC}$，只适用于线弹性体，即只适用于弹性状态下的断裂分析。其实，金属材料在裂纹扩展前，其尖端附近总要先出现一个或大或小的塑性变形区（塑性区或屈服区），这和缺口前方存在塑性区很相似。因此，在塑性区内的应力、应变之间就不再是线性关系，上述 K_I 表达式则不适用。但是，试验表明，如果塑性区尺寸比裂纹尺寸 a 小一个数量级以上时，即在所谓小范围屈服下，只要对 K_I 进行适当的修正，裂纹尖端附近的应力、应变场的强弱程度仍可用修正的 K_I 来描述。为了求得 K_I 的修正方法，需要了解塑性区的形状和尺寸及等效裂纹的概念。

（1）塑性区的形状和尺寸

为确定裂纹尖端塑性区的形状和尺寸，就要建立符合塑性变形临界条件（屈服判据）的函数表达式 $r=f(\theta)$。该式对应的图形即代表塑性区边界形状，而其边界值即为塑性区的尺寸。

由材料力学可知，通过一点的主应力 σ_1、σ_2、σ_3 和 x、y、z 方向的各应力分量的关系为

$$\begin{cases} \sigma_1 = \dfrac{\sigma_x + \sigma_y}{2} + \sqrt{\left(\dfrac{\sigma_x - \sigma_y}{2}\right)^2 + \tau_{xy}^2} \\[3mm] \sigma_2 = \dfrac{\sigma_x + \sigma_y}{2} - \sqrt{\left(\dfrac{\sigma_x - \sigma_y}{2}\right)^2 + \tau_{xy}^2} \\[3mm] \sigma_3 = \nu(\sigma_1 + \sigma_2) \end{cases} \tag{4-7}$$

将式（4-1）的应力分量代入式（4-7），求得裂纹尖端附近任一点 $P(r, \theta)$ 的主应力为

$$\begin{cases} \sigma_1 = \dfrac{K_I}{\sqrt{2\pi r}}\cos\dfrac{\theta}{2}\left(1 + \sin\dfrac{\theta}{2}\right) \\[3mm] \sigma_2 = \dfrac{K_I}{\sqrt{2\pi r}}\cos\dfrac{\theta}{2}\left(1 - \sin\dfrac{\theta}{2}\right) \\[3mm] \sigma_3 = 0 \quad （平面应力） \\[3mm] \sigma_3 = \dfrac{2\nu K_I}{\sqrt{2\pi r}}\cos\dfrac{\theta}{2} \quad （平面应变） \end{cases} \tag{4-8}$$

将式（4-8）代入米泽斯屈服判据

$$(\sigma_1-\sigma_2)^2+(\sigma_2-\sigma_3)^2+(\sigma_3-\sigma_1)^2=2\sigma_s^2$$

整理合并得

$$\begin{cases} r=\dfrac{1}{2\pi}\left(\dfrac{K_\mathrm{I}}{R_{p0.2}}\right)^2\left[\left(\cos^2\dfrac{\theta}{2}\right)\left(1+3\sin^2\dfrac{\theta}{2}\right)\right] & \text{（平面应力）} \\[4mm] r=\dfrac{1}{2\pi}\left(\dfrac{K_\mathrm{I}}{R_{p0.2}}\right)^2\left(\cos^2\dfrac{\theta}{2}\right)\left[(1-2\nu)^2+3\sin^2\dfrac{\theta}{2}\right] & \text{（平面应变）} \end{cases} \tag{4-9}$$

式中，$R_{p0.2}$ 为材料的屈服强度。

式（4-9）为塑性区边界曲线方程，其图形如图 4-3 所示。由图可见，不管是平面应力或平面应变的塑性区，都是沿 x 方向的尺寸最小，消耗的塑性变形功也最小，所以裂纹就容易沿 x 方向扩展。这和式（4-3）的结论是一致的。为了说明塑性区对裂纹扩展方向的影响，就将沿 x 方向的塑性区尺寸定义为塑性区宽度。令 $\theta=0$，由式（4-9）求得

$$\begin{cases} r_0=\dfrac{1}{2\pi}\left(\dfrac{K_\mathrm{I}}{R_{p0.2}}\right)^2 & \text{（平面应力）} \\[4mm] r_0=\dfrac{(1-2\nu)^2}{2\pi}\left(\dfrac{K_\mathrm{I}}{R_{p0.2}}\right)^2 & \text{（平面应变）} \end{cases} \tag{4-10}$$

若将式（4-8）代入特雷斯卡屈服判据，所得 x 轴上塑性区宽度与式（4-10）相同，但描述塑性区形状的方程不同。若取 $\nu=0.3$，则由式（4-10）可以看出，平面应变的塑性区宽度比平面应力的小得多，前者仅为后者的 1/6。因此，平面应变是一种最"硬"的应力状态，其塑性区最小。

如图 4-4 所示，上述估算仅适用于 x 轴上裂纹尖端的应力分量 $\sigma_y\geqslant\sigma_{ys}$ 的一段距离（即图 4-4 中的 AB）上，而没有考虑图中阴影线部分面积内应力松弛的影响。这种应力松弛可以使塑性区进一步扩大，由 r_0 扩大至 R_0。图中 σ_{ys} 是在 y 方向发生屈服时的应力，称为 y 向有效屈服应力。在平面应力状态下，$\sigma_{ys}=R_{p0.2}$；在平面应变状态下，$\sigma_{ys}\approx 2.5R_{p0.2}$。

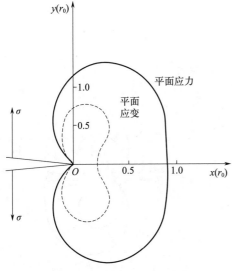

图 4-3 裂纹尖端附近塑性区的形状和尺寸

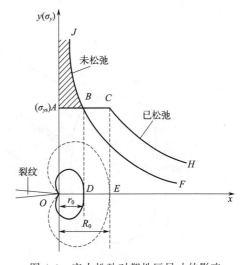

图 4-4 应力松弛对塑性区尺寸的影响

为求 R_0，现从能量角度考虑，图 4-4 中阴影部分面积应该等于矩形面积 $BDEC$（或者是阴影面积＋矩形面积 $ABDO$＝矩形面积 $ACEO$），即

$$\int_0^{r_0} \frac{K_{\mathrm{I}}}{\sqrt{2\pi r}} \mathrm{d}r = \sigma_{ys} R_0$$

积分得

$$K_{\mathrm{I}} \sqrt{\frac{2r_0}{\pi}} = \sigma_{ys} R_0$$

将式（4-10）中平面应力的 r_0 值代入，并注意 $\sigma_{ys} = R_{p0.2}$，得

$$K_{\mathrm{I}} \sqrt{\frac{2}{\pi}} \sqrt{\frac{K_{\mathrm{I}}^2}{2\pi R_{p0.2}^2}} = R_{p0.2} R_0 \tag{4-11}$$

故

$$R_0 = \frac{1}{\pi} \left(\frac{K_{\mathrm{I}}}{R_{p0.2}} \right)^2 = 2r_0 \tag{4-12}$$

可见，考虑应力松弛之后，平面应力塑性区宽度正好是 r_0 的两倍。

厚板在平面应变条件下，其塑性区是一个哑铃形的立体形状（图 4-5），中心是平面应变状态，两个表面都处于平面应力状态，所以 y 向有效屈服应力 σ_{ys} 小于 $2.5R_{p0.2}$。欧文建议为 $\sigma_{ys} = \sqrt{2\sqrt{2}} R_{p0.2}$。这样，式（4-10）中平面应变实际塑性区的宽度应为

$$r_0 = \frac{1}{4\sqrt{2}\pi} \left(\frac{K_{\mathrm{I}}}{R_{p0.2}} \right)^2 \tag{4-13}$$

同样可以计算在应力松弛影响下，平面应变塑性区宽度为

$$R_0 = \frac{1}{2\sqrt{2}\pi} \left(\frac{K_{\mathrm{I}}}{R_{p0.2}} \right)^2 \tag{4-14}$$

可见，在平面应变条件下，考虑了应力松弛的影响，其塑性区宽度 R_0 也是原 r_0 的两倍。表 4-1 为塑性区宽度计算公式的总结。

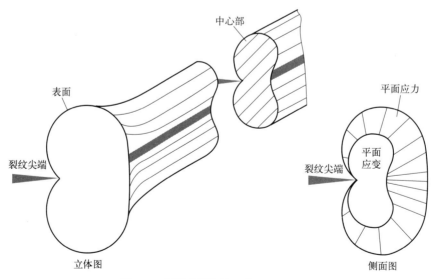

图 4-5 实际试样塑性区的形状和大小

表 4-1 裂纹尖端塑性区宽度计算公式

应力状态	未考虑应力松弛影响		考虑应力松弛影响	
	一般条件	临界条件	一般条件	临界条件
平面应力	$r_0 = \dfrac{1}{2\pi}\left(\dfrac{K_{\mathrm{I}}}{R_{\mathrm{p0.2}}}\right)^2$	$r_0 = \dfrac{1}{2\pi}\left(\dfrac{K_{\mathrm{IC}}}{R_{\mathrm{p0.2}}}\right)^2$	$R_0 = \dfrac{1}{\pi}\left(\dfrac{K_{\mathrm{I}}}{R_{\mathrm{p0.2}}}\right)^2$	$R_0 = \dfrac{1}{\pi}\left(\dfrac{K_{\mathrm{IC}}}{R_{\mathrm{p0.2}}}\right)^2$
平面应变	$r_0 = \dfrac{1}{4\sqrt{2}\,\pi}\left(\dfrac{K_{\mathrm{I}}}{R_{\mathrm{p0.2}}}\right)^2$	$r_0 = \dfrac{1}{4\sqrt{2}\,\pi}\left(\dfrac{K_{\mathrm{IC}}}{R_{\mathrm{p0.2}}}\right)^2$	$R_0 = \dfrac{1}{2\sqrt{2}\,\pi}\left(\dfrac{K_{\mathrm{I}}}{R_{\mathrm{p0.2}}}\right)^2$	$R_0 = \dfrac{1}{2\sqrt{2}\,\pi}\left(\dfrac{K_{\mathrm{IC}}}{R_{\mathrm{p0.2}}}\right)^2$

由表 4-1 可见，不论是平面应力还是平面应变，塑性区宽度总是与 $(K_{\mathrm{IC}}/R_{\mathrm{p0.2}})^2$ 成正比。材料的 K_{IC} 越高、$R_{\mathrm{p0.2}}$ 越低，其塑性区宽度就越大，因此，在测定材料的 K_{IC} 时，为了使裂纹尖端处于小范围屈服，需参照 $(K_{\mathrm{IC}}/R_{\mathrm{p0.2}})^2$ 值进行试样设计。

（2）有效裂纹及 K_{I} 的修正

由于裂纹尖端塑性区的存在，裂纹体的刚度将会降低，相当于裂纹长度增加，因而影响应力场及 K_{I} 的计算，所以要对 K_{I} 进行修正。最简单而实用的方法是在计算 K_{I} 时，采用虚拟有效裂纹代替实际裂纹。如图 4-6 所示，裂纹前方区域在未屈服前，其 σ_y 的分布曲线为 ADB。屈服并应力松弛后的 σ_y 分布曲线为 $CDEF$，塑性区宽度为 R_0。如果将裂纹延长为 $a+r_y$，即裂纹顶点由 O 虚移至 O'，称 $a+r_y$ 为有效裂纹长度，则在它的尖端 O' 外的弹性应力 σ_y 分布曲线为 GEH，基本上和因塑性区存在的实际应力分布曲线 $CDEF$ 中的弹性应力部分 EF 相重合。这就是用有效裂纹代替原有裂纹和塑性区松弛联合作用的原理。这样，线弹性理论仍然有效。计算应力强度因子，应有

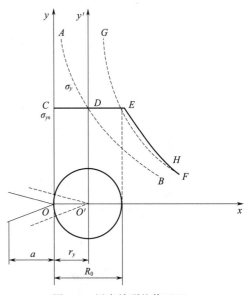

图 4-6　用有效裂纹修正 K_{I}

$$K_{\mathrm{I}} = Y\sigma\sqrt{a+r_y} \tag{4-15}$$

计算表明，有效裂纹的塑性区修正值 r_y，正好是应力松弛后塑性区的半宽，即

$$\begin{cases} r_y = \dfrac{1}{2\pi}\left(\dfrac{K_{\mathrm{I}}}{R_{\mathrm{p0.2}}}\right)^2 \approx 0.16\left(\dfrac{K_{\mathrm{I}}}{R_{\mathrm{p0.2}}}\right)^2 & \text{（平面应力）} \\[4mm] r_y = \dfrac{1}{4\sqrt{2}\,\pi}\left(\dfrac{K_{\mathrm{I}}}{R_{\mathrm{p0.2}}}\right)^2 \approx 0.056\left(\dfrac{K_{\mathrm{I}}}{R_{\mathrm{p0.2}}}\right)^2 & \text{（平面应变）} \end{cases} \tag{4-16}$$

因此，根据不同的应力状态，只要将式（4-16）代入式（4-15），即可求得修正后的 K_{I} 值为

$$\begin{cases} K_{\mathrm{I}} = \dfrac{Y\sigma\sqrt{a}}{\sqrt{1-0.16Y^2(\sigma/R_{\mathrm{p0.2}})^2}} & \text{（平面应力）} \\[5mm] K_{\mathrm{I}} = \dfrac{Y\sigma\sqrt{a}}{\sqrt{1-0.056Y^2(\sigma/R_{\mathrm{p0.2}})^2}} & \text{（平面应变）} \end{cases} \tag{4-17}$$

例如，对于无线板的中心穿透裂纹，考虑塑性区影响时，将 $Y=\sqrt{\pi}$ 代入式（4-17），得 K_I 的修正公式，即

$$
\begin{cases}
K_I = \dfrac{\sigma\sqrt{\pi a}}{\sqrt{1-0.5(\sigma/R_{p0.2})^2}} & \text{（平面应力）} \\[4mm]
K_I = \dfrac{\sigma\sqrt{\pi a}}{\sqrt{1-0.177(\sigma/R_{p0.2})^2}} & \text{（平面应变）}
\end{cases}
\tag{4-18}
$$

对于大件表面半椭圆裂纹，有

$$
Y = \frac{1.1\sqrt{\pi}}{\Phi}
\tag{4-19}
$$

式中，Φ 为第二类椭圆积分，计算公式参见附录2。

代入式（4-17），可得 K_I 的修正值公式为

$$
\begin{cases}
K_I = \dfrac{1.1\sigma\sqrt{\pi a}}{\sqrt{\Phi^2-0.608(\sigma/R_{p0.2})^2}} & \text{（平面应力）} \\[4mm]
K_I = \dfrac{1.1\sigma\sqrt{\pi a}}{\sqrt{\Phi^2-0.212(\sigma/R_{p0.2})^2}} & \text{（平面应变）}
\end{cases}
\tag{4-20}
$$

令 $Q=\Phi^2-0.212(\sigma/R_{p0.2})^2$，则平面应变的 K_I 修正值又可写为

$$
K_I = 1.1\sigma\sqrt{\frac{\pi a}{Q}}
\tag{4-21}
$$

Q 值称为裂纹形状参数，或称为塑性修正值。

式（4-21）又可改写为

$$
\begin{cases}
K_I = \dfrac{\Phi}{\sqrt{Q}}1.1\sigma\dfrac{\sqrt{\pi a}}{\Phi} = M_P \times 1.1\sigma\dfrac{\sqrt{\pi a}}{\Phi} \\[4mm]
M_P = \dfrac{\Phi}{\sqrt{Q}} = \dfrac{\Phi}{\sqrt{\Phi^2-0.212(\sigma/R_{p0.2})^2}} > 1
\end{cases}
\tag{4-22}
$$

式（4-22）中 $1.1\sigma\sqrt{\pi a}/\Phi$ 不考虑塑性区影响的应力强度因子。如果考虑塑性区的影响，则应力强度因子 K_I 将增大 M_P 倍，故 M_P 称为塑性区修正因子。

在计算应力强度因子 K_I 时，应注意在什么情况下需要修正。由式（4-16）可知，K_I 的修正项是公式的分母项，$\sigma/R_{p0.2}$ 越接近于零，则修正项越接近于1，不存在塑性区的影响；$\sigma/R_{p0.2}$ 越大，并越接近于1，则塑性区的影响越大，其修正值也越大。一般 $\sigma/R_{p0.2} \geqslant 0.7$ 时，其 K_I 变化就比较明显，需要进行修正。

4.2.3　影响断裂韧度的因素

金属断裂韧度 K_{IC} 和其它常规力学性能指标一样，也受材料化学成分、组织结构等内在因素及温度、应变速率等外界因素的影响。

（1）内在因素

工程上最常用的金属材料是钢铁，其相组成为基体相和第二相。裂纹扩展主要在基体相中进行，但受第二相的影响。不同的基体相和第二相的组织结构将影响裂纹扩展的途径、方

式和速率，从而影响 K_{IC}。

① 化学成分。化学成分对 K_{IC} 和 KV_2 的影响规律相似。其大致规律是：细化晶粒的合金元素因提高强度和塑性使 K_{IC} 提高；强烈固溶强化的合金元素因降低塑性使 K_{IC} 明显降低，并且随合金元素含量的提高，K_{IC} 降低更多；形成金属化合物并呈第二相析出的合金元素，因降低塑性有利于裂纹的扩展，也使 K_{IC} 降低。钢中某些微量杂质元素（如 Sb、Sn、P、As 等）容易偏聚于奥氏体晶界，降低晶间结合力，使裂纹沿晶界扩展，因而降低 K_{IC}，如一些合金结构钢的调质回火脆性就是这种情况。

② 基体相结构和晶粒大小。钢的基体相一般有面心立方和体心立方两种铁的固溶体。从滑移塑性变形和解理断裂的角度来看，面心立方固溶体容易产生滑移塑性变形而不产生解理断裂，并且 n 值较高，所以其 K_{IC} 较高。因此，奥氏体钢的 K_{IC} 较铁素体钢、马氏体钢的高，如相变诱发塑性钢就具有这个特点，在高强度下其断裂韧度可以达到 $150MPa \cdot m^{1/2}$。如果奥氏体在裂纹尖端应力场作用下发生马氏体相变，则会因消耗附加能量使 K_{IC} 进一步提高。

基体晶粒大小也是影响 K_{IC} 的一个重要因素。一般来说，晶粒越细小，n 和 σ_c 就越高，K_{IC} 也越高。例如，40CrNiMo 钢的奥氏体晶粒度从 5～6 级细化到 12～13 级，可使 K_{IC} 由 $44.5MPa \cdot m^{1/2}$ 增至 $84MPa \cdot m^{1/2}$。但是，在某些情况下，粗晶粒的 K_{IC} 反而较高。如 40CrNiMo 钢经 1200℃ 超高温淬火后，晶粒度可达 0～1 级，K_{IC} 为 $56MPa \cdot m^{1/2}$；而 870℃ 正常淬火后晶粒度较细，为 7～8 级，但 K_{IC} 仅为 $36MPa \cdot m^{1/2}$。实际上，粗晶化提高 40CrNiMo 钢 K_{IC} 的试验结果，并非简单的晶粒大小作用所致，可能还和形成板条马氏体及残余奥氏体薄膜的有利影响有关。该钢材经两种不同热处理工艺处理后，塑性和冲击吸收能量的变化却与 K_{IC} 的变化正好相反。

③ 第二相。钢中的非金属夹杂物和第二相在裂纹尖端的应力场中，若本身脆裂或在相界面开裂而形成微孔，微孔和主裂纹连接使裂纹扩展，从而使 K_{IC} 降低。如图 4-7 所示，当材料的 $R_{p0.2}$、E 相同时，随着夹杂物体积分数 φ_V 的增加，其 K_{IC} 下降。这是因为分散的脆性相数量越多，其平均间距越小。因此，减少材料中的夹杂物数量，提高材料的纯净度，如应用真空冶炼技术等，可使 K_{IC} 提高。

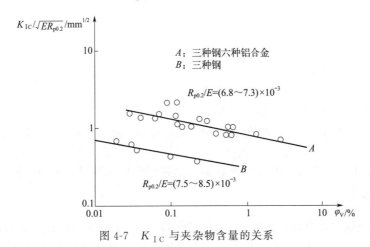

图 4-7　K_{IC} 与夹杂物含量的关系

第二相和夹杂物的形状及其在钢中的分布形式对 K_{IC} 也有影响，如钢中的碳化物呈球状时的 K_{IC} 就比呈片状的高；碳化物沿晶界呈网状分布时，裂纹易于在此扩展，导致沿晶断裂，K_{IC} 降低。

④ 显微组织。板条马氏体是位错型亚结构，具有较高的强度和塑性，裂纹扩展阻力较大，常呈韧性断裂，因而 K_{IC} 较高；针状马氏体是孪晶型亚结构，硬而脆，裂纹扩展阻力小，呈准解理或解理断裂，因而 K_{IC} 很低。回火索氏体的基体具有较高的塑性，第二相是粒状碳化物，分布间距较大，裂纹扩展阻力较大，因而 K_{IC} 较高；回火马氏体基体相塑性差，第二相质点小且弥散分布，裂纹扩展阻力较小，因而 K_{IC} 较低；回火托氏体的 K_C 居于上述两者之间。图 4-8 所示是 40CrNiMo 钢的 K_C 与回火温度的关系曲线，可以说明这种影响规律。在亚共析钢中，无碳贝氏体常因热加工工艺不当而形成魏氏组织，使 K_{IC} 下降。上贝氏体因在铁素体片层间分布有断续碳化物，裂纹扩展阻力较小，K_{IC} 较低。如将 35CrMo 钢的上贝氏体组织与等强度的回火索氏体组织相比，其 K_{IC} 下降 45％左右。下贝氏体因在过饱和铁素体中分布有弥散细小的碳化物，裂纹扩展阻力较大，与板条马氏体相近似，K_{IC} 较高。调质钢下贝氏体组织与同硬度的回火马氏体组织相比，其 K_{IC} 较高，如图 4-9 所示。

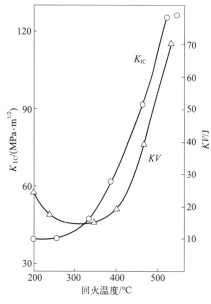

图 4-8　回火温度对 40CrNiMo 钢断裂韧度
K_{IC} 的影响

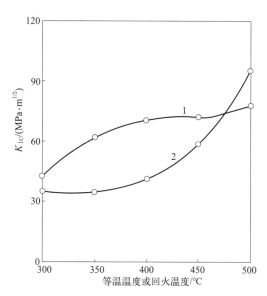

图 4-9　45Cr 钢等温淬火与淬火回火的断裂韧度比较
1—等温淬火；2—淬火回火

残余奥氏体是一种韧性第二相，分布于马氏体中，可以松弛裂纹尖端的应力峰，增大裂纹扩展的阻力，提高 K_{IC} 值。如某种沉淀硬化不锈钢，通过不同的淬火工艺，可获得不同含量的残余奥氏体，当其含量为 15％时 K_{IC} 可提高 2～3 倍。低碳马氏体的 K_{IC} 较高，其原因除了为位错型亚结构外，马氏体板条束间的残余奥氏体薄膜也起很大作用。

（2）外界因素

① 温度。一般大多数结构钢的 K_{IC} 都随温度降低而下降。但是，不同强度等级的钢，在温度降低时 K_{IC} 的变化趋势不同。中、低强度钢都有明显的韧脆转变现象，在韧脆转变温度以上，材料主要是微孔聚集型的韧性断裂，K_{IC} 较高；而在韧脆转变温度以下，材料主要是解理型脆性断裂，K_{IC} 很低。随材料强度增加，K_{IC} 随温度的变化逐渐趋于缓和，

其断裂机理不再发生变化。

②应变速率。应变速率$\dot{\varepsilon}$具有与温度相似的效应。增加应变速率相当于起到降低温度的作用，也可使K_{IC}下降。一般认为，$\dot{\varepsilon}$每增加一个数量级，K_{IC}约降低10%。但是，当$\dot{\varepsilon}$很大时，形变热量来不及传导，会造成绝热状态，导致局部升温，K_{IC}又重新回升，如图4-10所示。

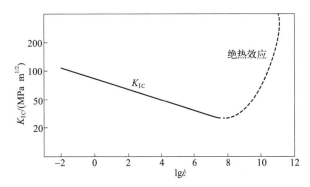

图4-10　钢的K_{IC}随应变速率的变化曲线

③板厚或构件截面尺寸。材料的断裂韧度随板材厚度或构件的截面尺寸的增加而减小，最终趋于一个稳定的最低值，即平面应变断裂韧度K_{IC}，如图4-11所示。板厚对断裂韧度的影响，实际上反映了板厚对裂纹尖端塑性变形约束的影响，随板厚增加，应力状态变硬，试样由平面应力状态向平面应变状态过渡。图4-11表明了断口形态的相应变化。在平面应力条件时，形成斜断口，相当于薄板的断裂情况；而在平面应变条件下，变形约束充分大，形成平断口，相当于厚板的情况；介于上述二者之间时，形成混合断口。断口形态反映了断裂过程特点和材料的韧度水平，斜断口占断口总面积的比例越高，断裂过程中吸收的塑性变形功越多，材料的韧性水平越高，只有在全部形成平断口时，才能得到平面应变断裂韧度K_{IC}。

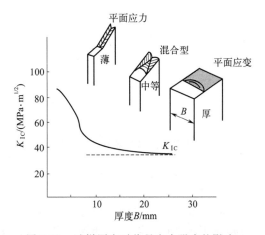

图4-11　试样厚度对临界应力强度的影响

断裂韧度表征金属材料抵抗裂纹失稳扩展的能力。裂纹失稳扩展需要消耗能量，其中主要是塑性变形功。塑性变形功与应力状态、材料强度和塑性，以及裂纹尖端塑性区尺寸有关：材料强度高、塑性好，塑性变形功大，材料的断裂韧度就高；在强度值相近时，提高塑性，增加塑性区尺寸，塑性变形功也增加。实践中，在保证材料强度要求的前提下，提高材料塑性（特别是微观塑性，微观塑性改善有利于增加塑性区尺寸，降低裂纹体中裂纹扩展速率）是增加金属材料（超高强度钢和高强度钢）韧性的努力方向。根据影响断裂韧度的因素可以看到：采用真空冶炼技术，降低钢中非金属夹杂物，控制微量有害元素偏聚于晶界，用压力加工和热处理技术控制晶粒大小，优化热处理工艺，改变基体组织和第二相质点的尺寸及分布等，对防止脆性解理断裂或沿晶断裂、提升高强度材料断裂韧度（韧性）来说，都是有效的方法，其中有些方法还同时提高材料强度，即有强韧化的效果。

4.2.4 断裂韧度与常规力学性能指标之间的关系

断裂韧度测试比较复杂，人们希望通过其它易测的常规性能指标来间接推得断裂韧度，为此进行了大量试验研究，提出了一些经验关系式。

（1）断裂韧度 K_{IC} 与强度、塑性之间的关系

断裂韧度 K_{IC} 和强度的关系：一方面，断裂韧度随强度升高而降低（图 4-12）；另一方面，断裂韧度 K_{IC} 与常规力学性能及组织的联系，因断裂性质不同而异。

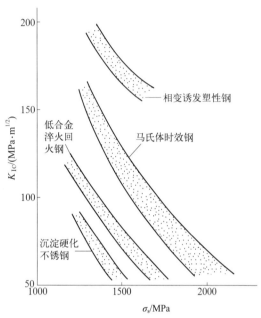

图 4-12 各类高强度钢断裂韧度和屈服强度的关系

对于微孔聚集型韧性断裂，克拉夫特（J. M. Krafft）提出了一个韧断模型，认为具有第二相质点而又均匀分布的两相合金，裂纹在其基体相中扩展时，将要受到第二相质点的影响。假定第二相质点在裂纹尖端前方 r 均匀分布，间距 d_T，同时假定塑性区的应变规律与单向拉伸应变规律相同。变形达颈缩临界值时，裂纹尖端的应力集中使相邻第二相断裂，或沿第二相界面脱离，形成微孔，微孔长大与主裂纹连接，形成宏观裂纹并扩展至断裂。据此可建立以下关系：

$$K_{IC} = En\sqrt{2\pi d_T} \qquad (4-23)$$

式中 E ——弹性模量；

       n ——硬化指数；

       d_T ——第二相质点间距。

该关系式将断裂韧度与弹性模量（强度参量）、硬化指数（塑性参量）及结构参量联系起来。但是应该指出，克拉夫特将线弹性应变公式外推到大量塑性变形的颈缩阶段，与实际存在偏离。

对于穿晶解理断裂，裂纹形成并能扩展要满足一定力学条件，即拉应力要达到 σ_c。而且拉应力必须作用有一定范围（或特征距离），才可能使裂纹越过晶界扩展，从而实现解理开裂。多数人认为，特征距离约为两个晶粒尺寸以上。据此，Ritchie 等人用高含氮量的低碳钢研究了 K_{IC} 与 σ_c 的关系，得出

$$K_{IC} \propto (\sigma_c^{(1+n)/2} / \sigma_s^{(1-n)/2}) X_c^{1/2} \qquad (4-24)$$

式中 σ_c ——解理断裂应力；

       σ_s ——屈服强度；

       n ——应变硬化指数；

       X_c ——特征距离，对低碳钢，X_c 为 2～3 个晶粒尺寸。

对于韧性断裂，在一特征距离 X_c 的范围内，当其中应变达到某一临界应变值 ε_f^* 时就发生断裂，其关系式为

$$K_{IC} \propto (E\sigma_s \varepsilon_f^* X_c)^{1/2} \qquad (4-25)$$

式中 E——拉伸弹性模量；

  ε_f^*——临界断裂应变；

  X_c——特征距离，第二相质点间的平均距离。

由式（4-24）、式（4-25）可知，无论是解理断裂或韧性断裂，K_{IC} 都是强度和塑性的综合性能，而 X_c 则是结构参量。

（2）断裂韧度与冲击吸收能量之间的关系

在建立 K_{IC} 与 KV_2 之间的关系时，首先要注意，K_{IC} 与 KV_2 的物理意义不同：前者是裂纹失稳扩展的临界应力强度因子；后者是断裂时吸收的能量。还要注意温度和应变速率等外界因素对材料韧脆转变的影响。由于裂纹和缺口曲率半径不同，以及加载速率不同，所以 K_{IC} 和 KV_2 的温度变化曲线不一样，由 K_{IC} 确定的韧脆转变温度比 KV_2 的高（图 4-13）。因此，只有在 $T<T_{t2}$ 和 $T>T_{t0}$ 的温度范围内，两条曲线平行时，才能建立两者的相对关系。

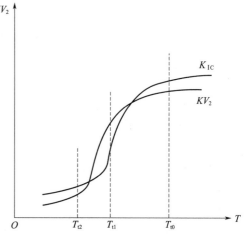

图 4-13 K_{IC} 和 KV_2 随温度 T 变化曲线示意图

茹尔夫（B. N. Rolfe）对一些中、高强度钢（$\sigma_s = 770 \sim 1680\text{MPa}$，$K_{IC} = 93 \sim 266\text{MPa} \cdot \text{m}^{1/2}$，$KV_2 = 22 \sim 120\text{J}$）进行试验，发现（$K_{IC}/\sigma_s$）与（$KV_2/\sigma_s$）呈线性关系。B. N. Rao 等提出一个无量纲形式的关系式：

$$\left(\frac{K_{IC}}{\sigma_s}\right)^2 \left(\frac{\sigma_s}{KV}\right)^{1/3} = \alpha \tag{4-26}$$

式中 KV——夏比试样冲击吸收能量；

  α——材料常数。

式中，α 值需通过相应标准试样试验测得的 KV、K_{IC} 确定。研究表明，式（4-26）能获得更佳的 K_{IC} 预测值。

4.3 裂纹扩展能量释放率

前面从应力的角度对裂纹体进行了分析，本节将从能量转化角度讨论断裂能量判据，并进一步理解断裂韧度的物理意义。

（1）裂纹扩展能量释放率 G_I 计算

通常，把裂纹扩展单位面积时系统释放的势能称为裂纹扩展能量释放率，简称为能量释放率或能量率，并用 G 表示。对于 I 型裂纹，为 G_I。于是

$$G_I = \frac{-\partial U}{\partial A} \tag{4-27}$$

式中 U——系统势能；

A——裂纹扩展面积；

G_I——裂纹扩展能量释放率，量纲为 $[能量] \times [面积]^{-2}$，常用单位为 $MJ \cdot m^{-2}$。

如果裂纹体的厚度为 B，裂纹长度为 a，则式（4-27）可写成

$$G_I = -\frac{1}{B} \times \frac{\partial U}{\partial a} \tag{4-28}$$

当 $B = 1$ 时，式（4-28）变为

$$G_I = -\frac{\partial U}{\partial a} \tag{4-29}$$

此时，G_I 为裂纹扩展单位长度时系统势能的释放率。因为从物理意义上讲，G_I 是使裂纹扩展单位长度的原动力，所以又称 G_I 为裂纹扩展力，表示裂纹扩展单位长度所需的力。在这种情况下，G_I 的单位为 $MN \cdot m^{-1}$。

既然裂纹扩展的动力为 G_I，而 G_I 为系统势能的释放率，那么在确定 G_I 时就必须知道 U 的表达式。

根据能量守恒和转换定律可得，系统势能等于系统的应变能减外力功，或等于系统的应变能加外力势能，即

$$U = U_e - W$$
$$\partial U = \partial U_e - \partial W \tag{4-30}$$

在绝热条件下，设有一裂纹体在外力作用下裂纹扩展，外力做功为 ∂W。这个功一方面用于系统弹性应变能的变化 ∂U_e；另一方面因裂纹扩展 ∂A 面积，用于消耗塑性功 $\gamma_p \partial A$ 和表面能 $2\gamma_s \partial A$。因此，裂纹扩展时的能量转化关系为

$$\partial W = \partial U_e + (\gamma_p + 2\gamma_s) \partial A$$

或 $$\partial W - \partial U_e = (\gamma_p + 2\gamma_s) \partial A \tag{4-31}$$

式（4-31）中等号右端是裂纹扩展 ∂A 面积所需的能量，是裂纹扩展的阻力；等号左端是裂纹扩展 ∂A 面积系统所提供的能量，是裂纹扩展的动力。

在恒位移条件下（第 1 章中讨论的格里菲斯裂纹体强度的模型即属于此类），$\partial W = 0$，由式（4-28）和式（4-30）可得，G_I 表达式为

$$G_I = -\frac{1}{B} \left(\frac{\partial U_e}{\partial a} \right)_\delta \tag{4-32}$$

式中，δ 为位移。若裂纹长度为 $2a$ 且 $B = 1$，则在平面应力时，弹性应变能 $U_e = \frac{-\pi\sigma^2 a^2}{E}$；在平面应变时，弹性应变能 $U_e = \frac{-(1-\nu^2)(\pi\sigma^2 a^2)}{E}$。由式（4-32）可得

$$\begin{cases} G_I = -\left[\frac{\partial U_e}{\partial(2a)} \right]_\delta = -\frac{\partial}{\partial(2a)} \left(\frac{-\pi\sigma^2 a^2}{E} \right) = \frac{\pi\sigma^2 a}{E} \quad （平面应力） \\ G_I = \frac{(1-\nu^2)\pi\sigma^2 a}{E} \quad （平面应变） \end{cases} \tag{4-33}$$

可见，G_I 和 K_I 相似，也是应力 σ 和裂纹尺寸 a 的复合参量，只是它们的表达式和单位不同而已。

可以证明，恒载荷条件所得的 G_I 值与以上恒位移条件所得值相等，仅符号相反。

（2）断裂韧度 G_{IC} 和断裂 G 判据

由于 G_I 是以能量释放率表示的复合力学参量，是裂纹扩展的动力，因此，也可由 G_I

建立裂纹失稳扩展的力学条件。由式（4-33）可知，σ 和 a 单独或共同增大，都会使 G_I 增大。当 G_I 增大到某一临界值时，G_I 能克服裂纹失稳扩展的阻力，则裂纹失稳扩展断裂。将 G_I 的临界值记作 G_{IC}，也称断裂韧度（平面应变断裂韧度），表示材料阻止裂纹失稳扩展时单位面积所消耗的能量，其单位与 G_I 相同。在 G_{IC} 下对应的平均应力为断裂应力 σ_c，对应的裂纹尺寸为临界裂纹尺寸 a_c，它们之间的关系由式（4-33）得

$$G_{IC}=\frac{(1-\nu^2)\pi\sigma_c^2 a_c}{E} \tag{4-34}$$

这样，就将断裂韧度 G_{IC} 同断裂应力 σ_c 及临界裂纹尺寸 a_c 的关系定量地联系起来了。同样，在平面应力条件下的断裂韧度为 G_C。

根据 G_I 和 G_{IC} 的相对大小关系，也可建立裂纹失稳扩展的力学条件，即断裂 G 判据：

$$G_I \geqslant G_{IC} \tag{4-35}$$

与 K_I 和 K_{IC} 的区别一样，G_{IC} 是材料的性能指标，只和材料成分、组织结构有关；而 G_I 则是力学参量，主要取决于应力和裂纹尺寸。

（3）G_{IC} 和 K_{IC} 的关系

尽管 G_I 和 K_I 的表达式不同，但它们都是应力和裂纹尺寸的复合力学参量，其间互有联系，如具有穿透裂纹的无限大板，其 K_I 和 G_I 可分别表示为

$$K_I = \sigma\sqrt{\pi a}$$

$$G_I = \frac{1-\nu^2}{E}\sigma^2\pi a$$

比较两式，可得平面应变条件下 G_I 和 K_I 的关系为

$$G_I = \frac{1-\nu^2}{E}K_I^2$$

$$G_{IC} = \frac{1-\nu^2}{E}K_{IC}^2$$

由于 G_I 与 K_I 之间存在上述关系，所以 K_I 不仅可以度量裂纹尖端区应力场强度，而且也可度量裂纹扩展时系统势能的释放率。从具有穿透裂纹无限大板情况下得出的 G_I 与 K_I 的关系，对于其它情况仍然成立。由此，在线弹性范围内，由能量分析建立的脆性断裂判据和由应力分析建立的脆性断裂判据是等效的。

4.4 断裂韧度在金属材料中的应用举例

断裂韧度 K_{IC} 是金属材料阻止裂纹失稳扩展的材料韧度，在低应力脆断零件中，与应力大小及裂纹尺寸存在定量关系。据此，即可对含裂纹零件进行安全设计、选用材料及工艺和制定探伤裂纹标准等。断裂韧度在金属材料方面的应用，主要是评定材料脆性倾向、正确选择材料、合理选用加工工艺和断裂失效分析等。

4.4.1 高压容器承载能力的计算

有一大型圆筒式容器由高强度钢焊接而成，如图 4-14 所示，钢板厚度 $t=5\text{mm}$，圆筒

内径 $D = 1500\text{mm}$；所用材料的 $R_{p0.2} = 1800\text{MPa}$，$K_{IC} = 62\text{MPa} \cdot \text{m}^{1/2}$，焊接后发现焊缝中有纵向半椭圆裂纹，尺寸为 $2c = 6\text{mm}$，$a = 0.9\text{mm}$。试问该容器能否在 $p = 6\text{MPa}$ 的压力下正常工作。

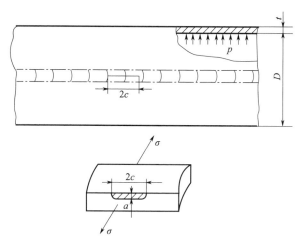

图 4-14　压力容器表面裂纹和危险应力

根据材料力学可以确定该裂纹所受的垂直拉应力 σ 为

$$\sigma = \frac{pD}{2t}$$

将有关数值代入上式得

$$\sigma = \frac{6 \times 1.5}{2 \times 0.005}\text{MPa} = 900\text{MPa}$$

在该 σ 作用下能否引起表面半椭圆裂纹失稳扩展，需要和失稳扩展时的断裂应力 σ_c 进行比较。

由于 $\sigma / R_{p0.2} = 900/1800 = 0.5$，所以无须对该裂纹的 K_I 进行修正，可直接由式（4-6）推导出 σ_c 为

$$\sigma_c = \frac{1}{Y} \times \frac{K_{IC}}{\sqrt{a}}$$

对于表面半椭圆裂纹，$Y = 1.1\sqrt{\pi}/\Phi$。当 $a/c = 0.9/3 = 0.3$ 时，通过附录 2 中公式计算或查附录 3 得 $\Phi = 1.1$，所以 $Y = \sqrt{\pi}$。将有关数值代入上式后，得

$$\sigma_c = \frac{1}{\sqrt{\pi}} \times \frac{62}{\sqrt{0.0009}}\text{MPa} = 1166\text{MPa}$$

显然，$\sigma_c > \sigma$，不会发生爆破，可以正常工作。此例也可通过计算 K_I 或 a_c，用 K_I 同 K_{IC} 比较，或 a 和 a_c 比较的办法来解决，可以得到相同的结论。

4.4.2　高压壳体的热处理工艺选择

有一高压壳体承受很高的工作压力，其周向工作拉应力 $\sigma = 1400\text{MPa}$，采用超高强度钢制造，探伤时有漏检小裂纹，为纵向表面半椭圆裂纹（$a = 1\text{mm}$，$a/c = 0.6$）。现对材料进行两种不同工艺热处理：一种是淬火＋高温回火的 A 工艺，其性能 $R_{p0.2} = 1700\text{MPa}$，

$K_{IC}=78MPa \cdot m^{1/2}$；另一种是淬火＋中低温回火的 B 工艺，其性能 $R_{p0.2}=2100MPa$，$K_{IC}=47MPa \cdot m^{1/2}$。从断裂力学角度看，为保证安全应选用哪种工艺？

该题可用 K 判据来解决。为此，需要先求得两种工艺处理的材料在含有相同裂纹时的断裂应力 σ_{cA} 和 σ_{cB}，再和其工作应力对比判定。

对于 A 工艺的材料：由于 $\sigma/R_{p0.2}=1400/1700=0.82$，所以必须考虑塑性区修正问题。因系表面半椭圆裂纹，根据式（4-20），并以 K_{IC} 代 K_I，计算得到断裂应力 σ_c 为

$$\sigma_c = \frac{\Phi K_{IC}}{\sqrt{3.8a+0.212(K_{IC}/R_{p0.2})^2}}$$

因为 $a/c=0.6$，查附录 3 得 $\Phi=1.28$。将有关数值代入上式后得

$$\sigma_{cA} = \frac{1.28 \times 78}{\sqrt{3.8 \times 0.001+0.212 \times (78/1700)^2}}MPa=1532MPa$$

这就是 A 工艺的材料在该裂纹下的断裂应力。与其工作应力 $\sigma=1400MPa$ 相比，$\sigma < \sigma_{cA}$，因而不会破裂，是安全的，说明该热处理工艺的材料是合格的。

对于 B 工艺的材料，由于 $\sigma/R_{p0.2}=1400/2100=0.67$，不必考虑塑性区的修正。由式（4-6）计算断裂应力，将有关数值代入上式后得

$$\sigma_{cB} = \frac{1}{Y} \times \frac{K_{IC}}{\sqrt{a}} = \frac{\Phi}{1.1\sqrt{\pi}} \times \frac{K_{IC}}{\sqrt{a}} = \frac{1.28 \times 47}{1.1\sqrt{\pi} \times \sqrt{0.001}}MPa=976MPa$$

这就是 B 工艺的材料在同样裂纹下的断裂应力。与工作应力 $\sigma=1400MPa$ 相比，$\sigma > \sigma_{cB}$，因而会产生脆性断裂，是不安全的，说明该热处理工艺的材料是不能选用的。

本题用计算 K_I 或 a_c，并与 K_{IC} 或 a_c 比较的方法，也可得出相同结论。

由以上计算可知，从断裂力学观点来看，选用 A 工艺的材料制造高压壳体比较合适，而选用 B 工艺的材料是不妥当的。这和用传统力学强度储备法分析的结论正好相反。

4.4.3　大型转轴断裂分析

某冶金厂大型氧气顶吹转炉的转动机构主轴，在工作时经 61 次摇炉炼钢后发生低应力脆断。其断口示意图如图 4-15 所示，为疲劳断口，周围是疲劳区，中间是脆断区。该轴材料为 40Cr 钢，调质处理后常规力学性能合格，$R_{p0.2}=600MPa$，$R_m=860MPa$，$KU_2=38J$，$A=8\%$。试用断口分析和断裂力学分析其断裂原因。

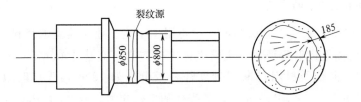

图 4-15　大型转炉转轴断口示意图

断口宏观分析表明，该轴为疲劳断裂，疲劳源在圆角应力集中处。在一定循环应力作用下，初始裂纹进行亚稳扩展，形成深度达 185mm 的疲劳扩展区，相当于一个 $a=185mm$ 表面环状裂纹。断口中心区域为放射状脆性断口，是疲劳裂纹的最后一次失稳扩展的结果。金相分析表明，疲劳裂纹源处的硫化物夹杂物级别较高，达 3～3.5 级，是材料局部薄弱区。

在应力集中影响下，该处最先过早形成疲劳裂纹。这个裂纹源在 61 次摇炉炼钢过程中，实际经受 5×10^4 次应力循环作用，使疲劳裂纹向内扩展了 185mm，达到脆断的临界裂纹尺寸 a_c，从而发生疲劳应力下的低应力脆断。

现用断裂力学对上述情况进行定量分析。由式（4-6）得临界裂纹尺寸的计算公式为

$$a_c = \frac{1}{Y^2}\left(\frac{K_{IC}}{\sigma_c}\right)^2$$

根据轴的受力分析和计算，垂直于裂纹面的最大轴向外加应力 $\sigma_{外} = 25MPa$，其值很低。但因大件在热加工过程中产生了较大残余应力，经测定，裂纹前缘残余拉应力 $\sigma_{内} = 120MPa$，于是作用到裂纹面上的实际垂直拉应力为

$$\sigma = \sigma_{内} + \sigma_{外} = 25MPa + 120MPa = 145MPa$$

根据材料的 $R_{p0.2}$ 值，查得 $K_{IC} = 120MPa \cdot m^{1/2}$。由于 $a/c \to 0$，故该裂纹是个浅长的表面半椭圆裂纹，其 $Y \approx 1.95$。将上述数值代入临界裂纹尺寸的计算公式，计算临界裂纹尺寸 a_c 得

$$a_c = \frac{120^2}{1.95^2 \times 145^2}m = 0.180m = 180mm$$

这就是按断裂力学算得的转轴低应力脆断的临界裂纹尺寸，和实际断口分析的 185mm 相比，比较吻合，说明分析正确。

由此可见，对于中低强度钢，尽管其临界裂纹尺寸很大，但对于大型零件来说，这样大的裂纹（如疲劳裂纹）仍然可以容纳，因而会产生低应力脆断，而且断裂应力远低于材料的屈服强度。

4.4.4 评定钢铁材料的韧脆性

裂纹材料的韧脆性可用断裂韧度的大小表示。但是就具体零件来说，在一定工作应力下，用临界裂纹尺寸 a_c 更能明确表示材料在这种零件服役时的脆断倾向。a_c 越小，低应力脆断倾向越大；a_c 越大，低应力脆断倾向越小。一般，在零件中常见的裂纹是表面半椭圆裂纹，从安全角度考虑取 $Y \approx 2$。如果再忽略塑性区的影响，则由式（4-6）可得

$$a_c = 0.25(K_{IC}/\sigma)^2$$

这样，根据零件的工作应力 σ 和材料的断裂韧度 K_{IC}，即可求得裂纹的临界尺寸 a_c，以其大小评定材料的韧脆性。

（1）超高强度钢的脆断倾向

这类钢强度很高，$R_{p0.2} > 1400MPa$，主要用于宇航工业。典型的材料有 D6AC、18Ni、40CrNiMo 等。为满足远射程要求，火箭壳体工作应力可高达 1000MPa 以上。为此，需要发展超高强度钢，但这类材料的断裂韧度往往较低。如 18Ni 马氏体时效钢，当 $R_{p0.2} = 1700MPa$ 时，其 $K_{IC} = 78MPa \cdot m^{1/2}$，若壳体的工作应力 $\sigma = 1250MPa$，由上式得

$$a_c = 0.25 \times (78/1250)^2 m = 0.001m = 1mm$$

可见，这类钢的高压壳体中只要有 1mm 深的表面裂纹，就会引起壳体爆破。这样小的裂纹在壳体焊接时很容易产生，而且用无损探伤也极易漏检，所以脆断概率很大。因此在选用这类材料时，在保证不产生塑性失稳，即屈服强度适当高于工作应力的前提下，应尽量选用 K_{IC} 较高而 $R_{p0.2}$ 较低的材料，以防止脆性破坏。

（2）中低强度钢的脆断倾向

这类钢的强度不高（$R_{p0.2} \leqslant 700\text{MPa}$），但适用范围很广。一般 BCC 类型的中低碳结构钢，在正火或调质状态下多属这类强度等级。

这类钢具有明显的韧脆转变现象，且转变温度较高，有的甚至在室温附近。在冲击载荷作用下，其转变温度可升高到室温以上。在韧性高阶能区，K_{IC} 很高，可达 $150\text{MPa} \cdot \text{m}^{1/2}$；而在低温脆性区，$K_{IC}$ 很低，只有 $30 \sim 45\text{MPa} \cdot \text{m}^{1/2}$，甚至更低。在韧脆转变温度以上使用这类钢时，出于对刚度和疲劳的考虑，零件设计的工作应力往往很低，$\sigma = (1/2 \sim 1/3)R_{p0.2}$。若取 $R_{p0.2} = 600\text{MPa}$，则 $\sigma = (600/3)\text{MPa} = 200\text{MPa}$。设材料的 $K_{IC} = 150\text{MPa} \cdot \text{m}^{1/2}$，得 $a_c = 0.25 \times (150/200)^2 \text{m} = 0.14\text{m} = 140\text{mm}$。这样大的裂纹尺寸，往往超过中小型零件本身的截面尺寸，所以对中小型零件来说不存在脆断问题。但在韧脆转变温度以下，因 $K_{IC} = 30 \sim 45\text{MPa} \cdot \text{m}^{1/2}$，在同样的工作应力下，其临界裂纹尺寸为 $a_c = 0.25 \times [(30 \sim 45)/200]^2 \text{m} = 0.006 \sim 0.013\text{m} = 6 \sim 13\text{mm}$，这样小的裂纹在中小截面零件中是可能存在的，所以往往发生低温脆断。

上述分析表明，这类钢以韧脆转变温度为界，在韧脆转变温度以上，中小型零件不存在脆断问题，但在此温度以下，则会发生脆断。所以，常用韧脆转变温度来进行安全设计和材料选用，方法简便易行。但要注意韧脆转变温度的测定有缺口试样冲击弯曲法和 K_{IC} 法之分，使用时要具体分析。

（3）高强度钢的脆断倾向

这类钢的强度较高，$R_{p0.2} = 800 \sim 1200\text{MPa}$，韧度也适当，具有较好的强度韧度配合所以用于制造中小截面零件，一般强度较高，脆断倾向又不大，是值得推广的结构钢种。但是，怎样使钢达到这一强度等级呢？应从强度和韧度两方面综合衡量，不能为了提高强度而过于损伤韧度，增大脆断倾向。例如，提高钢的含碳量或降低回火温度，虽可提高强度，但增大了解理断裂和回火脆性倾向，严重降低钢的韧度。所以采用这些方法要慎重。相反，如果将钢的含碳量（质量分数）降低至 $0.2\% \sim 0.3\%$，并用合金化方法增大钢的淬透性，冶炼成低碳多元合金结构钢，则经淬火及低温回火后可获得低碳马氏体组织；如果用中碳钢等温淬火，可获得下贝氏体组织。这些组织都可使钢具有较好强度和韧度的综合性能，因而是比较合理的工艺方法。

（4）珠光体球墨铸铁的脆断倾向

珠光体球墨铸铁是一种加工工艺简单、价格低廉的材料，常用来代替某些结构钢制造机器零件。但是，珠光体球墨铸铁是一种脆性材料，和 45 钢调质状态相比，其强度相当而韧度很差。如 45 钢的 $KU > 64\text{J}$，$K_{IC} \approx 90\text{MPa} \cdot \text{m}^{1/2}$；而珠光体球墨铸铁的 $KU \rightarrow 0$，无缺口试样的冲击吸收能量约为 11J，$K_{IC} \approx 20 \sim 40\text{MPa} \cdot \text{m}^{1/2}$。

如果单从韧度值考虑，珠光体球墨铸铁用于制造重要零件是不恰当的；但是若从零件具体脆断倾向来看，只要零件的截面尺寸不大，工作应力很低，对韧度要求不高，选用珠光体球墨铸铁也是可行的。例如，用珠光体球墨铸铁制造曲轴、连杆和机床主轴时，由于这些零件的工作应力设计得很低（$10 \sim 50\text{MPa}$），如取 $K_{IC} = 25\text{MPa} \cdot \text{m}^{1/2}$，$\sigma = 50\text{MPa}$，则临界裂纹尺寸为

$$a_c = 0.25 \times (25/50)^2 \text{m} = 0.063 \text{m} = 63 \text{mm}$$

这样大的临界裂纹尺寸已经超过了一般中小型零件的截面尺寸，因此，不存在一次加载的脆性断裂问题。但是，如果这些零件在制造工艺中产生了较高的残余拉应力，其值往往可达 100MPa 以上，由此计算的临界裂纹尺寸 a_c 就会大大减小，从而很可能产生低应力脆断，因此在制造珠光体球墨铸铁零件时，除保证铸造质量外还要求严格去应力退火，降低或消除残余拉应力，防止脆断事故发生。

4.5 断裂韧度 K_{IC} 的测试

4.5.1 试样的形状、尺寸及制备

国家标准 GB/T 4161—2007 中规定了四种试样：标准三点弯曲试样、紧凑拉伸试样、C形拉伸试样和圆形紧凑拉伸试样。常用的三点弯曲和紧凑拉伸两种试样如图 4-16 所示。三点弯曲试样较为简单，故使用较多。

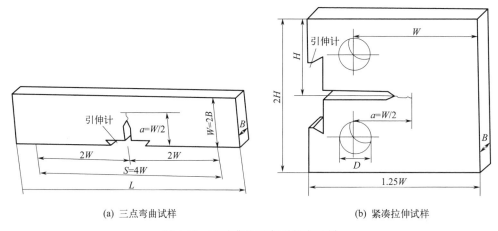

(a) 三点弯曲试样	(b) 紧凑拉伸试样

图 4-16　两种典型的断裂韧度试样

由于 K_{IC} 是材料在平面应变和小范围屈服条件下的 K_I 临界值，因此，测定 K_{IC} 时所用试样尺寸，必须保证裂纹尖端附近处于平面应变和小范围屈服状态。平面应变状态主要要求试样厚度要足够；小范围屈服要求试样的裂纹长度（含缺口深度）应满足规定。

为此，标准中规定试样厚度 B、裂纹长度 a 及韧带宽度（$W-a$）尺寸如下：

$$\begin{cases} B \geqslant 2.5 \left(\dfrac{K_{IC}}{R_{p0.2}} \right)^2 \\[2mm] a \geqslant 2.5 \left(\dfrac{K_{IC}}{R_{p0.2}} \right)^2 \\[2mm] W - a \geqslant 2.5 \left(\dfrac{K_{IC}}{R_{p0.2}} \right)^2 \end{cases} \tag{4-36}$$

由于这些尺寸比塑性区宽度 $R_0 \left[R_0 \approx 0.11 \left(\dfrac{K_{IC}}{R_{p0.2}} \right)^2 \right]$（参见表 4-1）大一个数量级，因而可以保证裂纹尖端附近是平面应变和小范围屈服状态。

由式（4-36）可知，在确定试样尺寸时，应先知道材料的屈服强度 $R_{p0.2}$ 和 K_{IC} 的估计值，才能定出试样的最小厚度 B。然后，再按图 4-16 中试样各尺寸的比例关系，确定试样宽度 W 和长度 L，$L>4.2W$。若材料的 K_{IC} 值无法估算，还可根据材料的 $R_{p0.2}/E$ 值来确定 B 的大小，见表 4-2。

表 4-2　根据 $R_{p0.2}/E$ 确定试样最小推荐厚度 B （源自 GB/T 21143—2014）

$R_{p0.2}/E$	B/mm	$R_{p0.2}/E$	B/mm
0.0050～<0.0057	75	0.0071～<0.0075	32
0.0057～<0.0062	63	0.0075～<0.0080	25
0.0062～<0.0065	50	0.0080～<0.0085	20
0.0065～<0.0068	44	0.0085～<0.0100	12.5
0.0068～<0.0071	38	0.0100	6.5

试样材料、加工和热处理方法也要和实际工件尽量相同。试样加工后需开缺口和预制裂纹，试样缺口一般用钼丝线切割加工，预制裂纹可在高频疲劳试验机上进行，疲劳裂纹长度应不小于 $0.025W$，a/W 应控制在 $0.45～0.55$ 范围内，$K_{max}≤0.7K_{IC}$。

试样上预制尖锐裂纹，这是由于格里菲斯理论要求材料中已存有裂纹（与裂纹形成原因无关）。裂纹尖端曲率半径对测试结果有很大影响。曲率半径大，断裂应力增加，K_{IC} 测试结果也偏高。

4.5.2　测试方法

三点弯曲试样的试验装置如图 4-17 所示。在试验机压头（液压夹头上方）上装有载荷传感器，以测量载荷 F 的大小。在试样缺口两侧跨接夹式引伸计，以测量裂纹尖端张开位移 V。载荷信号及裂纹尖端张开位移信号经动态应变仪放大后，传到 X-Y 函数记录仪中。在加载过程中，X-Y 函数记录仪可连续描绘出 F-V 曲线。根据 F-V 曲线可间接确定条件裂纹失稳扩展载荷 F_Q。

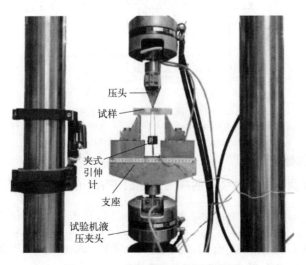

图 4-17　三点弯曲试验装置实物图

由于材料性能及试样尺寸不同，F-V 曲线有三种类型，如图 4-18 所示。当材料较脆或试样尺寸足够大时，其 F-V 曲线为Ⅰ型；当材料韧性较好或试样尺寸较小时，其 F-V 曲线为Ⅲ型；当材料韧性或试样尺寸居中时，其 F-V 曲线为Ⅱ型。从 F-V 曲线确定 F_Q 的方法是：先从原点 O 作一相对直线 OA 部分斜率减少 5% 的割线，以确定裂纹扩展约 2% 时相应的载荷 F_d。F_d 是割线与 F-V 曲线交点的纵坐标值。如果在 F_d 以前没有比 F_d 大的高峰载荷，则 $F_Q = F_d$（图 4-18 曲线Ⅲ）。如果在 F_d 以前有一个高峰载荷，则取此高峰载荷为 F_Q（图 4-18 曲线Ⅰ和曲线Ⅱ）。

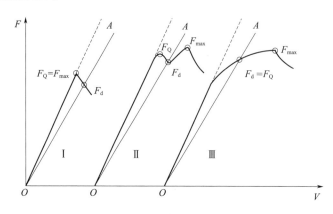

图 4-18　F-V 曲线的三种类型

试样压断后，用显微镜测量试样断口的裂纹长度 a。由于裂纹前缘呈弧形，规定测量 $B/4$、$B/2$、$3B/4$ 三处的裂纹长度 a_2、a_3 及 a_4，取其平均值作为裂纹长度 a（图 4-19）。

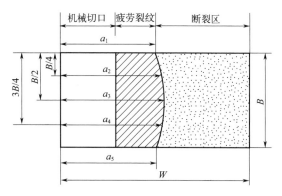

图 4-19　断口裂纹长度 a 的测量

4.5.3　试验结果的处理

三点弯曲试样加载时，裂纹尖端的应力强度因子 K_{I} 的表达式为

$$K_{\mathrm{I}} = \frac{FS}{BW^{3/2}} Y_{\mathrm{I}}\left(\frac{a}{W}\right) \tag{4-37}$$

式中，$Y_{\mathrm{I}}(a/W)$ 为与 a/W 有关的函数；$S = 4W$。求出 a/W 之值后，即可查表 GB/T 21143—2014 中表 B.1 或由下式求得 $Y_{\mathrm{I}}(a/W)$ 值：

$$Y_I\left(\frac{a}{W}\right)=\frac{3(a/W)^{1/2}[1.99-(a/W)(1-a/W)\times(2.15-3.93a/W+2.7a^2/W^2)]}{2(1+2a/W)(1-a/W)^{3/2}}$$

将条件裂纹失稳扩展载荷 F_Q 及裂纹长度 a 代入式（4-37），即可求出条件断裂韧度 K_Q。

当 K_Q 满足下列两个条件时：

$$\begin{cases} F_{max}/F_Q \leqslant 1.10 \\ B \geqslant 2.5(K_Q/R_{p0.2})^2 \end{cases} \tag{4-38}$$

则 $K_Q=K_{IC}$。否则，应加大试样尺寸重做试验，新试样尺寸至少应为原试样的 1.5 倍，直到满足式（4-38）条件为止。

几种钢铁材料在室温下的 K_{IC} 值见附录 8。

4.6 弹塑性条件下金属断裂韧度

弹塑性断裂力学要解决两个方面的任务。

一个任务是工程上广泛使用的中低强度钢 $R_{p0.2}$ 低，K_{IC} 又高，对中小型零件而言，其裂纹尖端塑性区尺寸较大，接近甚至超过裂纹尺寸，已属于大范围屈服。有时塑性区尺寸甚至超过整个韧带宽度 $W-a$ [参见式（4-36）]，导致裂纹扩展前韧带已整体屈服，如压力容器接管区、焊接件拐角处，这些由于应力集中和残余应力较高而屈服的高应变区，就属于这种情况。此时，较小裂纹也会扩展并断裂。对这类弹塑性裂纹扩展的断裂，用应力强度因子修正已经无效，而要借助弹塑性断裂力学来解决。

另一个任务是如何实测中低强度钢的平面应变断裂韧度 K_{IC}。对于中低强度钢制造的大截面零件（如汽轮机叶轮、转子、船体等），虽然裂纹尖端塑性区较大，但是零件尺寸也较大，故相对塑性区尺寸比较小，仍用 K_{IC} 进行断裂分析。但若要测定材料的 K_{IC}，试样尺寸必须很大才能满足平面应变状态，而且也难以在一般试验机上试验。因此，需要发展弹塑性断裂力学，用小试样测定材料在弹塑性条件下的断裂韧度，再换算成 K_{IC} 值。

弹塑性断裂力学常用的研究方法有 J 积分法和 CTOD 法。前者是由 G_I 延伸而来的一种断裂能量判据；后者是由 K_I 延伸而来的断裂应变判据。本节将介绍两种断裂韧度的基本概念。关于它们的测试方法，相关内容参见国家标准 GB/T 21143—2014《金属材料 准静态断裂韧度的统一试验方法》。

4.6.1 断裂韧度 J_{IC}

J 积分可以用能量率和线积分的形式表达，在此对能量率的表达形式进行介绍。

如图 4-20，设有裂纹尺寸分别为 a 和 $(a+\Delta a)$ 的两个等同试样，分别在 F 和 $F+\Delta F$ 力的作用下产生相同的位移 δ [图 4-20（a）]，两种情况下的载荷-位移曲线分别为 OA 和 OB [图 4-20（b）]。两曲线下所包围的面积之差即为阴影线面积 ΔU。依据在 $\Delta a \rightarrow 0$ 时 ΔU 与 $B\Delta a$ 的比值可获得加载到 (F, δ) 的 J_I 值，即

$$J_I = \lim_{\Delta a \to 0} -\frac{1}{B}\left(\frac{\Delta U}{\Delta a}\right) = -\frac{1}{B}\left(\frac{\partial U}{\partial a}\right)_\delta$$

若 $B=1$，则

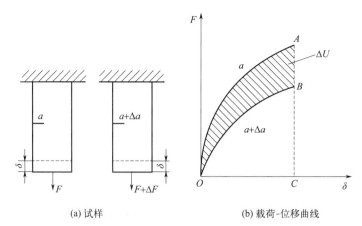

(a) 试样　　　　　(b) 载荷-位移曲线

图 4-20　J 积分的形变功差率的意义

$$J_{\mathrm{I}} = \left(\frac{\partial U}{\partial a}\right)_{\delta} \tag{4-39}$$

以上是 J 积分的能量率表达式，即 J 积分的形变功差率的意义。只要测出阴影线面积和 Δa，便可计算 J_{I} 值。

值得注意的是，在弹塑性条件下，J_{I} 虽与 G_{I} 表达式一样，但其物理概念与 G_{I} 不同。因塑性变形不可逆（加载与卸载的应力-应变曲线不重合），故不允许卸载。而裂纹扩展就意味着卸载，因此 J_{I} 不能理解为裂纹扩展单位长度（或面积）后系统势能的释放率，而应当理解为裂纹相差单位长度的两同等试样加载到相同位移时势能差值与裂纹长度（或面积）差值之比，即形变功率差。正因如此，通常 J 积分不能解决裂纹的连续扩展问题，其临界值对应点只是开裂点，而不一定是最后失稳断裂点。

在平面应变条件下，J 积分的临界值 J_{IC} 也称断裂韧度，但它是表示材料抵抗裂纹开始扩展的能力，其单位与 G_{IC} 相同，也是 MPa·m（MN·m^{-1}）或 MJ·m^{-2}。根据 J_{I} 和 J_{IC} 的相互关系，可以建立断裂 J 判据：

$$J_{\mathrm{I}} \geqslant J_{\mathrm{IC}} \tag{4-40}$$

只要满足式（4-40），材料就会开裂。

当测出 J_{IC} 后，还可以借助式（4-41）间接换算出 K_{IC}，以代替大试样的 K_{IC}，然后再按 K 判据去解决中低强度钢大型件的断裂问题。

$$K_{\mathrm{IC}} = \sqrt{\frac{E}{1-\nu^2}} \sqrt{J_{\mathrm{IC}}} \tag{4-41}$$

表 4-3 为 K_{IC} 的换算值与实测值的比较，可见两者基本一致。

表 4-3　用 J_{IC} 换算出的 K_{IC} 与实测的 K_{IC} 比较

材料	状态	小试样断裂韧度		
		J_{IC} /(J·m^{-2}×10^4)	换算成 K_{IC} /(MPa·m$^{1/2}$)	实测 K_{IC} /(MPa·m$^{1/2}$)
45 钢	余热淬火 600℃回火	4.25~4.65	96~100	97~105
30CrMoA		3.5~4.1	88~94	84~97
14MnMoNbB	900℃淬火 620℃回火	11.0~11.4	155~158	156~167

能够满足式（4-41）的 J_{IC} 试样一般 $B \geqslant 1.0\left(\dfrac{K_{IC}}{R_{p0.2}}\right)^2$，比测定中低强度钢 K_{IC} 所需试样尺寸小得多。通常，测量 J_{IC} 时试样可取正方截面（$B=W$）。

4.6.2 断裂韧度 δ_c

对于大量使用的中低强度钢，由于材料的 $R_{p0.2}$ 低和 K_{IC} 高，其裂纹尖端塑性应变区较大，裂纹扩展是在大范围屈服，甚至达到全面屈服后才断裂。既然这类材料断裂前应变较大，那么可以以应变为参量建立断裂应变判据。但是，由于裂纹尖端的实际应变量较小，难以精确测定，于是提出用裂纹尖端张开位移来间接表征其应变量的大小。

如图 4-21 所示，设一中低强度钢无限大板中有 I 型穿透裂纹，在平均应力 σ 作用下裂纹两端出现塑性区 ρ。裂纹尖端因塑性钝化，其长度 $2a$ 不增加，但其却沿 σ 方向张开，该裂纹尖端张开位移 δ 即称为 CTOD（crack-tip opening displacement）。

在大范围屈服条件下，达格代尔（Dugdale）建立了带状屈服模型（即 D-M 模型），导出了 CTOD 的表达式。

如图 4-22 所示，设理想塑性材料的无限大薄板中有长为 $2a$ 的 I 型穿透裂纹（这是平面应力问题），在远处作用有平均应力 σ，裂纹尖端的塑性区 ρ 呈尖劈形。假定沿 x 轴将塑性区割开，使裂纹长度由 $2a$ 变为 $2c$。但在割面上、下方代之以压应力 $R_{p0.2}$，以阻止裂纹张开。于是该模型就变为在 (a, c) 和 $(-a, -c)$ 区间作用有压应力 $R_{p0.2}$，在无限远处作用有均匀拉应力 σ 的线弹性问题。通过计算得到 A、B 两点的裂纹尖端张开位移，即 CTOD 的表达式为

$$\delta = \frac{8R_{p0.2}a}{\pi E}\mathrm{lnsec}\left(\frac{\pi\sigma}{2R_{p0.2}}\right) \tag{4-42}$$

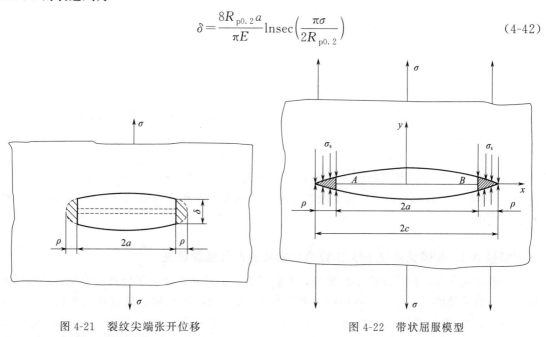

图 4-21　裂纹尖端张开位移　　　　　　　图 4-22　带状屈服模型

将式（4-42）用级数展开，则得

$$\delta = \frac{8R_{p0.2}a}{\pi E}\left[\frac{1}{2}\left(\frac{\pi\sigma}{2R_{p0.2}}\right)^2 + \frac{1}{12}\left(\frac{\pi\sigma}{2R_{p0.2}}\right)^4 + \frac{1}{45}\left(\frac{\pi\sigma}{2R_{p0.2}}\right)^6 + \cdots\right]$$

当 σ 较小时（$\sigma \ll R_{p0.2}$），$\left(\dfrac{\pi\sigma}{2R_{p0.2}}\right)$ 高次方项很小可以忽略，只取第一项得

$$\delta = \frac{\pi\sigma^2 a}{ER_{p0.2}} \tag{4-43}$$

在临界条件下，有

$$\delta_c = \frac{\pi\sigma_c^2 a_c}{ER_{p0.2}} \tag{4-44}$$

此时，δ_c 也是材料的断裂韧度，但它是表示材料阻止裂纹开始扩展的能力。因为大量试验表明，只有选择开裂点作为临界点所测出的 δ_c 才是与试样几何尺寸无关的材料性能，并可以根据 δ 和 δ_c 的相对大小关系，建立断裂 δ 判据：

$$\delta \geqslant \delta_c \tag{4-45}$$

δ 和 δ_c 的量纲为 ［长度］，单位为 mm。一般钢材的 δ_c 大约为零点几毫米到几毫米。

δ 判据和 J 判据一样，都是裂纹开始扩展的断裂判据，而不是裂纹失稳扩展的断裂判据。

根据式（4-45），如果已知材料的 δ_c、$R_{p0.2}$ 和 E，并已知构件中的裂纹尺寸 a，就可算出含裂纹薄壁构件的开裂应力 σ_c；或已知 δ_c、$R_{p0.2}$ 和 E 外加应力 σ，可确定允许存在的裂纹长度 a_c。

式（4-43）、式（4-44）是在小范围屈服条件下获得的。在此种情况下，δ_c 与其它断裂韧度指标之间还可以联系起来。如在平面应力条件下有

$$\delta_c = \frac{\pi\sigma_c^2 a_c}{ER_{p0.2}} = \frac{K_c^2}{ER_{p0.2}} = \frac{G_c}{R_{p0.2}} \tag{4-46}$$

在平面应变条件下，由于裂纹尖端区金属材料的硬化作用，以及裂纹尖端区存在三向应力状态，式（4-46）变为

$$\delta_c = \frac{(1-\nu^2)}{nER_{p0.2}} K_{IC}^2 = \frac{G_{IC}}{nR_{p0.2}} \tag{4-47}$$

式中，n 为关系因子，且 $1 \leqslant n \leqslant 1.5 \sim 2.0$。当裂纹尖端为平面应力状态时，$n=1$；为平面应变状态时，$n=2$。

由此可见，在小范围屈服条件下，断裂韧度 δ_c 可以和 K_c（K_{IC}）、G_c（G_{IC}）互相换算，而且用它们建立的断裂判据是等效的。但在大范围屈服（$\sigma \leqslant 0.6R_{p0.2}$ 条件下，仍然要使用式（4-42）～式（4-44）计算 δ 及 δ_c。如果材料发生了整体屈服（$\sigma = R_{p0.2}$）则 D-M 模型不能应用。

案例链接 4-1：耐候钢激光-MAG 复合焊接头的低温断裂韧性

随着高速列车运行速度的不断提升，人们对其安全可靠性提出了更高的要求。高速列车转向架作为关键的承载部件，所用材料主要为 SMA490BW 耐候钢，该钢具有强韧性好、耐大气腐蚀性能优良等特点。目前，转向架的焊接主要采用熔化极活性气体保护电弧焊（MAG），该方法存在热输入大、残余应力大、易出现未焊透缺陷等问题。随着激光焊接技术的不断发展，激光-MAG 复合焊接技术因其能量密度高、熔深大、热输入小、焊接效率高等特点，逐渐被应用于中高强度钢的焊接。

试验材料为用于高速列车转向架的 SMA490BW 耐候钢，试样尺寸为 300mm×150mm×

12mm。填充焊丝为用于轨道车辆的高强度耐大气腐蚀钢焊丝 JM-55Ⅱ，其直径为 1.2mm。采用激光-MAG 复合焊以实现对接板的焊接。该复合焊接系统由美国 IPG 公司生产的波长为 $1.06\mu m$ 的 4kW 光纤激光器、芬兰肯比公司生产的 KempArc Pulse 450 焊机及机器人组成。焊接过程中使用的混合保护气体由体积分数为 85％ 的氩气和 15％ 的 CO_2 组成。根据国家标准 GB/T 21143—2014《金属材料 准静态断裂韧度的统一试验方法》，选取 $-115\sim20℃$ 之间 8 个温度点，采用三点弯曲试样测试耐候钢激光-MAG 复合焊接头焊缝金属（WM）、热影响区（HAZ）和母材（BM）的断裂韧度 J_m，其中每个温度点测试 4 个有效试样。试样裂纹方向沿焊缝方向，并在 PWS-100 电液伺服动静万能材料试验系统上预制 3mm 裂纹；采用乙醇＋液氮的方式在自制的低温保温箱中进行冷却，通过温度传感器及液氮输入控制阀控制保温箱内的温度恒定，温度控制精度为 $\pm2℃$。在 CMT4304 万能试验机上进行三点弯曲加载，记录载荷与施力点位移关系的曲线，并测量试样断口上的裂纹长度 a_0。试验采用 J 积分法来表征耐候钢激光-MAG 复合焊接头的断裂韧度。

如图 4-23 所示，耐候钢激光-MAG 复合焊接头各区的低温断裂韧度随着温度降低整体呈降低的趋势，母材的断裂韧度最高，焊缝的断裂韧度最低，热影响区介于两者之间，且各区存在明显的韧脆转变区间，母材区、焊缝区、热影响区的韧脆转变温度分别为 $-81.9℃$、$-65.9℃$、$-70.4℃$；接头各区低温激光-MAG 复合焊缝和热影响区的低温断裂韧度相差较小，且热影响区更窄。

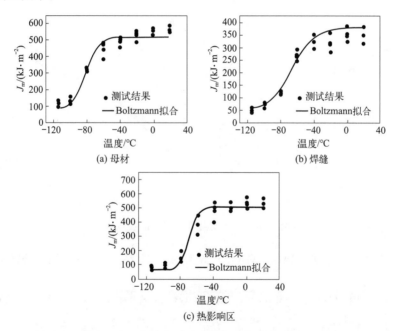

图 4-23 激光-MAG 复合焊接头不同区域断裂韧度随温度的变化

研究结果为激光-MAG 复合焊应用于高速列车转向架耐候钢的焊接提供了技术储备。

【资料来源：陈勇，陈辉，李仁东，等. 耐候钢激光-MAG 复合焊接头的低温断裂韧性 [J]. 中国激光，2019，46 (7)：92-99.】

案例链接 4-2：焊接环境湿度对 SMA490 耐候钢 MAG 焊接接头性能影响

转向架是高速列车运行的关键部件之一，在材料的选择上不但要考虑结构的力学性能、材料的焊接性，也要考虑材料的耐腐蚀性，来保证高速列车的安全稳定运行及较高的使用寿命。高速列车经过不断发展，耐候钢较为广泛地应用于转向架。耐候钢含有一定量的 P、Cu、Cr、Ni、Mo 等合金元素，在常温条件下可在金属表面形成自保护的锈层氧化膜，增强其耐大气腐蚀的能力。耐候钢的耐大气腐蚀性显著优于普通碳素钢，耐候钢表面锈层有显著的保护作用，使用时间越长，耐腐蚀性越显著，耐候钢除了具有氧化锈层的保护作用外，还具有优良的可焊性和力学性能等实用性能。

本研究以转向架用 SMA490BW 耐候钢为研究对象，研究其在环境温度 40℃、相对湿度为 $50\%\sim90\%$ 环境湿度下 MAG 焊接头力学性能、断裂及腐蚀行为，分析环境湿度对接头性能的影响情况。对不同接头进行断裂韧性和裂纹扩展力学性能研究，发现不同湿度环境下接头断裂韧度 K_{IC} 的条件值 K_Q 基本在 $60MPa \cdot m^{1/2}$ 左右，不同焊接湿度裂纹扩展速率结果也基本一致。对不同接头进行耐腐蚀性能研究，随着焊缝相对湿度的增加，焊缝的耐腐蚀性能略为降低，腐蚀速度略微增加，从腐蚀形貌中未见气孔导致的腐蚀深坑。这种略微的差异可能是由在同一焊缝中不同组织差异导致的，而与湿度基本无关。各焊接湿度下焊缝断裂韧性见图 4-24。

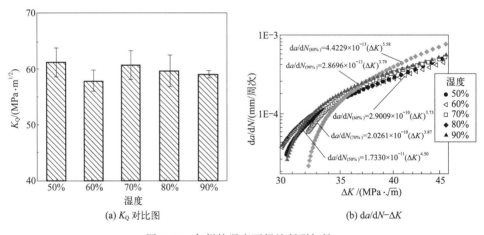

图 4-24　各焊接湿度下焊缝断裂韧性

研究结果为高速列车转向架用 SMA490BW 耐候钢焊接条件选择和质量分析提供了支撑。

【资料来源：董悦．焊接环境湿度对 SMA490BW 耐候钢 MAG 焊接接头性能影响［D］．成都：西南交通大学，2019．】

4.7　本章小结

断裂韧度是在一定外界条件下材料阻止裂纹扩展的韧性指标，其大小将决定零件的承载能力和脆断倾向。裂纹扩展有三种模式，以 Ⅰ 型最危险。由线弹性断裂力学建立了两个脆性断裂判据：一个是 $K_I \geqslant K_{IC}$，另一个是 $G_I \geqslant G_{IC}$。前者是从裂纹尖端应力场的角度来讨论断裂，而后者则是从能量平衡的角度来讨论断裂。

K_I 描述了弹性体 I 型裂纹尖端应力场的大小或幅值，故称为应力强度因子。K_I 是应力大小、施力方式、裂纹体几何形状和尺寸、裂纹长度的函数，一般表达式为 $K_I = Y\sigma\sqrt{a}$，其单位是 MPa $\cdot$ $\sqrt{m}$ 或 MN $\cdot$ m$^{-3/2}$。裂纹在裂纹尖端的延长线上最易扩展。G_I 称为裂纹扩展力或应变能量释放率，其单位为 MJ $\cdot$ m^{-2}。G_I 与 K_I 间存在严格的定量关系，它们的临界值 K_{IC} 和 G_{IC} 是对材料断裂韧性的度量，称为断裂韧度，表示材料对裂纹不稳定扩展或失稳扩展的抵抗能力。

K_C 是平面应力断裂韧度，其值与板材厚度有关，且 K_C 大于 K_{IC}。当板材厚度大于一个临界值时，就会得到 K_{IC} 值，其值与板材厚度无关，代表着塑性变形被限制时，材料阻止裂纹扩展能力的一种度量。由断裂韧度得到裂纹体的断裂准则（或判据），即 $K_I \geqslant K_{IC}$。裂纹尖端有塑性区，修正后 K_I 的表达式仍然可用。对于韧性断裂来说，由 J 积分法和 CTOD 法应用 J_{IC} 和 δ_c 建立了 J 和 δ 两个断裂判据，J_{IC} 和 δ_c 都表示材料阻止裂纹开始扩展的能力，也都称为断裂韧度。

断裂韧度和其它力学性能指标一样都是材料的固有性能指标。故它们之间必然存在相互联系，但关系比较复杂。

学习中应掌握应力强度因子 K_I 的量纲及其相关的因素，了解裂纹扩展力和能量释放率的概念和量纲，重点了解 G_I 与 K_I 间的关系、K_I 与 K_{IC} 的概念和区别。应初步了解 K_{IC} 的测定方法，能初步用 K_{IC} 进行安全性评定和设计计算。

本章重要词汇

（1）应力强度因子：stress intensity factor

（2）低应力脆断：low stress brittle fracture

（3）张开型（I 型）裂纹：opening mode（type I）crack

（4）应力场和应变场：stress field and strain field

（5）小范围屈服：small scale yielding

（6）塑性区：plastic zone

（7）有效屈服应力：effective yield stress

（8）有效裂纹长度：effective crack length

（9）断裂 K 判据：fracture criterion（K）

（10）裂纹尖端张开位移：crack-tip opening displacement

（11）CTOD 判据：crack-tip opening displacement criterion

（12）韧带：ductility zone

思考与练习

（1）试述低应力脆断的原因及防止方法。

（2）为什么研究裂纹扩展的力学条件时不用应力判据而用其它判据？

（3）试述应力强度因子的意义及典型裂纹 K_I 的表达式。

（4）试述裂纹尖端塑性区产生的原因及其影响因素。

（5）试述塑性区对 K_I 的影响及 K_I 的修正方法和结果。

（6）简述 CTOD 法的意义及其表达式。

（7）试述 K_{IC} 的测试原理及其对试样的基本要求。

（8）试述 K_{IC} 与材料强度、塑性之间的关系。

（9）试述 K_{IC} 和 KV_2 的异同及其相互之间的关系。

（10）试述影响 K_{IC} 的冶金因素。

（11）有一大型板件，材料的 $R_{p0.2}=1200\mathrm{MPa}$，$K_{IC}=115\mathrm{MPa}\cdot\mathrm{m}^{1/2}$，无损检测发现有 20mm 长的横向穿透裂纹，若在平均轴向拉应力 900MPa 下工作，试计算 K_I 及塑性区宽度 R_0，并判断该件是否安全。

（12）有一轴件平均轴向工作应力为 150MPa，使用中发生横向疲劳脆性正断，断口分析表明有 25mm 深的表面半椭圆疲劳区，根据裂纹 $\dfrac{a}{c}$ 可以确定 $\Phi=1$，测试材料的 $R_{p0.2}=720\mathrm{MPa}$，试估算材料的断裂韧度 K_{IC}。

（13）有一构件制造时，出现表面半圆裂纹，若 $a=1\mathrm{mm}$，在工作应力 $=1000\mathrm{MPa}$ 下工作，应该选什么材料的 $R_{p0.2}$ 与 K_{IC} 配合比较合适？构件材料经不同热处理后，其 $R_{p0.2}$ 和 K_{IC} 的变化列于下表：

$R_{p0.2}$/MPa	1100	1200	1300	1400	1500
K_{IC}/(MPa·$\sqrt{\mathrm{m}}$)	110	95	75	60	55

第 5 章

材料的疲劳

"fatigue"（疲劳）一词起源于拉丁语"fatigare"，用于描述材料在循环载荷下的损伤和失效。关于疲劳的描述性定义见于 1964 年日内瓦国际标准化组织发表的《金属疲劳试验的一般原则》。在该标准中，疲劳被描述为"金属材料由于反复施加应力或应变而发生的性能变化"。这种描述一般也适用于非金属材料的疲劳。

工程中的大多数零件或构件都是在循环载荷下工作的，如轮轴、连杆、齿轮、弹簧、辊子、叶片及桥梁等，主要失效形式是疲劳断裂，疲劳失效类别有多种。仅仅是外部施加的应力或应变的波动就会导致机械疲劳；与高温有关的循环载荷会引起蠕变疲劳；当循环加载构件的温度也发生波动时，会引起热机械疲劳（即热疲劳和机械疲劳的结合）；在化学侵蚀性或脆性环境中反复施加载荷，会引起腐蚀疲劳；在材料之间的滑动接触和滚动接触中反复施加载荷，会分别产生滑动接触疲劳和滚动接触疲劳；而微动疲劳则是由脉动应力以及表面之间的振荡相对运动和摩擦滑动造成的。机械零件和结构中的大多数故障都可以归因于上述疲劳过程中的一种。这种破坏通常发生在循环荷载的影响下，其峰值远小于根据静态断裂分析估计的"安全"荷载。据统计，疲劳断裂在整个工程失效中约占 80%，对人身安全和经济带来极大的危害。因此，材料疲劳性能研究成为材料与强度领域的一个重要部分。

本章从疲劳现象出发，主要研究疲劳的一般规律、应力-疲劳寿命曲线（亦称疲劳曲线或 S-N 曲线）、疲劳性能特点及主要影响因素、疲劳裂纹扩展等疲劳基础性问题，以便为疲劳强度设计和材料选用、工艺改进等提供理论基础。

5.1 疲劳现象

5.1.1 变动载荷和循环应力

变动载荷是引起疲劳破坏的外力，它是指载荷大小，甚至方向均随时间变化的载荷，其在单位面积上的平均值为变动应力。变动应力可分为规则周期变动应力（也称循环应力）和无规则随机变动应力两种。应力在恒定的最大应力 σ_{max} 和最小应力 σ_{min} 之间循环时，被称为恒幅应力，如图 5-1 所示，应力范围 $\Delta\sigma=\sigma_{max}-\sigma_{min}$，是应力最大值和最小值之间的差值。最大值和最小值的平均值，即为平均应力 σ_m。应力范围的一半称为应力幅 σ_a。关于应力幅和平均应力的基本定义见式（5-1）。

$$\sigma_a=\frac{\Delta\sigma}{2}=\frac{\sigma_{max}-\sigma_{min}}{2},\sigma_m=\frac{\sigma_{max}+\sigma_{min}}{2} \tag{5-1}$$

应力水平亦可表达为

$$\sigma_{max}=\sigma_m+\sigma_a,\sigma_{min}=\sigma_m-\sigma_a \tag{5-2}$$

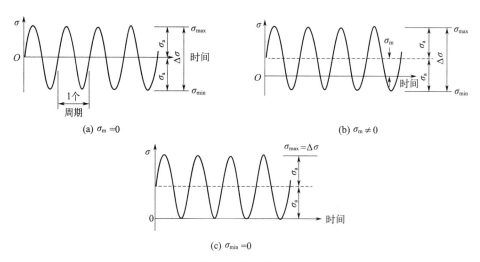

(a) $\sigma_m = 0$

(b) $\sigma_m \neq 0$

(c) $\sigma_{min} = 0$

图 5-1　恒幅循环

这里需要指出，σ_a 和 $\Delta\sigma$ 总是正的，因为 $\sigma_{max} > \sigma_{min}$，然而，$\sigma_{max}$、$\sigma_{min}$ 和 σ_m 可以是正数，也可以是负数。有时会使用以下两个变量的比值：

$$R = \frac{\sigma_{min}}{\sigma_{max}}, A = \frac{\sigma_a}{\sigma_m} \tag{5-3}$$

式中，R 为应力比，A 为振幅比。

由上述方程导出其它关系：

$$\sigma_a = \frac{\Delta\sigma}{2} = \frac{\sigma_{max}}{2}(1-R), \sigma_m = \frac{\sigma_{max}}{2}(1+R) \tag{5-4}$$

$$R = \frac{1-A}{1+A}, A = \frac{1-R}{1+R}$$

均值为零的循环应力可以只通过给定振幅 σ_a 或者通过给出数值相等的最大应力 σ_{max} 来表示。如果平均应力不为零，则需要两个独立的值来表示循环载荷，可以使用的一些组合为 σ_a 和 σ_m，σ_{max} 和 R，$\Delta\sigma$ 和 R，σ_{max} 和 σ_{min}，或者 σ_a 和 A。完全反向循环的术语用于描述 $\sigma_m = 0$ 或 $R = -1$ 的情况，如图 5-1（a）所示。此外，零-拉伸之间的循环指的是 $\sigma_{min} = 0$ 或 $R = 0$ 的情况，如图 5-1（c）所示。

5.1.2　疲劳分类及特点

（1）分类

材料由于反复施加应力或应变而发生的性能变化称为疲劳。按照应力状态的不同，疲劳可分为拉压疲劳、弯曲疲劳、扭转疲劳、保载疲劳、复合疲劳等；按照环境和接触情况的不同，可分为大气疲劳、腐蚀疲劳、高温疲劳、热疲劳、接触疲劳等；按照疲劳寿命的不同，可分为低周疲劳、高周疲劳等，这是基本的疲劳分类。高周疲劳断裂的循环寿命 N_f 较长，一般认为 $N_f > 10^5$ 周次❶。这类疲劳的断裂应力水平较低，$\sigma < R_{p0.2}$，也称为低应力疲劳，

---

❶　周次（cycle），也称循环、循环周次。

工程中较为常见。相应地，低周疲劳断裂的循环寿命较短，一般认为 N_f 处于 $10^2 \sim 10^5$ 周次之间。这类疲劳的断裂应力水平较高，$\sigma \geqslant R_{p0.2}$，且在断裂过程中有明显的塑性应变，也称为高应力疲劳或应变疲劳。

（2）特点

疲劳断裂与静载荷或单次冲击断裂相比，主要特点如下：

① 疲劳断裂是相对低应力循环下的持续性断裂过程，在最终失效之前，具有一定的循环寿命。其循环应力水平往往低于材料的抗拉强度，长寿命疲劳的循环应力水平甚至低于屈服强度。疲劳寿命与循环应力关系密切，在相同材料的情形下，循环应力高则疲劳寿命短，循环应力低则疲劳寿命长。当循环应力低于某一临界值时，疲劳寿命可至无限长。

② 疲劳断裂具有典型的脆性断裂特征。由于一般疲劳的应力水平比屈服强度低，因此不论材料的韧、脆特点，在疲劳断裂前材料不会发生显著的塑性变形和明显形变，疲劳断裂是在长期的应变累积损伤的过程中，经裂纹萌生和裂纹扩展到临界尺寸 a_c 时突然发生的。因此，可以认为疲劳是一种潜在的突发性脆性断裂现象。

③ 疲劳断裂对缺陷（缺口、裂纹或组织缺陷）敏感。由于疲劳破坏是从局部开始的，所以它对缺陷十分敏感。缺口和裂纹导致应力集中，组织缺陷（夹杂、疏松、白点、脱碳等）导致材料局部强度降低，将显著加快疲劳源的萌生和裂纹扩展。

5.1.3 疲劳宏观断口特征

疲劳断裂和其它断裂一样，其断口也记录了整个断裂过程的所有痕迹，反映了全疲劳过程的断裂信息，具有显著的断裂形貌特征。这些特征直接受到材料的性质、应力状态、温度和环境等内外因素的影响，因此疲劳断口分析是研究疲劳萌生、扩展，以及分析疲劳断裂原因的重要方法之一。

如图 5-2 所示，典型疲劳断口具有三个形貌不同的区域——疲劳源、疲劳裂纹扩展区（疲劳区）及瞬断区。

（1）疲劳源

疲劳源是疲劳裂纹萌生的位置，一般在构件的表面，常处于表面缺陷（缺口、裂纹、划痕、蚀坑等）位置，如前面所讲，主要源于表面缺陷引发的应力集中。然而，如果材料内部存在明显的冶金缺陷（夹杂、缩孔、偏析、白点等）或内裂纹，由于内部的局部强度降低也会在构件内部萌生疲劳源。

图 5-2　18Mn 钢件疲劳宏观断口

（疲劳源、疲劳扩展区、瞬断区、2cm）

从断口形貌上看，疲劳源区的亮度最大，因为该区域在整个裂纹亚稳扩展过程中受到不断摩擦挤压的作用，故光亮平滑，且加工硬化也会导致表面的硬度提高。

在一个疲劳断口中，疲劳源可以有一个或几个不等，主要与构件的应力状态和应力大小有关。当断口中同时存在几个疲劳源时，可以根据源区的光滑度、亮度、相邻疲劳区的大小和贝纹线（以疲劳源为圆心的同心圆曲线）的密度去确定它们的产生顺序。一般来讲，疲劳源的光亮度越高，相邻的疲劳扩展区越大，贝纹线越多且越密，其疲劳源就越早产生；反之，疲劳源则越晚产生。

（2）疲劳区

疲劳区是疲劳裂纹亚稳态扩展形成的断口区域，是疲劳裂纹扩展和断裂的重要特征判据。疲劳区的宏观特征是：断口比较平坦，并伴有明显的贝纹线（或海滩花样）。一般认为贝纹线是由载荷变动引起的，如机器的启动和停歇，或偶尔过载，使裂纹前沿留下了弧状台阶痕迹。因此，这种特征在实际零件的疲劳断口中常见，但在实验室的试样疲劳断口中，因载荷变动较平稳，很难看到明显的贝纹线。此外，对于脆性材料，通常也看不到贝纹线。

疲劳断裂面的粗糙度越大，表示疲劳裂纹扩展的速度越快。一般来讲，其增长速度随着疲劳裂纹的扩展而逐步增加。贝纹线的间距反映了疲劳裂纹扩展的不同速度，也影响了断口形貌。疲劳区的贝纹线簇恰似以疲劳源为圆心的同心圆弧线，弧线凹面或凸面均有可能指向疲劳源，这取决于疲劳裂纹扩展前沿贝纹线上各裂纹尖端点的扩展速度。

（3）瞬断区

瞬断区是疲劳断裂前裂纹快速扩展的断口区域。在疲劳裂纹亚稳扩展阶段，疲劳裂纹不断扩展，当扩展到临界尺寸 a_c 时，裂纹尖端的应力场强度因子 K_I 等于材料断裂韧度 K_{IC} （K_C）（或是裂纹尖端的应力集中达到材料的断裂强度）时，则疲劳裂纹快速扩展，零件瞬时断裂。断口较疲劳区粗糙，宏观特征同静载区。如表 5-1 所示，瞬断区位置与应力状态、应力

表 5-1　各类疲劳断口形貌示意图

应力状态		波动拉伸或对称拉压	脉动弯曲	平面对称弯曲	旋转弯曲	扭转
名义应力	应力集中情况					
高	无					
高	小					
高	大					
低	无					
低	小					
低	大					

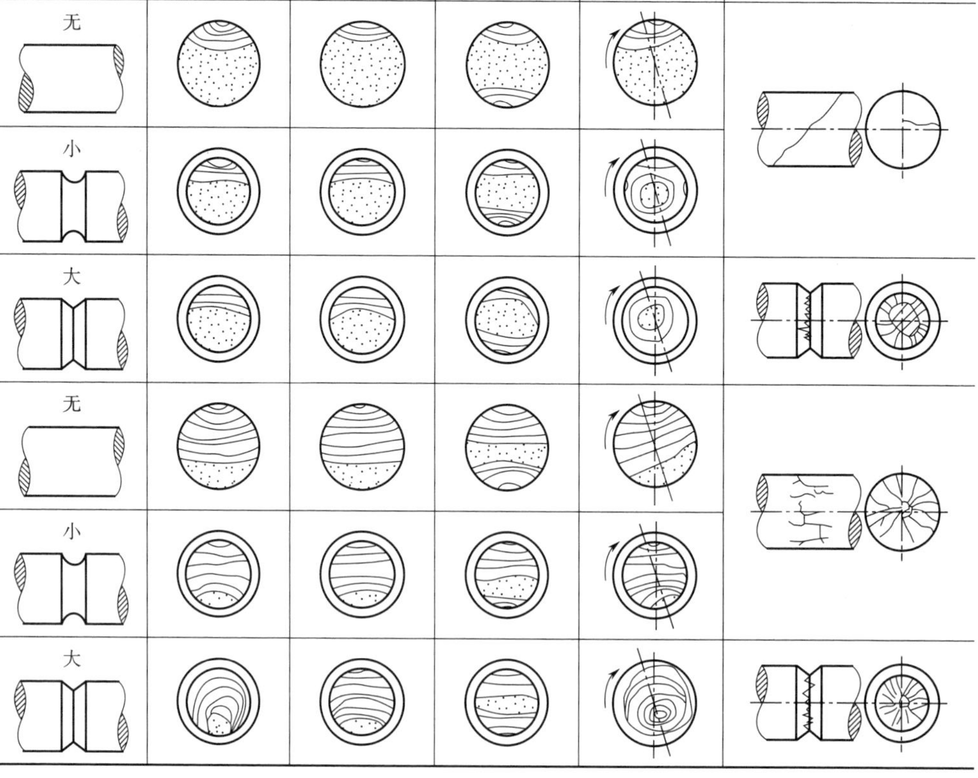

大小、应力集中程度、材料性质关系密切。瞬断区一般在疲劳源的对侧，然而处于旋转弯曲的低名义应力的光滑零件，其瞬断区位置将沿逆转动方向偏转一定角度，这是因为疲劳裂纹逆旋转方向扩展更快。但对于高名义应力来讲，因多个疲劳源会使裂纹几乎同时向内扩展，瞬断区偏向中心位置。若名义应力较高或材料韧性较差，瞬断区就较大；反之，瞬断区则较小。

5.2 高周疲劳

材料的疲劳性能是结构件疲劳设计的基础，材料在疲劳下的行为可以用应力-疲劳寿命曲线（S-N 曲线）来描述，疲劳寿命是指试样在一定循环应力下从加载开始到断裂所经历的循环周次。基于该曲线可以确定疲劳寿命，建立疲劳应力判据。

应力-寿命疲劳法是由 Wöhler 在 19 世纪 60 年代首次提出的。从这项工作中发展出了"疲劳极限"的概念，它表征了应用应力幅值，低于该应力幅值（名义上无缺陷）的材料预计具有无限的疲劳寿命。这种经验方法在疲劳分析中得到了广泛的应用，主要是在低幅循环应力引起弹性变形的长寿命应用中，即所谓的高周疲劳应用。

5.2.1 应力-疲劳寿命关系（S-N 曲线）

典型的 S-N 曲线如图 5-3 所示，随应力水平下降，断裂循环周次增加，当应力下降至某一临界值时，曲线变为水平线，水平线以上为有限寿命区（包括短寿命区和长寿命区）；水平线及以下为无限寿命区，表明试样可以经无限次应力循环也不会发生疲劳断裂，故将此应力临界值称为疲劳极限，也称为耐久极限应力或安全疲劳强度，记为 σ_{-1}（对称循环，$R=-1$）。其划分了有限寿命区和无限寿命区。

实际测试时不可能做到无限次应力循环。典型金属材料的 S-N 曲线见图 5-4，试验表明对于碳钢、结构钢和球墨铸铁等材料，如果应力循环 10^7 周次不断裂，则可认定承受无限次应力循环也不会断裂。因此，常用 10^7 周次作为测定疲劳极限的基数。而对于不锈钢、高强度钢及大多数非铁金属（钛合金、铝合金等），其 S-N 曲线没有水平部分，循环周次只是随应力降低而不断增大。此时，只能根据材料的使用要求，以某一循环周次下不发生断裂的应力作为条件疲劳极限，称为疲劳强度（或称有限寿命疲劳极限），如高强度钢规定 $N_f=10^8$ 周次，铝合金和不锈钢也是 $N_f=10^8$ 周次，而钛合金则取 $N_f=10^7$ 周次。

疲劳寿命通常用 S-N 曲线的形式来描述，相对于这个量度，疲劳强度是指材料抵抗循环载荷的能力。

由于要达到 10^7 周次循环以上的寿命需要很长的测试时间，因此大多数疲劳极限被限制在此范围内。然而，近年来的测试数据能够扩展到 10^9 周次循环及以上，试验显示出在 $10^6 \sim 10^7$ 周次循环范围内，应力-疲劳寿命曲线在平坦区域以外出现了明显的下降。这种行为已经在许多钢和其它工程金属中观察到，其中一组数据如图 5-5 所示。详细研究表明，疲劳破坏存在两种相互竞争的机制：从表面缺陷开始的破坏和从内部非金属夹杂物开始的破坏。前者大概在 10^7 周次循环中占主导地位，表现出明显的疲劳极限行为，而后者导致在更低的应力和更长的寿命下失效。因此，在长寿命循环的情况下，安全应力的概念可能是无效的。

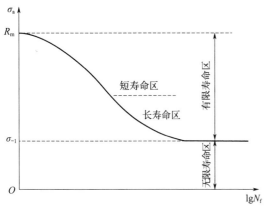

图 5-3 典型的应力-疲劳寿命（S-N）曲线

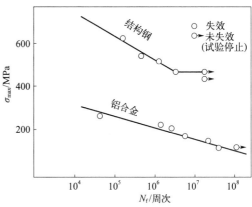

图 5-4 典型金属材料的 S-N 曲线

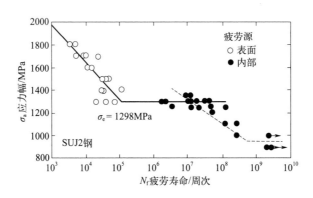

图 5-5 硬度＝778HV 的轴承钢超长寿命弯曲疲劳的应力-疲劳
寿命曲线（R_m＝2350MPa，含 1％C 和 1.45％Cr）

疲劳极限概念还存在其它问题。一般认为，疲劳极限水平以下很难发生损伤。但如果疲劳过程可以以某种方式开始，那么损伤可以在疲劳极限以下发生。例如，腐蚀可能会造成小凹坑或其它表面损伤，从而导致疲劳裂纹的产生，结果可能会使腐蚀材料的应力-疲劳寿命曲线继续下降至通常的疲劳极限以下。

5.2.2 S-N 曲线的安全系数

考虑在实际服役中预期出现的应力水平 $\hat{\sigma}_a$ 和若干循环周期 $\hat{N}$。如图 5-6 所示，该组合点必须低于破坏对应的应力-疲劳寿命曲线 $\sigma_a = f(N_f)$，这样才有足够的安全系数。在点 1 处，应力幅值 σ_{a1} 对应于失效的疲劳寿命为 $\hat{N}$。与 σ_{a1} 对比，服役应力 $\hat{\sigma}_a$ 得到的应力安全系数为

$$X_S = \frac{\sigma_{a1}}{\hat{\sigma}_a} \quad (N_f = \hat{N}) \tag{5-5}$$

如图 5-6 所示点 2，其失效疲劳寿命 N_{f2}，对应

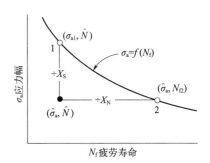

图 5-6 应力-疲劳寿命曲线及实际使用中
预期的应力幅值和循环次数（$\hat{\sigma}_a$ 和 $\hat{N}$）
X_S—应力安全系数；X_N—寿命安全系数

S-N 曲线的应力点 $\hat{\sigma}_a$。与失效寿命 N_{f2} 对比，服役寿命 $\hat{N}$ 的寿命安全系数为

$$X_N = \frac{N_{f2}}{\hat{N}} \quad (\sigma_a = \hat{\sigma}_a) \tag{5-6}$$

疲劳的应力安全系数应该与其它基于应力的安全系数的大小相似，通常 X_S 在 1.5～3.0 的范围内，这取决于失效的后果以及 $\hat{\sigma}_a$ 和 $\hat{N}$ 的值是否已知。然而，有趣的是疲劳寿命对应力变化相当敏感，因此需要较大的寿命安全系数 X_N 才能达到合理的应力安全系数 X_S。因此，寿命安全系数 X_N 通常在 5～20 之间，甚至更高。

5.2.3 疲劳试验

通过试件测试获得 S-N 曲线是一种广泛的做法。试验时，用升降法测定条件疲劳极限（或疲劳极限 σ_{-1}）；用成组试验法测定高应力部分，然后将上述两试验数据整理，并拟合成疲劳曲线。了解疲劳测试基础有助于有效地将其结果用于工程中。

Wöhler 使用一台机器测试了一对受悬臂弯曲的旋转试件，如图 5-7 所示。弹簧通过轴承提供恒定的力，允许试样旋转，因此弯矩随与弹簧的距离改变成线性变化。在这种旋转弯曲试验中，试件上的任何一点在从梁的受拉（上）侧旋转到受压（下）侧时都受到正弦变化的应力，每次试件旋转 360°完成一个循环。

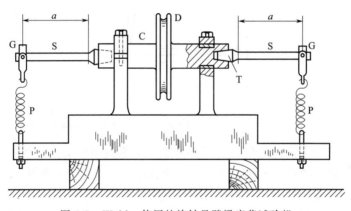

图 5-7　Wöhler 使用的旋转悬臂梁疲劳试验机
D—驱动带轮；C—机架；T—锥形试件对接柄；S—试件；a—力臂；G—承载轴承；P—加载弹簧

旋转弯曲疲劳试验设备的工作原理类似，至今仍在使用。四点弯曲疲劳设备的变型可能比任何其它类型的疲劳试验机的变型应用得更普遍。如图 5-8 所示的旋转梁四点弯曲疲劳试验机由 R. R. Moore 发明，其靠近试样两端的两个轴承允许在试样旋转时施加载荷，而在这些轴承外的两个轴承仅提供支承。悬挂的重物通常提供恒定的力。四点弯曲的优点是在试样横截面的位置上，仅提供一个恒定的弯矩和零剪切作用。对于所有形式的旋转弯曲试验，循环应力的平均值为零。这是因为当圆形截面旋转时，截面的中性轴到试样表面上、下边缘点的距离对称相等。

在往复弯曲试验中，可以使用旋转曲柄实现非零平均应力，如图 5-9 所示。仪器的偏心传动的连杆用来产生不同的平均挠度，有效地产生了不同的平均应力。试样通常是平直的，尽管弯矩成线性变化，但宽度适当变细便于近似提供恒定的弯曲应力。

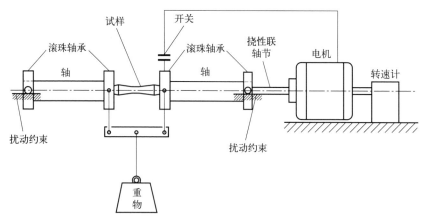

图 5-8　R. R. Moore 旋转梁四点弯曲疲劳试验机

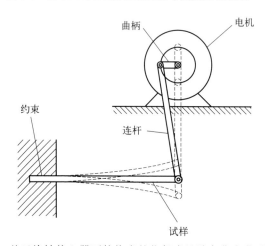

图 5-9　基于旋转偏心器可控挠度的往复式悬臂弯曲疲劳试验机

　　通过在弹性系统中激发共振可以获得平均水平为零的循环应力，例如图 5-10 所示，基于偏心质量旋转的轴向疲劳试验机。更复杂的能够提供平均应力的谐振装置也被使用，类似的原理可以应用于弯曲或扭转。此外，共振可以通过其它方式引起，如电磁、压电或声学效应。使用这些共振技术可以使疲劳试验的循环频率达到 100kHz。在如此高的频率下，需要对试样进行主动冷却以避免试样过热产生的温度影响。

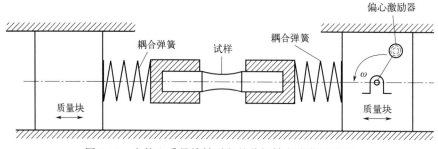

图 5-10　由偏心质量旋转引起的共振轴向疲劳试验机

　　如前文所述，对简单的机械装置进行修改和精心设计，允许在扭转、组合弯曲和扭转、双轴弯曲等情况下进行疲劳试验。由薄壁管制成的试样可经受循环流动压力以获得双轴应力。到目前为止所描述的所有测试设备都最适合于在恒定循环频率下进行恒幅加载。额外的复杂性载荷可以添加到这些设备中，以实现缓慢变化的振幅或平均应力。

闭环伺服液压试验机（图 5-11）也广泛用于疲劳试验。该设备昂贵且复杂，但与所有其它类型的疲劳测试设备相比，它具有显著的优势。测试样品可以在控制载荷、应变或挠度的情况下进行恒幅循环，并且振幅、平均应力和循环频率均可以通过机器的电子控制设置为所需值。此外，任何不规则的加载历史均可作为电信号强制作用于测试样品。因此，高度不规则的循环历史可以通过该设备，达到接近模拟实际使用条件测试的目的。

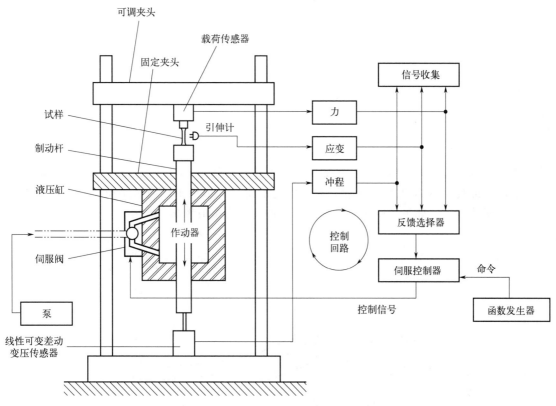

图 5-11　现代闭环伺服液压测试系统

在所描述的大多数测试装置中，频率由电动机的速度或谐振装置的固有频率确定。这个固定频率通常在 $10\sim100\,\mathrm{Hz}$ 的范围内。在 $100\,\mathrm{Hz}$ 频率下，如测试 10^7 周次需要 28h，测试 10^8 周次需要 12 天，测试 10^9 周次需要近 4 个月，如此长的测试时间实际上限制了可以研究的寿命范围。如果对长寿命感兴趣，一种可能性是使用特殊的高频谐振测试装置，然而，频率可能会影响 S-N 曲线的测试结果。

5.2.4　影响疲劳强度的主要因素

不同类别的材料的疲劳强度区别很大，并且受多种因素的影响。任何改变静态力学性能或微观结构的加工都可能影响疲劳强度。其它重要因素包括平均应力 σ_m、构件几何形状、化学环境、温度、循环频率和残余应力等。一些典型的金属 S-N 曲线已经给出，几种塑料的 S-N 曲线如图 5-12 所示。

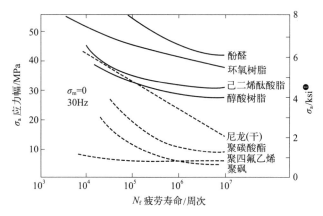

图 5-12 矿物和玻璃填充热固性塑料（实线）和未填充热塑性塑料（虚线）的
悬臂弯曲试验的 S-N 曲线

5.2.4.1 平均应力

平均应力是影响 S-N 曲线的重要因素。对于给定的应力幅值，拉伸平均应力比零平均应力的疲劳寿命短，而压缩平均应力的疲劳寿命更长（图 5-13）。请注意，平均应力的这种影响会降低或提高 S-N 曲线，因此，对于给定的寿命，如果平均应力是拉应力，则可以允许的应力幅值较低，如果是压应力，则可以允许的应力幅值较高。

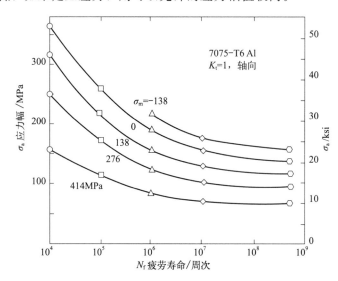

图 5-13 铝合金试样在不同平均应力下的轴向加载 S-N 曲线

包括各种平均应力数据的 S-N 曲线广泛用于常用的工程金属，有时也用于其它材料。在本节中，将详细介绍平均应力的影响，包括在没有具体数据的情况下为估计其影响而开发的方程。

考虑平均应力效应的试验过程是选择几个平均应力值，然后对应在不同的应力幅下进行测试。结果可以绘制为一系列 S-N 曲线，每条曲线对应不同的平均应力，如图 5-13 所示。

---

❶ ksi 指千磅力每平方英寸，1ksi＝6.895MPa。

另一种方法是绘制恒定寿命图，如图 5-14 所示。这是通过从 S-N 曲线中不同生命周期值处取点，然后绘制产生这些寿命的应力幅值和平均应力的组合来完成的。任一类型图上的线之间的插值都可用于获得各种施加应力的疲劳寿命。恒定寿命图清楚地表明，要保持相同的寿命，增加拉伸方向的平均应力必须同时降低应力幅值。

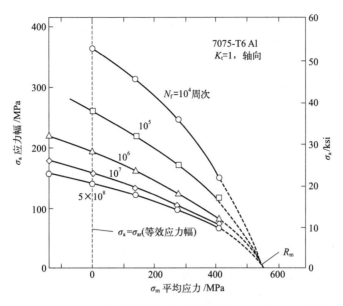

图 5-14　7075-T6 铝的恒定寿命图（取自图 5-13 的 S-N 曲线）

另一个经常用于考虑平均应力效应的试验是选择几个应力比值 R，$R = \sigma_{min}/\sigma_{max}$，对每个 R 值在不同的应力水平下进行测试，即可获得不同系列的 S-N 曲线，每条曲线对应不同的 R 值。如图 5-15 所示，相同 σ_{max} 应力下，应力比越大则疲劳寿命越长。

在此示例中，选择循环应力作为应力属性。R 值相关的 S-N 曲线提供了与平均应力相关的 S-N 曲线相同的信息，但形式不同。

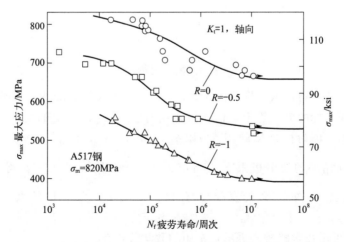

图 5-15　不同应力比 R 下 A517 钢轴向载荷的应力-疲劳寿命曲线

对于在平均应力不为零，即不对称循环载荷下工作的零件，需要知道材料的不对称循环疲劳极限，以满足这类零件的设计和选材需要。通常采用工程作图法，由疲劳图求得各种不对称循环的疲劳极限。

疲劳图是各种循环疲劳极限的集合图，也是疲劳曲线的另一种表达形式。由最大循环应力 $\sigma_{\max}$ 表示的疲劳极限 σ_R 是随应力比 R（或平均应力 σ_m）的增大而升高的。因此，可根据平均应力对疲劳极限 σ_R（$\sigma_{\max}$ 或 σ_a）的影响规律建立疲劳图。根据不同的作图方法有两种疲劳图，即 σ_a-σ_m 疲劳图和 $\sigma_{\max}(\sigma_{\min})$-$\sigma_m$ 疲劳图。

如图 5-16 所示，σ_a-σ_m 疲劳图的纵坐标以 σ_a 表示，横坐标以 σ_m 表示。在不同应力比 R 条件下将 $\sigma_{\max}$ 表示的疲劳极限 σ_R 分解为 σ_a 和 σ_m，并在该坐标系中作 ABC 曲线，即为 σ_a-σ_m 疲劳图。图中 A 点 $\sigma_m=0$，$R=-1$，$\sigma_a=\sigma_{-1}$；C 点 $\sigma_m=R_m$，$R=1$，$\sigma_a=0$；ABC 曲线其余各点的纵、横坐标各代表每一 R 下疲劳极限 σ_a 和 σ_m，$\sigma_R=\sigma_a+\sigma_m$。

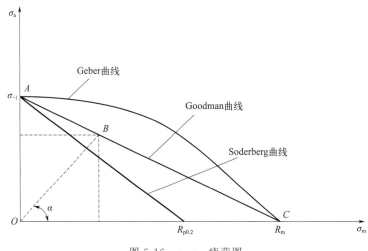

图 5-16　σ_a-σ_m 疲劳图

为了在疲劳图 ABC 曲线上建立疲劳极限和应力比 R 间的关系，可在 ABC 曲线上任取一点 B 和原点 O 连线，其几何关系为

$$\tan\alpha = \frac{\sigma_a}{\sigma_m} = \frac{\frac{1}{2}(\sigma_{\max}-\sigma_{\min})}{\frac{1}{2}(\sigma_{\max}+\sigma_{\min})} = \frac{1-R}{1+R} \tag{5-7}$$

因此，只要知道应力比 R，将其代入式（5-7），即可求得 $\tan\alpha$ 和 α。而后从坐标原点 O 引直线，令其与横坐标的夹角等于 α 值，该直线与曲线 ABC 相交的交点 B 便是所求的点，其纵、横坐标之和，即为相应 R 的疲劳极限 σ_{RB}，$\sigma_{RB}=\sigma_{aB}+\sigma_{mB}$。

例如，求脉动循环的疲劳极限 σ_0，将应力比 $R=0$ 代入式（5-7）得 $\tan\alpha=\frac{1-0}{1+0}=1$，$\alpha=45°$，因此过原点 O 作 $45°$ 角的直线与 ABC 曲线相交，交点 E 的纵、横坐标之和即为 σ_0，$\sigma_0=\sigma_{aE}+\sigma_{mE}$。

ABC 曲线也可用数学解析式表示，常用的数学公式有

Geber 公式 $\qquad\qquad\qquad\qquad \sigma_a = \sigma_{-1}\left[1-\left(\frac{\sigma_m}{R_m}\right)^2\right]$ $\qquad\qquad$ (5-8)

Goodman 公式
$$\sigma_a = \sigma_{-1}\left(1 - \frac{\sigma_m}{R_m}\right)$$
(5-9)

Soderberg 公式
$$\sigma_a = \sigma_{-1}\left(1 - \frac{\sigma_m}{R_{p0.2}}\right)$$
(5-10)

也可利用这些公式关系，根据材料的 σ_{-1} 和 R_m（$R_{p0.2}$），绘制 σ_a-σ_m 疲劳图。这样可以大大简化试验流程，应用也比较方便。

根据经验，对于大多数工程合金，Soderberg 公式对疲劳寿命的估计比较保守。对于脆性金属，包括高强度钢，其抗拉强度接近真实断裂应力，用 Goodman 公式来描述或估计的疲劳寿命与试验结果吻合得很好。对于塑性材料，用 Geber 公式较好。

σ_{max}（σ_{min}）-σ_m 疲劳图的纵坐标以 σ_{max} 或 σ_{min} 表示，横坐标以 σ_m 表示。然后将不同应力比 R 下的疲劳极限，分别以 σ_{max}（σ_{min}）和 σ_m 表示于上述坐标系中，就形成这种疲劳图（图 5-17）。AHB 曲线就是不同 R 下的疲劳极限 σ_R（以 σ_{max} 表示），很直观。显然，疲劳极限随平均应力增加（或 R 增加）而增大，但所含的应力幅 σ_a 则减小。在 B 点，平均应力 $\sigma_m = 0$（$R = -1$），$\sigma_a = \sigma_{-1}$，疲劳极限 $\sigma_R = \sigma_{-1}$；在 A 点，$\sigma_m = R_m$，$R = 1$，$\sigma_a = 0$，疲劳极限 $\sigma_R = R_m$；在 AB 之间各点的 σ_R 即表示相应 R 下（$R = -1 \sim 1$）的疲劳极限。在 AHB 曲线上也可建立疲劳极限和应力比 R 的关系。取任一点 H 和原点 O 连线，得几何关系为

$$\tan\alpha = \frac{\sigma_{max}}{\sigma_m} = \frac{2\sigma_{max}}{\sigma_{max} + \sigma_{min}} = \frac{2}{1 + R}$$
(5-11)

这样，只要知道应力比 R，就可代入式（5-11）求得 $\tan\alpha$ 和 α，而后从坐标原点 O 引一直线 OH，令其与横坐标的夹角为 α，则直线与曲线 AHB 的交点 H 的纵坐标即为疲劳极限。

请注意，图 5-17（a）是脆性材料的 σ_{max}（σ_{min}）-σ_m 疲劳图。对于塑性材料，应该用屈服强度 $\sigma_{p0.2}$ 进行修正，如图 5-17（b）所示。如同图 5-17（a），当零件工作应力落在实线区域内，则零件既不会疲劳断裂，也不会产生塑性变形失效。

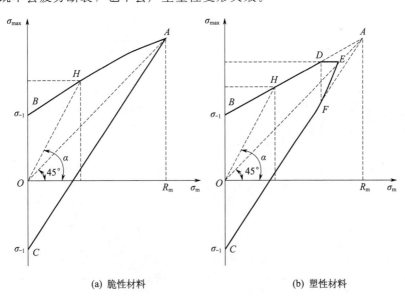

(a) 脆性材料　　　　　　　　　(b) 塑性材料

图 5-17　σ_{max}（σ_{min}）-σ_m 疲劳图

5.2.4.2 加载方式

同一材料在不同应力状态下测得的疲劳极限不相同，但是它们之间存在一定的联系。对称弯曲疲劳极限与对称拉压、扭转疲劳极限之间存在下列经验公式：

钢 $\qquad\qquad\qquad\qquad\qquad \sigma_{-1p}=0.85\sigma_{-1}$

铸铁 $\qquad\qquad\qquad\qquad\quad \sigma_{-1p}=0.65\sigma_{-1}$

$\qquad\qquad\qquad\qquad\qquad\quad \tau_{-1}=0.8\sigma_{-1}$

铜及轻合金 $\qquad\qquad\qquad\quad \tau_{-1}=0.55\sigma_{-1}$

式中 $\quad \sigma_{-1p}$——对称拉压疲劳极限；

$\qquad \tau_{-1}$——对称扭转疲劳极限；

$\qquad \sigma_{-1}$——对称弯曲疲劳极限。

通常，同一材料的疲劳极限是 $\sigma_{-1}>\sigma_{-1p}>\tau_{-1}$，一般要求疲劳极限是 σ_{-1}，若需要使用拉压疲劳极限或扭转疲劳极限时，最好做该应力状态下的疲劳试验，但在许多情况下可以根据上述经验公式估算。

另外，在工程构件中，复杂应力状态下的循环载荷很常见。一些示例是由于管道中的循环压力、组合弯曲和扭转，以及板材绕不止一个轴的弯曲而产生的双轴应力。产生平均应力的稳定施加载荷也可能与此类多轴循环载荷相结合，不同的循环加载源可能相位、频率不同，或两者均不同。例如，如果在循环压力下对薄壁管施加稳态弯曲应力，则在两个方向上存在不同的应力幅值和平均应力，如图 5-18 所示。轴向和环向是主应力的方向，并且随着压力波动而保持不变。

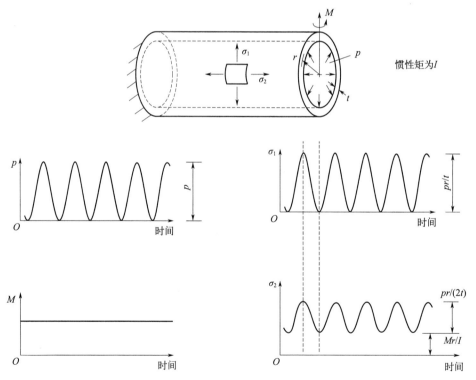

图 5-18 具有封闭端部的薄壁管的组合循环压力和稳态弯曲

如果取而代之的是施加稳态扭力，则会出现更复杂的情况，如图 5-19 所示。当压力瞬间为零时，主应力方向由剪应力控制，并与管轴成 45°。然而，对于非零压力值，这些方向会旋转至接近轴向和环向，但不会重合，除了压力引起的应力 σ_x 和 σ_y 存在很大的极限情况外，与扭转引起的 τ_{xy} 相比，可能存在额外的复杂性。例如，图 5-18 中的弯矩或图 5-19 中的扭矩也可能是循环载荷，弯曲或扭转的循环频率可能不同于压力的循环频率。

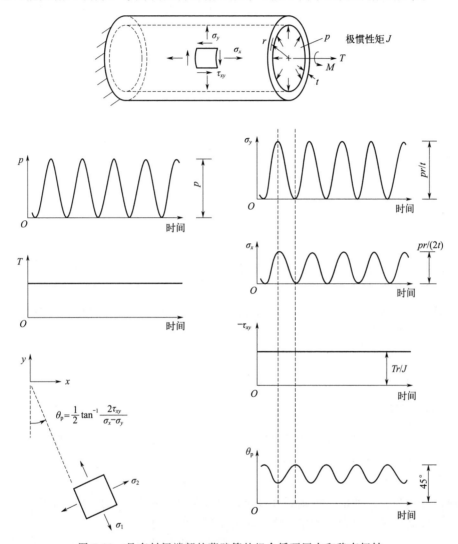

图 5-19　具有封闭端部的薄壁管的组合循环压力和稳态扭转

考虑一种简单的情况，其中所有循环负载都完全相反并且具有相同的频率，并且它们彼此同相或 180°异相。此外，假设目前不存在稳态（非周期性）负载。对于韧性金属材料，在这种情况下假设疲劳寿命由八面体剪切应力的循环振幅控制是合理的。然后可以使用主应力的振幅 σ_{1a}、σ_{2a} 和 σ_{3a} 来计算等效应力振幅 $\bar{\sigma}_a$，大小类似于八面体剪切屈服准则关系：

$$\bar{\sigma}_a = \frac{1}{\sqrt{2}} \sqrt{(\sigma_{1a} - \sigma_{2a})^2 + (\sigma_{2a} - \sigma_{3a})^2 + (\sigma_{3a} - \sigma_{1a})^2} \qquad (5\text{-}12)$$

在公式中，所有的应力量均为振幅。在应用该公式时，保持同相的振幅为正、异相的振幅为负即可。

然后，通过输入 $\bar{\sigma}_a$ 的拉压单轴循环应力的 S-N 曲线来估算寿命。

如果存在稳态（非循环）载荷，这些载荷会以类似于单轴载荷下存在平均应力效应的方式改变等效应力幅值 $\bar{\sigma}_a$。一种处理方法是假设控制平均应力变量与静水应力的稳定值成比例。在此基础上，可以根据三个主应力平均值计算出等效平均应力 $\bar{\sigma}_m$：

$$\bar{\sigma}_m = \sigma_{1m} + \sigma_{2m} + \sigma_{3m} \tag{5-13}$$

根据应力不变量，可以根据坐标轴的应力分量的幅值和均值来计算等效应力幅值和均值：

$$\begin{cases} \bar{\sigma}_a = \dfrac{1}{\sqrt{2}} \sqrt{(\sigma_{xa}-\sigma_{ya})^2 + (\sigma_{ya}-\sigma_{za})^2 + (\sigma_{za}-\sigma_{xa})^2 + 6(\tau_{xya}^2 + \tau_{yza}^2 + \tau_{zxa}^2)} \\ \bar{\sigma}_m = \sigma_{xm} + \sigma_{ym} + \sigma_{zm} \end{cases} \tag{5-14}$$

通过推广方程，$\bar{\sigma}_a$ 和 $\bar{\sigma}_m$ 表示的等效的拉压完全反向的单轴应力 σ_{ar} 与平均应力的关系为

$$\sigma_{ar} = \dfrac{\bar{\sigma}_a}{1 - \dfrac{\bar{\sigma}_m}{\sigma_f'}} \tag{5-15}$$

式中，σ_f' 为疲劳极限应力。σ_{ar} 的值可用于输入拉压完全反向的单轴应力 S-N 曲线，等效的多轴寿命便可确定。

对于纯剪切，与扭转一样，只有剪切应力的振幅和平均值 τ_{xya} 和 τ_{xym} 不为零。因此，式（5-14）可以简化为

$$\bar{\sigma}_a = \sqrt{3}\,\tau_{xya}, \bar{\sigma}_m = 0 \tag{5-16}$$

请注意，即使平均剪应力非零，$\bar{\sigma}_m$ 也为零。

5.2.4.3 加载历程

材料在实际使用中所承受的载荷可能并非某种单一恒幅循环载荷，而是较为复杂的变幅载荷，这种按某种规律随时间变化的载荷称为疲劳载荷谱，如图 5-20 所示。对于在疲劳载荷谱作用下的材料的疲劳性能的测定，可通过计算机模拟载荷谱加载来进行疲劳试验，也可先将载荷谱分解为一系列单一恒幅循环载荷，再按某种关系叠加来推断。由于前一种方法对试验系统有较高要求，故在工程中经常采用的是后一种方法。

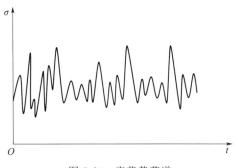

图 5-20 疲劳载荷谱

假定在循环载荷 S_1 作用下疲劳寿命为 N_1，则一次 S_1 循环导致寿命缩减 $1/N_1$，n_1 次 S_1 循环就导致寿命缩减 n_1/N_1（定义为损伤分量 D_1），当 n_1/N_1 达到临界值 1 时也就达到疲劳寿命极限。类似地，n_2 次 S_2 循环就导致寿命缩减 n_2/N_2，n_i 次 S_i 循环就导致寿命缩减 n_i/N_i 等，当 n 达到某一临界值时也就达到疲劳寿命极限，即

$$D = \sum_{i=1}^{m} D_i = \sum_{i=1}^{m} \frac{n_i}{N_i} = 1 \tag{5-17}$$

此即疲劳损伤累积的线性方程，称为 Miner 法则。显然该叠加方法没有考虑载荷谱中载荷的交互作用，是不完善的，但由于 Miner 法则使用方便，目前仍被广泛采用。其它的叠加方法有非线性疲劳累积损伤理论（Corten-Dolan 理论）和基于试验、观测的经验、半经验理论（Levy 理论、Kozin 理论）等。

金属在低于或者接近于疲劳强度的应力下运转一定循环次数后，会使其疲劳强度提高，这种现象称为次载锻炼。次载锻炼效果与加载应力和周次有关。通常认为，当次载锻炼周次一定时，塑性大的材料的次载锻炼的下限应力要高些；而强度高、塑性低的材料（如低温回火状态）只需要较少的锻炼周次，但调质状态却需要较多的锻炼周次。

在相同次载锻炼条件下，不同材料的疲劳性能变化不同，在选材时，也应考虑这个事实。有些新制成的机器在空载及不满载条件下磨合一段时间，一方面可以使运动配合部分啮合得更好；另一方面可以利用上述规律，提高零件的疲劳强度，延长使用寿命。

间歇对疲劳寿命也可能产生显著影响。具有强应变时效的 20、45 及 40Cr 钢在零载下间歇的疲劳寿命表明，每隔 25000 周次不加载间歇 5min 后的疲劳曲线与连续试验相比，向右上方移动，即疲劳寿命提高。试验表明，在应力接近或低于疲劳强度的低应力下不加载间歇，可显著提高疲劳寿命。

当偶尔的高应力循环与频繁的低应力循环相结合时，高应力水平往往会在循环 N 周次时引发疲劳损伤，而这只是该应力水平下失效寿命 N_f 的一小部分。因此，少量的剧烈循环可能导致损伤，然后在低于通常疲劳极限的应力下裂纹会进一步扩展至疲劳失效。

图 5-21 给出了一种低强度钢的试验数据。材料每经历 10^5 周次无过载应变循环便经历 1 次过载应变循环。尽管过载应变循环的累积寿命分数 $\sum N/N_f$ 仅超出总寿命分数的几个百分点，但它对材料的寿命却有显著影响。在疲劳极限 σ_{-1} 以下也会产生明显失效行为。试验结果表明，这种行为发生在所有具有明显疲劳极限的钢或其它金属中。

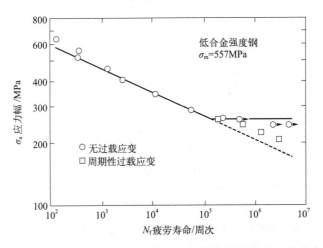

图 5-21 某低强度钢在平均应力为零的恒幅循环条件下的应力-疲劳寿命数据

也有研究表明，适当的过载峰会使裂纹扩展减慢或停滞一段时间，发生裂纹扩展停滞现象，并延长疲劳寿命。

5.2.4.4 环境和循环频率

恶劣的化学环境会加速疲劳裂纹的萌生和扩展。一种机制是腐蚀坑的发展，随后应力局部增加。在其它情况下，环境会通过化学反应和裂纹尖端材料的溶解使裂纹生长得更快。例如，在类似于海水的盐溶液中进行测试，会降低铝合金的疲劳强度，如图 5-22 所示。

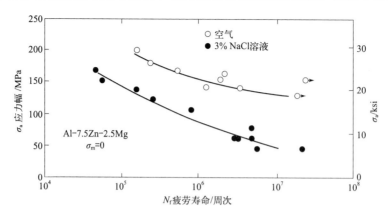

图 5-22　类似海水的盐溶液对铝合金弯曲疲劳行为的影响

甚至空气中的水分和气体也可以构成一个恶劣的环境，特别是在高温下。在高温下，随时间的延长，变形（蠕变）也更有可能发生，当与循环加载结合时，蠕变可能具有协同效应，显著降低疲劳寿命。一般来说，化学效应或热效应发生的时间越长，效果越好，导致疲劳寿命随循环频率的变化而变化，在较低的循环频率下，疲劳寿命较短。这种效应在图 5-23 中很明显可以看出。

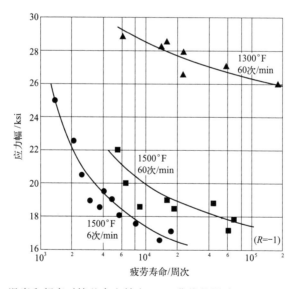

图 5-23　温度和频率对镍基合金轴向 S-N 曲线的影响（$t\,^{\circ}\mathrm{F}=32+1.8t\,^{\circ}\mathrm{C}$）

另一方面，低温对材料疲劳寿命也有显著影响。如图 5-24，ER8C 车轮材料的疲劳寿命随温度降低而增加，在 $-50\,^{\circ}\mathrm{C}$ 后疲劳寿命急剧增加。

聚合物在循环加载过程中温度可能升高，因为这些材料由于黏弹性变形而容易产生相当大的内能，这些内能必须以热量的形式消散。由于这种材料将热量传导到周围环境的能力很差，因此这种影响更加复杂。结果是 S-N 曲线不仅受到频率的影响，还受到试样厚度的影响，因为越薄的试样传导热量的效率越高。

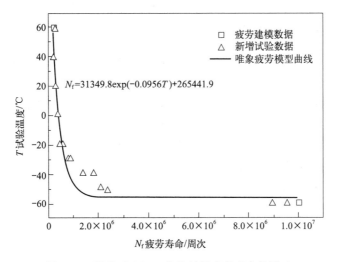

$N_f=31349.8\exp(-0.0956T)+265441.9$

图 5-24　温度对 ER8C 车轮材料疲劳寿命的影响

5.2.4.5　显微组织

显微组织或表面状况都有可能改变 S-N 曲线，特别是在长疲劳寿命时。在金属中，通常通过减小夹杂物和空隙的尺寸、晶粒尺寸和密集的位错网来增强抗疲劳性。黄铜的 S-N 曲线如图 5-25 所示。在这种材料中，通过拉拔冷变形增加位错密度，从而明显提高了疲劳强度。然而，通过退火获得大尺寸晶粒，明显降低了疲劳强度。

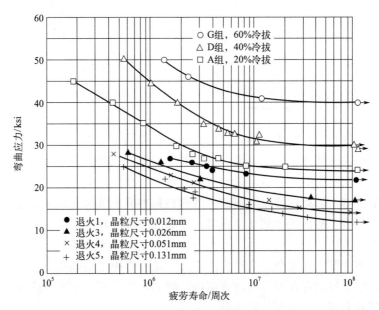

图 5-25　晶粒尺寸和冷加工对 70 Cu-30Zn 黄铜旋转弯曲 S-N 曲线的影响

材料的显微组织往往呈现各向异性特征。如：轧制的金属板结构，在应力垂直于这种拉长或层状晶粒结构的长轴方向时，疲劳抗力可能较低。类似的效果在纤维复合材料中尤其明显，其性能和结构高度依赖于应力方向。当大量的纤维平行于施加的应力时，材料抗疲劳性能更高。反之，当应力垂直于层压结构的平面时，材料抗疲劳性能降低。

5.2.4.6 残余应力和其它表面效应

材料中的内应力称为残余应力，其作用类似于外加的平均应力。残余压应力通常是有益的，其可以通过如下机制产生：首先，对材料的薄表面层进行拉伸，使其在张力下产生屈服；然后，基底材料试图通过弹性变形恢复其原始尺寸，从而迫使其表层产生压应力。一种常见的产生残余应力的方法是喷丸强化，通过用小的钢丸或玻璃丸轰击材料表面，使表面层产生塑性变形，从而形成残余压应力。另一种方法是预制，即通过充分的弯曲产生薄的表面弯曲层。预制特别适用于预期的弯曲应力主要作用在一个特定方向上的情况，例如：地面车辆悬架的钢板弹簧。预制和喷丸强化的不同组合对钢板弹簧弯曲疲劳的 S-N 曲线有显著影响，如图 5-26 所示。

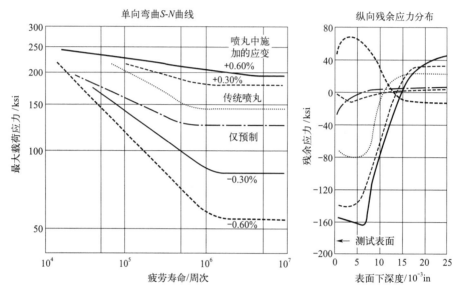

图 5-26 不同喷丸钢板弹簧的弯曲 S-N 曲线和残余应力分布（1in＝25.4mm）

虽然有些加工过程是有害的，因为它们会引入拉伸残余应力，但精细加工而产生的光滑表面通常会提高抗疲劳能力。一些表面处理，如钢的渗碳或渗氮，可能会改变材料表面的微观结构、化学成分或残余应力，从而影响抗疲劳性。再比如电镀，如镀镍或镀铬的钢，一般会引入拉伸残余应力，因此往往是有害的。沉积材料本身的抗疲劳性可能比基体差，因此裂纹很容易从表面开始，然后扩展到基体内部。镀后的喷丸处理可以改变这一点，使残余应力转变为压缩应力。

焊接后的几何变形不可避免地会产生内应力，此外常由于熔融状态下冷却不均匀而出现残余应力问题，甚至可能存在有害的微观结构，例如：孔隙或其它小缺陷等。因此，焊缝的存在通常会降低疲劳强度，需要特别注意。

小缺陷对疲劳强度的降低可以用 Takahashi-Kitagawa 图及 El-Haddad 模型［式（5-18）］进行分析处理，采用 Takahashi-Kitagawa 图分析焊缝缺陷对疲劳强度影响示例见图 5-27。但也应注意，即使尺寸相同，不同方式产生的缺陷对疲劳强度的损失是不同的，如图 5-28 所示，同等缺陷尺寸下压痕试件的疲劳强度高于电火花形成的缺口试件强度。由于压痕试件存在残余压应力，因此以上结果也同时反映了残余应力对疲劳强度的影响。

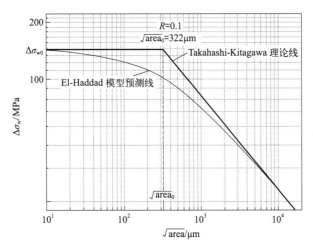

图 5-27 Takahashi-Kitagawa 理论线及 El-Haddad 预测曲线

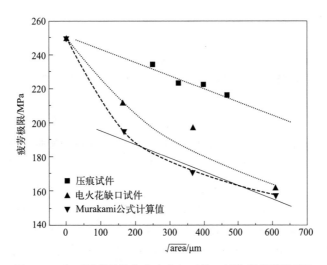

图 5-28 人工压痕试件和电火花加工缺口试件疲劳强度对比

$$\Delta\sigma_w = \Delta\sigma_{w0}\sqrt{\dfrac{\sqrt{area_0}}{\sqrt{area_0}+\sqrt{area}}} \tag{5-18}$$

式中，$\Delta\sigma_w$ 为含小缺陷试件疲劳强度范围；$\Delta\sigma_{w0}$ 为无缺陷试件疲劳强度范围；$\sqrt{area}$ 为非扩展裂纹面积平方根；$\sqrt{area_0}$ 为 El-Haddad 修正常数。

除此之外，缺口导致的应力集中缩短了疲劳寿命，即降低了 S-N 曲线。缺口曲率半径越小，弹性应力集中系数越高，疲劳寿命越短。图 5-29 显示了这种效应的一个例子。另一个重要的趋势是，缺口对高强度、有限延展性材料的影响相对更严重。

可用疲劳缺口系数 K_f ［定义见式（5-19）］反映缺口位置疲劳强度的下降程度，其值与应力集中系数、缺口根部半径以及材料性能有关。为了消除几何形状的影响，人们引入了疲劳缺口敏感系数 q_f，具体定义见式（5-20）。

$$K_f = \dfrac{\sigma_{-1}}{\sigma_{-1n}} \tag{5-19}$$

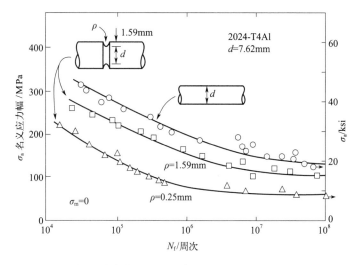

图 5-29 缺口曲率半径 ρ 对铝合金旋转弯曲 S-N 曲线的影响

$$q_f = \frac{K_f - 1}{K_t - 1} \tag{5-20}$$

式中，σ_{-1} 为光滑试样条件疲劳极限，σ_{-1n} 为缺口试样条件疲劳极限；K_t 为理论应力集中系数。

对于一般材料，通常 q_f 的值在 0～1 之间变化，q_f 值愈大，则疲劳缺口敏感性愈高。当 $q_f = 0$ 时，即 $K_f = 1$，说明疲劳强度或疲劳寿命不因缺口存在而降低，在这种情况下，疲劳中材料能够使应力重新分布，能完全消除应力集中，因此疲劳缺口敏感性最低；当 $q_f = 1$ 时，即 $K_f = K_t$，表示缺口试样疲劳中的应力分布与弹性状态是相同的，没有发生应力重新分配，因此疲劳缺口敏感性最高。结构钢的 q_f 值约为 0.6～0.8；粗晶粒钢约为 0.1～0.2；球墨铸铁约为 0.11～0.25；灰铸铁约为 0～0.05；高强铝合金在 0.8 以上。一般地，钢经过不同方式的热处理，可以获得不同的 q_f 值。强度或硬度增加则 q_f 值增大，因此，淬火＋回火的 q_f 值比正火、退火状态的大。

当缺口根部半径很小时，q_f 值急剧下降，并非常数。这是因为，缺口半径减小，K_t 增长很快，而 K_f 增长很慢，因而引起 q_f 值降低。当缺口根部半径较大时，才可将 q_f 近似地看作常数。可见，测定 q_f 时，应选取缺口根部半径较大的试样。

5.2.4.7 统计离散

如果在同一应力水平下进行多次疲劳试验，则疲劳寿命在统计上总是存在较大的离散性。如图 5-30 所示，S-N 数据说明了这一点。由于样品与样品之间在材料特性、内部缺陷尺寸和表面上的粗糙度差异，以及不完善的测试变量，如湿度和试样尺寸误差等，出现了数据的分散性。如果考虑到临近 N_f 失效周期附近的统计散点，通常会出现偏态分布特征，如图 5-31（左）所示。但是，如果将 N_f 的对数作为变量，则通常会得到一个比较对称的分布，如图 5-31（右）所示。因此，可以使用 $\lg N_f$ 的高斯（也称为正态）统计分布，这相当于 N_f 的对数正态分布。其它统计模型也可以使用，例如威布尔（Weibull）分布。$\lg N_f$ 中的散点几乎总是随着寿命的增加而增加，如图 5-30 所示。

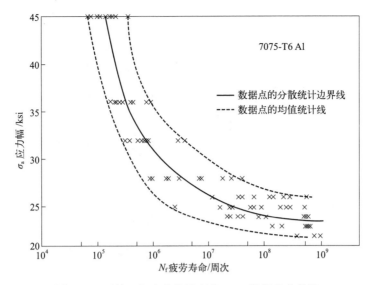

图 5-30　无缺口铝合金旋转弯曲 S-N 数据的分散性

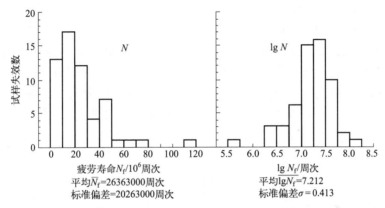

图 5-31　57 个 7075-T6 铝合金试样在 $\sigma_a = 207$MPa 旋转弯曲条件下的疲劳寿命分布

　　疲劳数据的统计分析允许建立平均 S-N 曲线，以及各种失效概率 P 的 S-N 曲线。图 5-32 给出了一个例子。这样一组 S-N-P 曲线详细统计了分散性。由于 S-N 曲线受到多种因素的影响，如表面光洁度、循环频率、温度、化学环境和残余应力，因此根据实验室数据确定的 S-N-P 曲线的失效概率应仅用来估计。在设计中通常需要额外的安全余量，以考虑这些数据中未包含的复杂性和不确定性。

5.2.5　疲劳极限与静强度间的关系

　　疲劳性能与拉伸性能是金属材料工程应用的关键指标，建立二者之间的定量关系，实现金属材料不同力学性能之间关系的定量预测是金属结构材料领域重要研究目标之一。

　　回顾疲劳理论的发展历史，疲劳模型的发展总是与当时的材料强化理论和技术有着紧密的联系，并反过来推动了疲劳强度优化的进程。在初期，材料强度较低，疲劳模型主要建立在一般趋势上。其中，最具代表性的工作可以追溯到 1870 年左右 Wöhler 提出的疲劳强度与抗拉强度的比例关系，如式（5-21）所示：

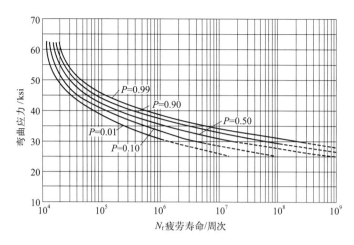

图 5-32　7075-T6 铝合金不同失效概率 P 的旋转弯曲 S-N 曲线

$$\frac{\sigma_{-1}}{R_{m}} = m_{e} \tag{5-21}$$

式中，σ_{-1} 和 R_{m} 分别为疲劳强度和抗拉强度。对于确定的材料，m_{e} 是一个常数（一般为 0.3～0.5）。钢的光滑试样疲劳极限通常约为抗拉强度的一半，如图 5-33 所示。在高强度水平下，大多数钢的延展性有限，该值低于 $0.5R_{m}$。其它金属也存在类似的相关性，但疲劳极限通常低于抗拉强度的一半，例如图 5-34 所示的变形铝合金。随着抗拉强度的进一步提高，疲劳强度也变得更加分散，甚至下降，这一趋势完全背离了上式的线性关系，如图 5-35 所示。其原因是强度较高时，因材料塑性和断裂韧性下降，裂纹易于形成和扩展所致。

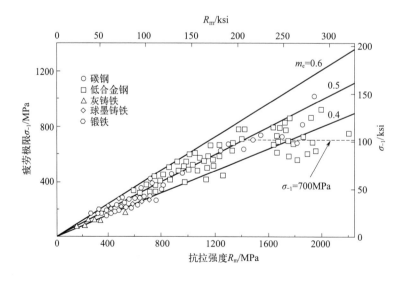

图 5-33　黑色金属抛光试样的旋转弯曲疲劳极限

为了建立更加准确的结构材料的疲劳性能与拉伸性能之间的定量关系，在铜铝单相合金的高周疲劳强度与拉伸性能系统性研究的基础上，通过引入合金成分、微观组织与宏观缺陷

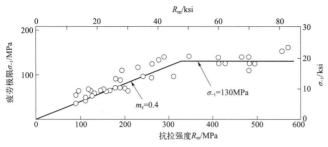

图 5-34　常用锻造铝合金（1100、2014、2024、
3003、5052、6061、6063 和 7075）旋转弯曲
疲劳强度（疲劳寿命为 5×10^8 周次）与抗拉强度关系

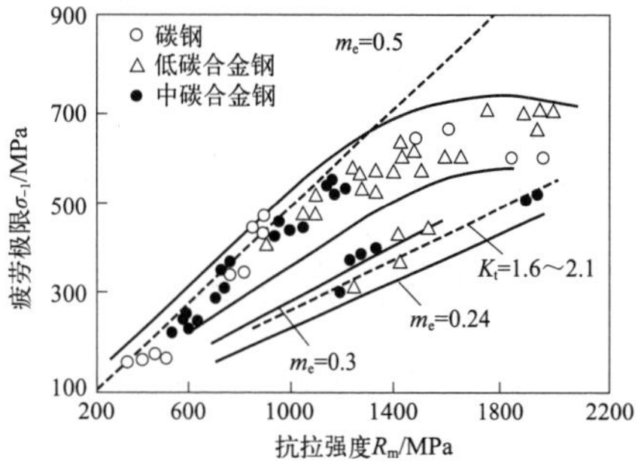

图 5-35　钢的疲劳强度与抗拉强度关系

参数，建立以下金属结构材料高周疲劳强度的预测模型：

$$\sigma_{-1} = \frac{R_{p0.2}}{\omega}\left(C - \frac{R_{p0.2}}{R_m}\right) \tag{5-22}$$

式中，参数 C 代表合金成分（或弹性模量）对疲劳强度的影响；参数 ω 反映了宏观缺陷对疲劳强度的影响。该高周疲劳强度预测模型得到了钢铁材料、铝合金、铜合金、钛合金、镁合金等 20 余种典型结构材料的系统性疲劳试验的验证。另有以下计算疲劳极限的经验公式供参考：

结构钢　　　　　　　$\sigma_{-1p} = 0.23(R_{p0.2} + R_m)$

　　　　　　　　　　$\sigma_{-1} = 0.27(R_{p0.2} + R_m)$

铸铁　　　　　　　　$\sigma_{-1p} = 0.4R_m$

　　　　　　　　　　$\sigma_{-1} = 0.45R_m$

铝合金　　　　　　　$\sigma_{-1p} = \frac{1}{6}R_m + 7.5\text{MPa}$

　　　　　　　　　　$\sigma_{-1} = \frac{1}{6}R_m - 7.5\text{MPa}$

青铜　　　　　　　　$\sigma_{-1} = 0.21R_m$

5.3　低周疲劳

　　基于应变的方法最初在 20 世纪 50 年代末和 60 年代初被开发，以满足分析涉及相对较短疲劳寿命的疲劳问题的需求。当在循环加载过程中出现相当大的塑性变形时，例如高应力幅值或应力集中，会使疲劳寿命明显缩短。此种情况下疲劳设计不可避免地需要所谓的低周疲劳（LCF）方法。最初的应用领域包括核反应堆和喷气发动机，特别是与它们的运行周期相关的循环载荷，尤其是循环热应力。随后，人们逐渐认识到许多机器、车辆和结构的服役载荷包括偶尔发生的严重事件，最好使用基于应变的方法来评估。例如：汽车悬挂零件由于坑洼、高速转弯或异常崎岖的道路引起的负荷，电力系统的瞬态干扰，在发电厂的汽轮机和发电机中产生大的机械振动，风暴引起的作用在飞机上的负荷，以及战斗机的机动引起的负荷等。

基于应变的疲劳考虑了在疲劳裂纹开始形成的局部区域可能发生的塑性变形,例如梁的边缘和应力集中部位。这个方法可用于考虑涉及局部屈服的疲劳情况,在较短寿命下这通常是对韧性金属而言。然而,这种方法也适用于长寿命下几乎没有塑性的情况,因此它是一种综合性方法,可以代替基于应力的方法。

5.3.1 循环应力-应变曲线

低周疲劳时,因局部区域产生宏观塑性变形,故循环应力与应变之间不再成直线关系,形成如图 5-36 所示的回线。如图所示,开始加载时,曲线沿 OAB 进行,卸载时沿 BC 进行;反向加载时沿 CD 进行,从 D 点卸载时沿 DE 进行,再次拉伸时沿 EB 进行。如此循环经过一定周次(通常不超过 100 周次)后,就形成图示的稳定状态滞后回线。图中 $\Delta\varepsilon_t$ 为总应变范围,$\Delta\varepsilon_p$ 为塑性应变范围,$\Delta\varepsilon_e$ 为弹性应变范围,$\Delta\varepsilon_t = \Delta\varepsilon_p + \Delta\varepsilon_e$。滞后回线的面积表征材料所接收的塑性变形功,其中一部分被材料以塑性变形方式吸收,一部分以热的方式耗散。回线面积越大,材料抵抗循环塑性变形的能力就越强。

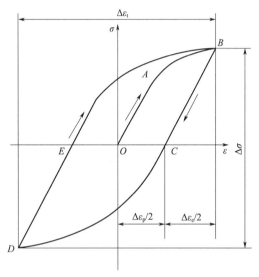

图 5-36 低周疲劳应力-应变回线

低周疲劳试验时,或者控制总应变范围,或者控制塑性应变范围,在给定 $\Delta\varepsilon_t$ 或 $\Delta\varepsilon_p$ 下测定疲劳寿命。试验结果处理用 $\Delta\varepsilon_t/2$-$2N_f$ 或 $\Delta\varepsilon_p/2$-$2N_f$ 曲线来描述材料的低周疲劳规律。$\Delta\varepsilon_t/2$ 和 $\Delta\varepsilon_p/2$ 分别为总应变幅和塑性应变幅。

低周疲劳破坏通常有几个裂纹源,这是由于应力比较大,裂纹容易在多处形核,其形核期较短,只占总寿命的 10%。低周疲劳微观断口的疲劳条带较粗,间距也宽一些,并且常常不连续。在许多合金中,特别是在超高强度钢中,可能不出现条带。在某些金属材料中,只有破坏的应力循环 ≥1000 周次时才会出现疲劳条带。破坏的应力循环在 90 周次以下时,断口呈韧窝状;大于 100 周次时,还会出现轮胎花样。

低周疲劳寿命取决于塑性应变幅,而高周疲劳寿命则取决于应力幅或应力场强度因子范围,但两者都是循环塑性变形累积损伤的结果。

金属承受恒定应变范围循环加载时,循环开始的应力-应变滞后回线是不封闭的,只有经过一定周次后才形成封闭滞后回线。金属材料由循环开始状态变成稳定状态的过程,与其在循环应变作用下的形变抗力变化有关。这种变化有两种情况,即循环硬化和循环软化。如图 5-37 所示,若金属材料在恒定应变范围循环作用下,随循环周次增加其应力(形变抗力)不断增加,即为循环硬化;若在循环过程中,应力逐渐减小,则为循环软化。不论是产生循环硬化的材料,还是产生循环软化的材料,它们的应力-应变滞后回线只有在应力循环周次达到一定值后才是闭合的,此时即达到循环稳定状态,许多金属在 100 周次内即可达到此状态。对于每一个固定的应变范围,都能得到相应的稳定滞后回线。将不同应变范围的稳定滞后回线的顶点连接起来,便得到一条如图 5-38 所示的循环应力-应变曲线。比较循环应力-应变曲线和单次应力-应变曲线,可以判断循环应变对材料性能的影响。因此，循环应力-应变曲线和下面将要介绍的应变-寿命曲线都是评定材料低周疲劳特性的曲线。

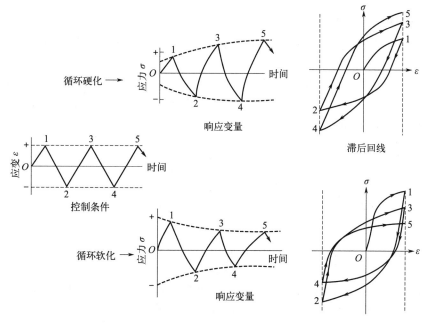

图 5-37　材料应变循环响应

由此可见，循环应变会导致材料形变抗力发生变化，使材料的强度变得不稳定，特别是由循环软化材料制作的零件，在承受大应力循环使用过程中，将因循环软化产生过量的塑性变形而使零件破坏。因此，承受低周大应变的零件，应该选用循环稳定或循环硬化材料。

金属材料产生循环硬化还是循环软化取决于材料的初始状态、结构特性以及应变幅和温度等。退火状态的塑性材料往往表现为循环硬化，而加工硬化的材料往往是循环软化。试验发现，循环应变对材料性能的影响与它的 $R_m/R_{p0.2}$ 比值有关。总体而言，材料的 $R_m/R_{p0.2} > 1.4$ 时表现为循环硬化；而 $R_m/R_{p0.2} < 1.2$ 时则表现为循环软化；$R_m/R_{p0.2}$ 比值在 1.2～1.4

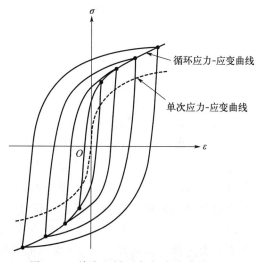

图 5-38　单次和循环应力-应变曲线对比

之间的材料，一般没有大的硬度变化。也可用应变硬化指数 n 来判断循环应变对材料性能的影响，当 $n < 0.15$ 时，材料表现为循环软化；当 $n > 0.15$ 时，材料表现为循环硬化或循环稳定。

循环硬化和循环软化现象与位错循环运动有关。在一些退火软金属中，在恒应变幅的循环载荷下，由于位错往复运动和交互作用，产生了阻碍位错继续运动的阻力，从而产生循环硬化。在冷加工后的金属中，充满位错缠结和障碍，这些障碍在循环加载中被破坏，或在一些沉淀强化不稳定的合金中，由于沉淀结构在循环加载中被破坏，且它们均可导致循环软化。

5.3.2 应变-疲劳寿命曲线

应变-疲劳寿命（ε-N）曲线用来描述低周疲劳中应变幅值与失效循环数之间的关系，其与描述高周疲劳行为的 S-N 曲线相似。

应变-疲劳寿命曲线是从疲劳测试中得出的，这些测试在应变比 $R_e = -1$ 下单轴循环加载进行（参见 GB/T 26077—2021《金属材料 疲劳试验 轴向应变控制方法》）。通常情况下，疲劳寿命 N_f 指的是试样发生明显开裂时的循环次数。在每次测试中，从滞后回线

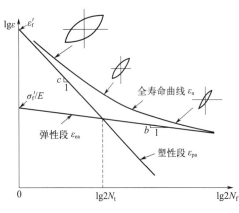

图 5-39　应变-疲劳寿命曲线

中测量应力幅值、应变幅值和塑性应变的幅值（通常表示为 σ_a、ε_a、ε_{pa}），通常选择特定滞后回线，即在疲劳寿命的近似一半的循环数附近获取，因为这被认为代表了大多数与循环相关的硬化或软化效应发生后的近似稳定的阶段。图 5-39 展示了以对数坐标绘制的应变-疲劳寿命曲线的示意图。

于是，应变幅值 ε_a 可以分为弹性部分和塑性部分，如下所示：

$$\varepsilon_a = \varepsilon_{ea} + \varepsilon_{pa} \tag{5-23}$$

式中，ε_a，ε_{ea}，ε_{pa} 为应力-应变滞后回线中总应变范围 $\Delta\varepsilon_t$、弹性应变范围 $\Delta\varepsilon_e$、塑性应变范围 $\Delta\varepsilon_p$ 的一半；$\varepsilon_{ea} = \sigma_a/E$，其中 σ_a 为应力幅值，E 为材料的弹性模量。

如果将来自多个测试的数据绘制在一张图上，弹性应变通常在应变-疲劳寿命双对数图上呈现出低斜率的直线，而塑性应变则呈现出较陡斜率的直线。两条直线存在一个交点，交点对应的寿命称为过渡寿命（$2N_t$），在交点左侧，塑性应变幅起主导作用，材料的疲劳寿命由塑性控制；在交点右侧，弹性应变幅起主导作用，材料的疲劳寿命由强度决定，故可以交点划分低周和高周疲劳，此划分方法比以 $10^2 \sim 10^5$ 周次分界划分要合理得多。在选择零件材料和工艺时，应区分零件服役条件属于高周还是低周疲劳，若属于前者，应主要考虑材料的强度；如属于后者，则应在保持一定强度基础上尽量选用塑性好的材料。过渡寿命也是材料的疲劳性能指标，在设计与选材方面具有重要意义，其值与材料性能有关。一般情况下，提高材料强度，过渡寿命减小；提高材料塑性和韧性，过渡寿命增大。高强度材料过渡寿命可能少至 10 次，低强度材料则可能超过 10^5 次。

通过对以上两直线进行拟合，得到如下方程：

$$\varepsilon_{ea} = \frac{\sigma_a}{E} = \frac{\sigma'_f}{E}(2N_f)^b$$

$$\varepsilon_{pa} = \varepsilon'_f(2N_f)^c \tag{5-24}$$

式（5-24）中，b 和 c 是应变-疲劳寿命双对数图 5-39 中的斜率。截距常数 σ'_f/E 和 ε'_f 则按照惯例在 $N_f = 0.5$ 周次时进行确定，因此需要在方程中使用（$2N_f$）来表述。

将式（5-23）和式（5-24）合并，得到总应变幅值 ε_a 与寿命之间的关系：

$$\varepsilon_a = \frac{\sigma'_f}{E}(2N_f)^b + \varepsilon'_f(2N_f)^c \tag{5-25}$$

常量 σ'_f，b，ε'_f 和 c 为材料特性。上述方程对应于图 5-39 中的全寿命曲线。要获得对于给定 σ_a 值的 N_f，需要进行图形法或数值法求解。该公式由 L. F. Coffin 和 S. S. Manson 提出，通常称为 Coffin-Manson 公式。

基于应力-疲劳寿命方法的应用，需要评估平均应力效应。特别是，如果平均应力不为零，就需要修正完全反向加载的应变-疲劳寿命曲线。J. Morrow 提出了一个考虑平均应力的式（5-25）的修正公式，即 Morrow 平均应力方程，如下：

$$\varepsilon_a = \frac{\sigma'_f}{E}\left(1 - \frac{\sigma_m}{\sigma'_f}\right)(2N_f)^b + \varepsilon'_f\left(1 - \frac{\sigma_m}{\sigma'_f}\right)^{\frac{c}{b}}(2N_f)^c \tag{5-26}$$

如图 5-40 所示，其显示了合金钢的测试数据，说明了平均应力效应。

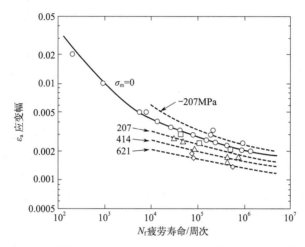

图 5-40　平均应力对 AISI 4340 钢应变-疲劳寿命曲线的影响
（虚线曲线来自 Morrow 平均应力方程）

5.3.3　含缺口零件疲劳寿命估算

光滑试样低周疲劳试验结果的另一个重要用途，就是用以估算缺口零件的疲劳寿命。

现做如下基本假设：如果光滑试样和缺口零件缺口根部区经受相同的循环应力应变历程，则形成同样累积损伤所需的加载循环周次应该相同。根据这一假设提出的估算缺口零件疲劳寿命的方法，称为局部应变法。它是将缺口根部局部的应力应变与零件所受名义应力联系起来，以估算疲劳寿命的方法。这种方法分两个步骤：一是根据缺口零件所受名义应力确定缺口根部区局部的应力和应变；二是由局部应力和应变估算疲劳寿命。

第一步，应用 Neuber 规则。该规则认为，在缺口根部区处于弹塑性状态时，理论应力集中系数 K_t 等于实际应力集中系数 K_σ 和实际应变集中系数 K_ε 的几何平均值，并且可以推广应用于低周疲劳，即

$$K_t = (K_\sigma K_\varepsilon)^{1/2} \tag{5-27}$$

式中，$K_\sigma = \dfrac{\Delta\sigma_{实}}{\Delta\sigma_{名}}$，$K_\varepsilon = \dfrac{\Delta\varepsilon_{实}}{\Delta\varepsilon_{名}}$；$\Delta\sigma_{名}$ 和 $\Delta\varepsilon_{名}$ 为缺口零件承受的名义应力范围和名义应变范围；$\Delta\sigma_{实}$ 和 $\Delta\varepsilon_{实}$ 为缺口根部区局部的实际应力范围和实际应变范围。代入式（5-27），得

$$K_t = \left(\frac{\Delta\sigma_{实}}{\Delta\sigma_{名}}\frac{\Delta\varepsilon_{实}}{\Delta\varepsilon_{名}}\right)^{1/2} \tag{5-28}$$

如果缺口根部区处于弹性状态,则式(5-28)可改写为

$$\Delta\sigma_{实}\cdot\Delta\varepsilon_{实} = (\Delta\sigma_{名}\cdot K_t)^2/E \tag{5-29}$$

当名义应力范围$\Delta\sigma_{名}$保持恒定时,则式(5-29)等号右边为常数,即该式为等轴双曲线方程。所以,由Neuber规则确定的局部应力范围和应变范围呈双曲线变化。

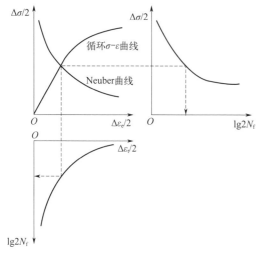

图5-41 估算缺口零件疲劳寿命的示意图

当材料给定时,材料就有确定的循环应力-应变曲线。由于缺口根部区的局部应力-应变必须与材料的循环应力-应变行为一致,所以两条曲线的交点决定的应力和应变就是零件缺口根部区的局部应力和应变(图5-41)。

第二步,根据所得的局部应变范围,从光滑试样测得的材料$\Delta\varepsilon_t/2$-$2N_f$曲线上求得估算的缺口零件疲劳寿命(图5-41)。如果局部应变范围较低,也可用$\Delta\sigma/2$-$2N_f$曲线(S-N曲线)估算疲劳寿命。

由Neuber规则预测一些材料的缺口疲劳行为,有一定的精确度,但它忽略了疲劳裂纹扩展阶段及残余应力的影响等,所以该规则估算的疲劳寿命是疲劳裂纹萌生寿命。

Topper等在应用Neuber规则时,用疲劳缺口系数K_f代替理论应力集中系数K_t,使公式成为$K_f = (K_\sigma K_\varepsilon)^{1/2}$,可以有效地估算各种钢材缺口件的疲劳寿命。

5.4 疲劳裂纹扩展

裂纹的存在易造成脆性断裂,继而显著降低工程零件的强度。然而,最初存在危险的裂纹是不常见的。更为常见的情况是,在循环载荷作用下,零件缺陷处萌生出小裂纹,并逐渐长大,直至达到临界尺寸,产生断裂,即疲劳裂纹的扩展。裂纹扩展区在疲劳断口上占有很大比例,是决定零件整个疲劳寿命的重要组成部分,对于含有原始裂纹或缺陷的实际零件来说,裂纹扩展更为重要。因此,对含缺陷的零件,为了预防破坏,对裂纹扩展过程的规律和影响因素进行研究非常必要。疲劳裂纹扩展的分析和预测对于大型工程项目具有重要意义,尤其是在安全性要求很高的情况下,如高速列车、大型飞机、核电站零件等设计中。

5.4.1 疲劳裂纹扩展曲线

疲劳裂纹扩展曲线(a-N曲线)采用疲劳试验机在固定应力比R和应力范围$\Delta\sigma$条件下对标准试样进行循环加载获得,如图5-42所示。由图可见,在一定循环应力条件下,疲劳裂纹扩展时其长度a不断增长。曲线的斜率表示疲劳裂纹扩展速率$\frac{da}{dN}$,即每循环一次,裂

纹扩展的距离也不断增加。当加载循环周次达到 N_p 时，a 长大到临界裂纹尺寸 a_c，$\dfrac{da}{dN}$ 增大到无限大，裂纹失稳扩展，试样最后断裂。若改变应力，将 $\Delta\sigma_1$ 增加到 $\Delta\sigma_2$，则裂纹扩展加快，曲线位置向左上方移动，a_c 和 N_p 都相应减小。

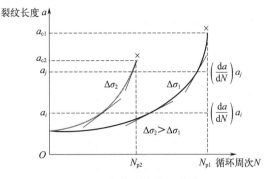

图 5-42　疲劳裂纹扩展曲线

5.4.2　疲劳裂纹扩展速率

5.4.2.1　疲劳裂纹扩展速率曲线

图 5-43 表明，材料的疲劳裂纹扩展速率 $\dfrac{da}{dN}$ 不仅与应力水平有关，而且与裂纹尺寸有关，将应力范围 $\Delta\sigma$ 和 a 复合为应力强度因子范围 ΔK，$\Delta K = K_{\max} - K_{\min} = Y\sigma_{\max}\sqrt{a} - Y\sigma_{\min}\sqrt{a} = Y\Delta\sigma\sqrt{a}$。若将疲劳裂纹扩展的每一微小过程视为裂纹体小区域的断裂过程，则 ΔK 就是在裂纹尖端控制裂纹扩展的复合力学参量，从而可建立由 ΔK 起控制作用的 $\dfrac{da}{dN}$-ΔK 曲线（纵、横坐标均用对数表示，见图 5-43）。曲线分为Ⅰ、Ⅱ、Ⅲ三个区段。在Ⅰ、Ⅲ区，ΔK 对 $\dfrac{da}{dN}$ 影响较大；在Ⅱ区，ΔK 与 $\dfrac{da}{dN}$ 之间呈幂函数关系。

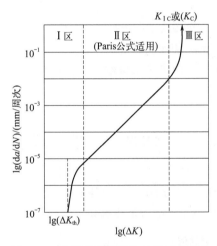

图 5-43　典型的疲劳裂纹扩展速率曲线

Ⅰ区是疲劳裂纹初始扩展阶段，$\dfrac{da}{dN}$ 值很小，为 $10^{-8} \sim 10^{-6}$ mm/周次。从 ΔK_{th} 开始，随 ΔK 增加，$\dfrac{da}{dN}$ 快速提高，但因 ΔK 变化范围很小，所以 $\dfrac{da}{dN}$ 提高有限，扩展寿命占比不大。在低扩展速率阶段，曲线通常变得陡峭，接近 ΔK_{th} 的垂直渐近线，这称为疲劳裂纹扩展门槛值（或阈值）。该量为应力强度因子 K 的下限值，低于该值，疲劳裂纹通常不会扩展。

Ⅱ区是疲劳裂纹扩展的主要阶段，占据亚稳扩展的绝大部分，是疲劳裂纹扩展寿命的主要组成部分。因此，Ⅱ区的 $\dfrac{da}{dN}$ 是估算裂纹体剩余寿命的依据。这一区段的 $\dfrac{da}{dN}$ 较大，为 $10^{-5} \sim 10^{-2}$ mm/周次，且 ΔK 变化范围大，扩展寿命长。

Ⅲ区是疲劳裂纹扩展的最后阶段，$\dfrac{da}{dN}$ 很大，并随 ΔK 增加而很快地增大，只需扩展很少周次即会导致材料失稳断裂。这种行为可能发生在塑性区域较小的情况下，在这种情况下，曲线接近对应于 $K_{\max} = K_c$ 的渐近线。高 ΔK 下的快速不稳定生长，有时使材料恰好处于完全的塑性屈服阶段，在这种情况下，对曲线的这一部分使用 ΔK 是不合适的，因为超出了 K 概念的理论限制。

5.4.2.2 疲劳裂纹扩展门槛值

由图 5-43 可见，在 I 区，当 $\Delta K \leqslant \Delta K_{th}$ 时，$\dfrac{\mathrm{d}a}{\mathrm{d}N} = 0$，表示裂纹不扩展；只有当 $\Delta K > \Delta K_{th}$ 时，$\dfrac{\mathrm{d}a}{\mathrm{d}N} > 0$，疲劳裂纹才开始扩展。因此，$\Delta K_{th}$ 是疲劳裂纹不扩展的 ΔK 临界值，称为疲劳裂纹扩展应力强度因子范围门槛值（简称疲劳门槛值）。ΔK_{th} 表示材料阻止疲劳裂纹开始扩展的性能，也是材料的力学性能指标，其值越大，阻止疲劳裂纹开始扩展的能力就越大，材料就越好。ΔK_{th} 的单位和 K 相同，也是 $\mathrm{MN \cdot m^{-3/2}}$ 或 $\mathrm{MPa \cdot m^{1/2}}$。

ΔK_{th} 与疲劳极限 σ_{-1} 有些相似，都是表示无限寿命的疲劳性能，也都受材料成分和组织、载荷条件及环境因素等影响；但 σ_{-1} 是光滑试样的无限寿命疲劳强度，用于传统的疲劳强度设计及校核；ΔK_{th} 是裂纹试样的无限寿命疲劳性能，适用于裂纹件的设计和校核。

根据 ΔK_{th} 的定义可以建立裂纹件不发生疲劳断裂（无限寿命）的校核公式：

$$\Delta K = Y \Delta\sigma \sqrt{a} \leqslant \Delta K_{th} \tag{5-30}$$

利用式（5-30），即可在 ΔK_{th}、a、$\Delta\sigma$ 三个参量中两个已知的情况下去求另一个。如已知裂纹件的裂纹尺寸 a 和材料的疲劳门槛值，即可求得该件无限疲劳寿命的承载能力为

$$\Delta\sigma \leqslant \frac{\Delta K_{th}}{Y\sqrt{a}} \tag{5-31}$$

式（5-31）中，$\Delta\sigma$ 为在疲劳门槛值状态下按有裂纹计算的名义应力范围（其下标 th 常省略），其意义和裂纹疲劳极限相当。此处的 $\Delta\sigma$ 一般小于光滑试样的疲劳极限 σ_{-1}。

若已知裂纹件的工作载荷 $\Delta\sigma$ 和材料的疲劳门槛值 ΔK_{th}，即可求得裂纹的允许尺寸

$$a < \frac{1}{Y^2}\left(\frac{\Delta K_{th}}{\Delta\sigma}\right)^2 \tag{5-32}$$

实际在测定材料 ΔK_{th} 时很难做到 $\dfrac{\mathrm{d}a}{\mathrm{d}N} = 0$ 的情况，因此试验时，常规定以 $\dfrac{\mathrm{d}a}{\mathrm{d}N} = 10^{-7}\,\mathrm{mm}$/周次所对应的 ΔK 作为 ΔK_{th}（参见 GB/T 6398—2017）。

工程金属材料的 ΔK_{th} 值很小，为 $5\% \sim 10\% K_{IC}$，例如钢的 $\Delta K_{th} \leqslant 9\,\mathrm{MPa \cdot m^{1/2}}$，铝合金的 $\Delta K_{th} \leqslant 4\,\mathrm{MPa \cdot m^{1/2}}$。表 5-2 为几种工程金属材料的 ΔK_{th} 测定值供参考。

表 5-2　几种工程金属材料的 ΔK_{th} 测定值

材料	ΔK_{th}/(MPa·m$^{1/2}$)	材料	ΔK_{th}/(MPa·m$^{1/2}$)
低合金钢	6.6	纯铜	2.5
18-8 不锈钢	6.0	60/40 黄铜	3.5
纯铝	1.7	纯镍	7.9
铝合金（4.5%铜）	2.1	镍基合金	7.1

5.4.2.3 疲劳裂纹扩展速率表达式

在 da/dN-ΔK 对数图（图 5-43）的中间位置通常有一条直线，表示这条线的关系是

$$\frac{\mathrm{d}a}{\mathrm{d}N} = C(\Delta K)^m \tag{5-33}$$

式（5-33）中，C 是常数，m 是双对数图上的斜率。该方程由保罗·帕里斯（Paul Paris）在 20 世纪 60 年代提出，故常称 Paris 公式。

韧性材料的指数 m 通常在 $2\sim4$ 的范围内，但脆性材料的指数 m 会更高，有时甚至会大于 10。Barsom 为多种钢材确定了适用于式（5-33）中的常数 C 和 m，如表 5-3 所示。

表 5-3　$R\approx0$ 时钢材 da/dN 与 ΔK 曲线中的常数取值

钢种	$C\Big/\dfrac{\text{mm/周次}}{(\text{MPa}\sqrt{\text{m}})^m}$	m
铁素体-珠光体钢	6.89×10^{-9}	3.0
马氏体钢	1.36×10^{-7}	2.25
奥氏体钢	5.61×10^{-9}	3.25

铝合金的 da/dN 分散度较大，m 值为 $2\sim7$；典型的航空高强铝合金，其 Paris 公式为 $\mathrm{d}a/\mathrm{d}N=1.6\times10^{-1}(\Delta K)^{3.0}$。

m 值很重要，因为它表示生长速率对应力的敏感程度。例如，$m=3$ 时，应力范围 $\Delta\sigma$ 增加一倍，使应力强度范围 ΔK 增加一倍，从而使裂纹扩展速率增加了 $2^m=8$ 倍。

Paris 公式可以描述各种材料和各种试验条件下的疲劳裂纹扩展规律，为疲劳零件的设计或失效分析提供了有效的寿命估算方法。但 Paris 公式一般只适用于低应力（$R_\mathrm{m}>\sigma\geqslant\sigma_{-1}$）、低扩展速率（$\dfrac{\mathrm{d}a}{\mathrm{d}N}<10^{-2}\,\text{mm/周次}$）的范围及较长疲劳寿命（$N_\mathrm{f}>10^4$ 周次），即所谓的高周疲劳场合。

5.4.3　影响疲劳裂纹扩展的主要因素

不同类别材料的疲劳裂纹扩展行为差异很大，还会受到环境变化（例如温度或有害化学物质）的影响，有时环境的影响在一定程度上是更加显著的。比如，曲线的低裂纹增长率区域受 R 值和材料属性（如金属的晶粒尺寸和热处理）的影响特别显著。

5.4.3.1　应力比

应力比 R 的值影响增长率的方式类似于在 S-N 曲线中观察到的不同 R 值或平均应力的影响。对于给定的 ΔK，增加 R 会增加裂纹增长率，反之亦然。图 5-44 显示了一些数据，说明了 R 对钢材疲劳裂纹扩展的影响。

一些研究者提出考虑了应力比的方程。例如，Walker 建立了 C 和 R 的关系式，如式（5-34）所示：

$$C=\frac{C_0}{(1-R)^{m(1-\gamma)}} \tag{5-34}$$

式中，γ，C_0 为材料常数。

Forman 考虑了应力比和断裂韧度的影响，提出如下公式：

$$\frac{\mathrm{d}a}{\mathrm{d}N}=\frac{C(\Delta K)^m}{(1-R)K_\mathrm{c}-\Delta K} \tag{5-35}$$

式中，C 和 m 为材料试验常数，R 为应力比，K_c 为与试件厚度有关的断裂韧度。该式适用于Ⅱ、Ⅲ区的疲劳裂纹扩展。

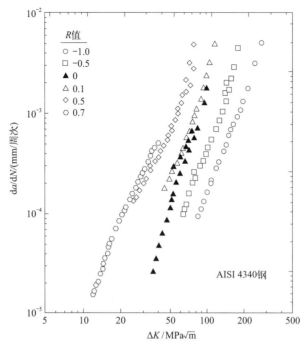

图 5-44 R 对合金钢疲劳裂纹扩展速率的影响

5.4.3.2   材料属性

在狭义定义的材料类别中，室温下空气中的裂纹扩展行为可能变化不大。例如，四种铁素体-珠光体钢的 $R \approx 0$ 的数据如图 5-45 所示。铁素体-珠光体钢的碳含量低，应用于结构件、压力容器等的相对低强度钢。

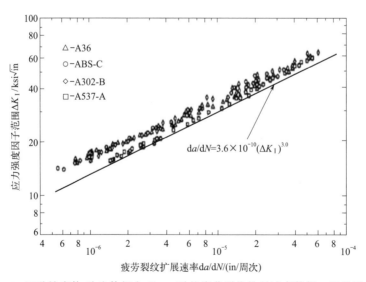

图 5-45   四种铁素体-珠光体钢在 $R \approx 0$ 时的疲劳裂纹扩展速率数据，以及最恶劣情况下的扩展速率曲线 （$1 \mathrm{in} = 25.4 \mathrm{mm}$，$1 \mathrm{ksi} \sqrt{\mathrm{in}} = 1.099 \mathrm{MN} \cdot \mathrm{m}^{-3/2}$）

Barsom 给出了最坏情况下 da/dN 与 ΔK 的方程式,用于另外两类钢,即马氏体钢和奥氏体不锈钢。常数取值已在表 5-3 中列出。马氏体钢的特点是经过淬火和回火热处理,所以包括许多低合金钢,也包括那些 Cr 含量(质量分数)低于 15% 的 400 系列不锈钢。奥氏体钢主要是 300 系列不锈钢,用于耐腐蚀性要求高的地方。

这些通用方程需要谨慎使用,因为在其它情形的地方确实存在例外情况。如果考虑各种主要金属类别,例如钢、铝合金和钛合金在 da/dN 与 ΔK 关系图上进行比较时,疲劳裂纹扩展速率会有很大差异。然而,对于给定材料的疲劳裂纹增长率的 ΔK 值大致与弹性模量 E 成比例。因此,da/dN 与 $\Delta K/E$ 的关系图便可消除不同金属之间的大部分差异,如图 5-46 所示。

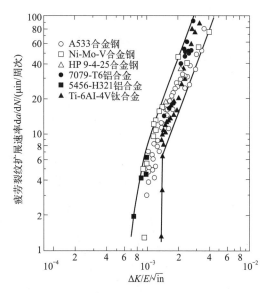

图 5-46 不同金属的 $\Delta K/E$ 与疲劳裂纹扩展速率的关系曲线

如图 5-47 所示,当基于 ΔK 进行比较时,聚合物表现出增长率的多样性,对于任何给定的 ΔK 水平,其增长率都远高于大多数金属。

基本明确的是,材料的延展性越低,疲劳裂纹扩展速率指数 m 越高。对于韧性金属,m 通常在 2~4 之间。对于更脆的铸造金属、短纤维增强复合材料和陶瓷(包括混凝土),指数 m 更高。例如,对于花岗岩,m 接近 12。

尽管可以对不同材料类别的相似行为进行概括,但材料自身的微小差异有时会产生重大影响。例如,减小钢中的晶粒尺寸具有降低 ΔK_{th} 的不利影响,而低扩展速率区域之外的裂纹扩展行为相对不受影响。此外,正如预期的那样,性能的变化通常对复合材料中的裂纹扩展有显著影响,图 5-48 给出了一个例子。

5.4.3.3 温度和环境

改变温度通常会影响疲劳裂纹的扩展速率,较高的温度通常会导致裂纹更快地扩展,奥氏体(FCC)不锈钢 AISI 304L 的试验数据说明了此类行为,如图 5-49(左)所示。然而,由于在低温下导致疲劳裂纹扩展的解理机制,BCC 金属可能会出现相反的趋势。Fe-21Cr-6Ni-9Mn 合金的这种趋势如图 5-49(右)所示,这种合金在室温下为奥氏体,但在低温下为马氏体(BCC),因此在解理影响下,更常见的温度效应会发生逆转。如图 5-50 所示,这种解理对 BCC 钢的疲劳裂纹扩展指数 m 产生很大影响,可以通过添加足够的镍来抑制这种影响,避免低温下的高裂纹扩展速率。

恶劣的化学环境通常会增加疲劳裂纹扩展速率,材料和环境的某些组合会造成特别大的影响。当所涉及的环境是腐蚀介质(例如海水)时,通常被称为腐蚀疲劳。这种行为如图 5-51 所示,显示了类似于海水的盐水(NaCl)对 AISI 4340 钢的两个强度水平的影响,对于这种钢的更高强度水平,效果要大得多。给定的恶劣环境对每个周期的疲劳裂纹扩展速率 da/dN 的影响,通常在循环频率较慢时更加明显,源于恶劣环境可以有更多的时间产生影响,这种趋势如图 5-52 所示。

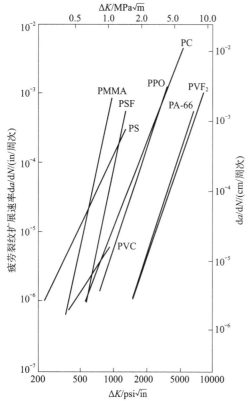

图 5-47 结晶和无定形聚合物的疲劳裂纹扩展趋势
（1psi $\sqrt{\text{in}}$ ≈ 1.0988kPa $\sqrt{\text{m}}$ ）

PMMA—聚甲基丙烯酸甲酯；PSF—聚砜；PS—聚苯乙烯；

PVC—聚氯乙烯；PPO—聚苯醚；PC—聚碳酸酯；

PA-66—聚酰胺-66；PVF₂—聚偏二氟乙烯

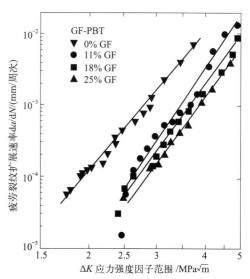

图 5-48 短玻璃纤维（GF）含量（体积分数）
对 PBT（聚对苯二甲酸丁二醇酯）疲劳裂纹
扩展速率的影响（$R=0.2$，裂纹扩展
垂直于模具填充方向）

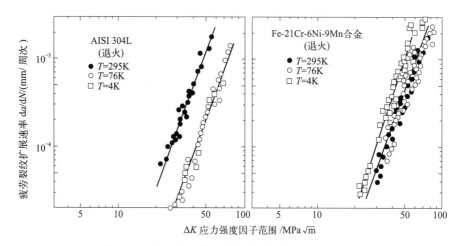

图 5-49 温度对两种金属疲劳裂纹扩展速率的影响

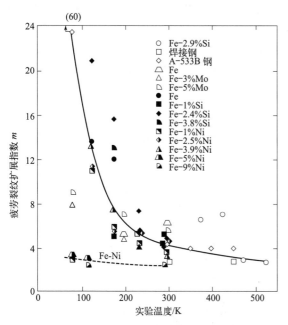

图 5-50　Paris 方程指数 m 与测试温度的关系曲线

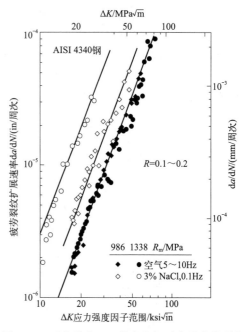

图 5-51　两种强度 R_m 的合金钢对腐蚀疲劳裂纹
扩展速率的敏感性对比

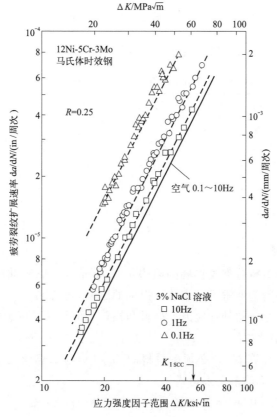

图 5-52　频率对马氏体时效钢腐蚀疲劳裂纹扩展速率的影响

甚至空气中的气体和水分也可能成为恶劣的环境，这可以通过将真空或惰性气体中的测试数据与空气中的数据进行比较来证明。金属和陶瓷的类似比较如图 5-53 所示。这种情况导致某些材料在环境空气中出现频率效应，由于化学活性随着温度的升高而增加，所以疲劳裂纹扩展速率随温度升高而增加的总趋势至少在一定程度上可以用环境空气的不利影响来解释。

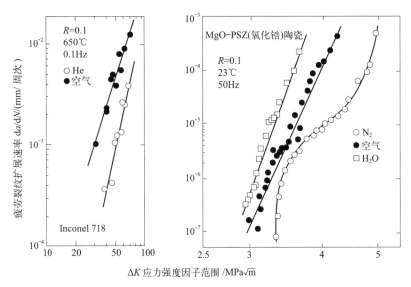

图 5-53　环境对疲劳裂纹扩展速率的影响

主要因素对疲劳裂纹扩展各阶段的影响强弱情况总结如表 5-4。

表 5-4　主要因素对疲劳裂纹扩展各阶段的影响

裂纹扩展	组织	环境	应力比（平均应力）	零件尺寸
Ⅰ区	强	强	强	弱
Ⅱ区	弱[①]	强	强	弱
Ⅲ区	强	强	弱	强

① 组织是对于小类材料而言。

5.4.4　疲劳寿命预测

材料在给定条件下对疲劳裂纹扩展的阻碍可以用 da/dN-ΔK 曲线来表征。在中等疲劳裂纹扩展速率下，这种行为通常可以用前面提到的 Paris 方程来表示。

特殊情况下，对于给定的外加应力、材料和构件几何形状，疲劳裂纹扩展寿命 N_{if} 取决于初始裂纹尺寸 a_i 和最终裂纹尺寸 a_f。一般情况下，寿命 N_{if} 对 a_i 的值相当敏感，而对 a_f 的值则不太敏感。为了计算 N_{if}，必须有材料的 da/dN 与 ΔK 曲线的方程。除此之外，还需要一个应力强度因子 K 的数学表达式。

例如当 $K = Y\sigma\sqrt{a}$，其中 Y 为常数或近似为常数时，根据式（5-33），积分可得寿命 N_{if} 为

$$N_{if} = \frac{\sigma_f^{1-\frac{m}{2}} - a_i^{1-\frac{m}{2}}}{C(Y\Delta\sigma)^m \left(1 - \frac{m}{2}\right)} \quad (m \neq 2) \tag{5-36}$$

$$N_{if} = \frac{1}{C(Y\Delta\sigma)^2}(\ln a_f - \ln a_i) \quad (m = 2) \tag{5-37}$$

由于 σ 经常变化，并且由于某些形式的 da/dN 与 ΔK 方程可能出现较为复杂的情况，因此可能无法获得 N_{if} 的封闭形式的数学表达式。这种情况下，首先需要计算 ΔK，然后分阶段计算不同裂纹长度下的 da/dN 来执行数值积分。疲劳裂纹扩展寿命可以理解为 dN/da 与 a（$a_i \sim a_f$ 之间）曲线下的图形面积，表达式如下：

$$N_{if} = \int_{a_i}^{a_f} \left(\frac{dN}{da}\right) da \tag{5-38}$$

对于变幅加载情况，da/dN-ΔK 曲线可用于估计每个周期的疲劳裂纹长度增量 Δa。除了直接计算，还可以先确定载荷历史的代表性样本，并应用式（5-39）来获得等效应力水平 $\Delta\sigma_q$：

$$\Delta\sigma_q - \frac{\Delta K_q}{Y\sqrt{a}} = \left[\frac{\sum_{j=1}^{N_B}(\overline{\Delta\sigma_j})^m}{N_B}\right]^{\frac{1}{m}} \tag{5-39}$$

式中，N_B 为雨流循环圈数；ΔK_q 为等效应力强度增量。然后，对于恒幅加载情况通过 $\Delta\sigma_q$ 进行疲劳寿命估计。如果某一载荷历程出现严重的过载，那么在疲劳寿命预测中需要考虑载荷历程的顺序影响。

由最小可探测裂纹长度 a_d 估计的疲劳裂纹扩展寿命，必须比预期的实际使用疲劳寿命长一个足够的安全系数 X_N。如果 X_N 偏小，可以通过重新设计来降低应力，通过重新检查降低 a_d、更换材料，或通过定期检查来解决问题。

在恶劣的化学环境中，静态加载时，可能会出现随时间变化的疲劳裂纹扩展行为。对于需要同时考虑材料和环境的情形，可以通过 da/dt-ΔK 曲线进行疲劳寿命估计。由于裂纹对材料和环境很敏感，因此可以对材料或环境进行适当的改变，从而消除不利影响。

5.5　疲劳过程及机理

材料疲劳过程包括疲劳裂纹形成（或称为萌生）、裂纹扩展及最后断裂三个阶段。了解疲劳各个阶段的物理过程，对认识疲劳本质、分析疲劳原因、研究疲劳寿命延长的方法至关重要。

5.5.1　疲劳裂纹形成

疲劳裂纹形成方式主要有表面滑移带开裂，第二相、夹杂物相界面开裂及晶界开裂等。

5.5.1.1　滑移带开裂产生裂纹

金属在循环应力（$\sigma > \sigma_{-1}$）长期作用下，即使其应力低于屈服应力，也会在材料表面形成滑移带。与静载荷下均匀滑移带不同，循环滑移集中于表面某些局部区域。用电解抛光的方法也很难将已产生的表面循环滑移带去除，即使能去除，当对试样重新循环加载时，循环滑移带又会在原地再现，这种永久或再现的循环滑移带称为驻留滑移带或持久滑移带，具有持久驻留性。

在此低应力下，塑性变形仅限于材料的少量晶粒。由于对滑移的约束较低，这种微塑性优先发生在材料表面的晶粒中。在材料的自由表面，周围的材料仅存在于一侧，另一侧是环境，通常是气体环境（如空气）或液体环境（如海水）。表面晶粒塑性变形时受相邻晶粒的约束小于次表面晶粒，因此，它可以在较低的应力水平下发生。

循环滑移需要循环剪切应力。在微观尺度上，剪切应力在材料中的分布并不均匀。晶体滑移面上的剪切应力因晶粒的大小和形状、晶粒的晶体取向和材料的弹性各向异性而异。在材料表面的某些晶粒中，这些条件比其它表面晶粒更有利于循环滑移。如果晶粒发生滑移，材料表面将产生滑移台阶，见图 5-54（a）。滑移台阶意味着新材料的边缘将暴露在环境中。在大多数环境中，至少对于大多数结构材料而言，新鲜的表面材料将立即被氧化物层覆盖。这样的单层牢固地黏附在材料表面上并且不容易被去除。在载荷增加期间，滑移也导致滑移带产生应变硬化。因此，在卸载时，同一滑移带上将出现更大的剪切应力，但方向相反。反向滑移将优先发生在相同的滑移带中的相邻滑移面上，形成侵入沟 [图 5-54（b）]。以上过程将在后续循环中重复进行 [图 5-54（c）、（d）]。随着加载循环次数的增加，滑移带会不断地加宽和加深，最终形成疲劳裂纹。若应力相反，则有可能形成挤出脊 [图 5-54（e）]。

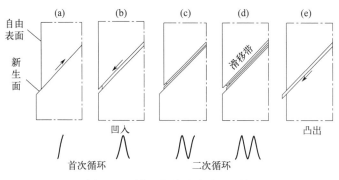

图 5-54　循环滑移导致裂纹形核

从以上疲劳裂纹的形成机理来看，只要能提高材料的滑移抗力（如采用固溶强化、细晶强化等手段），均可阻止疲劳裂纹萌生，提高疲劳强度。

5.5.1.2　相界面开裂产生裂纹

大多数工程材料中含有各种微小夹杂物或第二相，不仅在材料制备过程中可能因热膨胀系数不同产生残余应力，而且在循环应力下可能因变形不协调产生应力集中，最终使其与基体界面开裂或本身开裂，形成微裂纹。如图 5-55 所示，高强铝合金疲劳断口裂纹源处可以看到导致微裂纹形成的富铁第二相。

因此，降低第二相或夹杂物的脆性，提高相界面强度，控制第二相或夹杂物的数量、形状、大小和分布，使之"少、圆、小、匀"，均可抑制或延缓

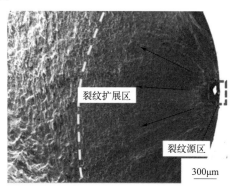

图 5-55　高强铝合金疲劳断口裂纹
源处第二相（白色颗粒）

疲劳裂纹在第二相或夹杂物附近萌生，提高疲劳强度。

5.5.1.3 晶界开裂产生裂纹

多晶体材料由于晶界的存在和相邻晶粒的不同取向性，位错运动时会受到晶界的阻碍作用，在晶界处发生位错塞积和应力集中现象。在循环应力作用下，晶界处的应力集中得不到松弛时，应力峰会越来越高，当超过晶界强度时就会在晶界处产生裂纹（参见第 1 章图 1-40）。

因此，凡使晶界弱化和晶粒粗化的因素，如晶界有低熔点夹杂物等有害元素和成分偏析、回火脆性、晶界析氢及晶粒粗化等，均易产生晶界裂纹，降低疲劳抗力；反之，凡使晶界强化的因素，均能抑制晶界裂纹形成，提高疲劳抗力。

此外，材料内部的缺陷如气孔、缩孔、组织不均等，以及表面的损伤都会因局势的应力集中而引发疲劳裂纹。

5.5.2 疲劳裂纹扩展阶段

疲劳微裂纹萌生后即进入疲劳裂纹扩展阶段。根据裂纹扩展方向，疲劳裂纹扩展可分为两个阶段，如图 5-56 所示。第一阶段是从表面个别侵入沟（或挤出脊）先形成微裂纹，随后，裂纹主要沿主滑移系方向（最大切应力方向），以纯剪切方式向内扩展。在扩展过程中，多数微裂纹成为不扩展裂纹，只有少数微裂纹会扩展 2～3 个晶粒范围。在此阶段，裂纹扩展速率很低，每一应力循环大约只有 $0.1\mu m$ 的扩展量。许多铁合金、铝合金、钛合金试样中都曾观察到裂纹扩展第一阶段；但缺口试样中可能不出现裂纹扩展第一阶段。

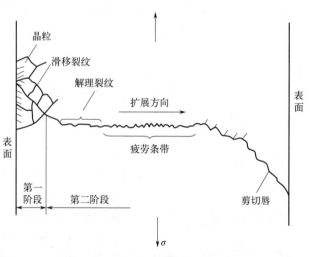

图 5-56　疲劳裂纹扩展两阶段示意图

由于第一阶段的裂纹扩展速率很低，而且其扩展总进程也很小，所以该阶段的断口很难辨识形貌特征，只有一些擦伤的痕迹；但在一些强化材料中，有时可看到周期解理的或准解理花样，甚至还有沿晶开裂的冰糖状花样。

在第一阶段扩展时，由于晶界的不断阻碍作用，裂纹扩展逐渐转向垂直于拉应力的方向，进入第二阶段扩展。在室温及无腐蚀条件下，疲劳裂纹是穿晶的。这个阶段的大部分循环周期内，疲劳裂纹扩展速率为 $10^{-5} \sim 10^{-2} \mathrm{mm}$/周次，正好与图 5-43 所示 $\dfrac{\mathrm{d}a}{\mathrm{d}N}$-$\Delta K$ 曲线的

Ⅱ区相对应，所以第二阶段应是疲劳裂纹亚稳扩展的主要部分。

电子显微镜断口分析表明，第二阶段的断口特征是具有略呈弯曲状并相互平行的沟槽花样，称为疲劳条带（疲劳条纹、疲劳辉纹）。它是裂纹扩展时留下的微观痕迹，每一条带可以视作一次应力循环的扩展痕迹，裂纹的扩展方向与条带垂直。图 5-57 所示即为疲劳条带花样。

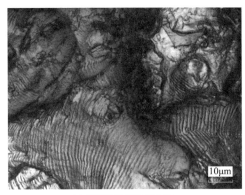 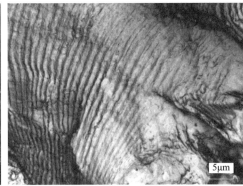

(a) 相邻晶粒间疲劳条带　　　　　　　　　　(b) 单个晶粒内疲劳条带

图 5-57　高强铝合金疲劳裂纹扩展第二阶段疲劳条带形貌

疲劳条带是疲劳断口最典型的微观特征。但是实际观察不同材料的疲劳断口时，并不一定都能看到清晰的疲劳条带。一般塑性较好的材料，尤其是滑移系多的面心立方金属，其疲劳条带比较明显，如 Al、Cu 合金和 18-8 不锈钢；而滑移系较少或组织状态比较复杂的钢铁材料，其疲劳条带往往短窄而紊乱，甚至还看不到。在一些低塑性材料中，如粗片状珠光体钢，疲劳裂纹以微区解理或沿晶分离的方式扩展，因而看不到疲劳条带。疲劳条带是否明显还与试验条件有关，例如当 $da/dN < 10^{-9}$ m/周次时，很难观察到疲劳条带，此时疲劳断口上可能出现解理小平面或沿晶的特征。在一些条件下，裂纹前沿需要多次循环才能累积损伤，往前跨一步形成一个疲劳条带，这种情况在低 ΔK 下的聚合物材料中更为常见。

应当注意，不可将疲劳条带和宏观疲劳断口的贝纹线相混淆。条带是疲劳断口的微观特征，贝纹线是疲劳断口的宏观特征，在相邻贝纹线之间可能有成千上万个疲劳条带。在断口上，二者可同时出现，即既可以宏观上看到贝纹线，又可以微观上看到疲劳条带；二者也可以不同时出现，即在宏观上可以看到贝纹线而在微观上却看不到条带，或者在宏观上看不到贝纹线而在微观上却能看到条带。

第二阶段疲劳裂纹扩展的物理过程，也是疲劳条带的形成过程，人们通常采用 Laird 提出的塑性钝化模型来解释这一过程，具体如图 5-58 所示。图（a）～（e）左侧曲线的实线段表示交变

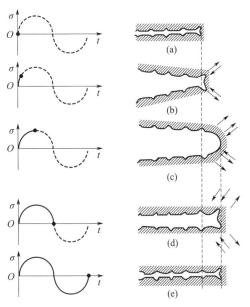

图 5-58　疲劳裂纹扩展第二阶段的
Laird 塑性钝化模型

应力的变化，右侧为疲劳裂纹扩展第二阶段中疲劳裂纹的剖面示意图。图 5-58（a）表示交变应力为零时，右侧裂纹呈闭合状态；图 5-58（b）表示受拉应力时裂纹张开，裂纹尖端由于应力集中，沿 45°方向发生滑移；图 5-58（c）表示拉应力达到最大值时，裂纹宽度达到最大，并因滑移长度增加，同时裂纹尖端变为半圆形，发生钝化，裂纹停止扩展。这种由于塑性变形使裂纹尖端的应力集中减小，滑移停止，裂纹不再扩展的过程称为"塑性钝化"。图 5-58（c）中两个同向箭头表示滑移方向，两个箭头之间的距离表示滑移进行的宽度；图 5-58（d）表示交变应力为压应力时，滑移沿相反方向进行，原裂纹与新扩展的裂纹表面被压近，裂纹尖端被弯折成一对耳状切口，为沿 45°方向滑移准备了应力集中条件；图 5-58（e）表示在压应力阶段，裂纹表面被压合，裂纹尖端又由钝变锐，形成一对尖角。由此可见，应力循环一周期，在断口上便留下一条疲劳条带，裂纹向前扩展一个条带的距离，即裂纹扩展速率 da/dN。如此反复进行，不断形成新的条带，疲劳裂纹也就不断向前扩展。因此，疲劳裂纹扩展的第二阶段就是在应力循环下，裂纹尖端钝锐反复交替变化的过程。材料强度越低，裂纹扩展越快，疲劳条带越宽。

案例链接 5-1：多元共渗技术提高螺旋道钉的抗疲劳性能

钢轨是列车运行的"高速公路"。通过弹条、扣板及螺旋道钉等一套组合件，将钢轨固定在水泥轨枕上。在列车运行过程中，这些部件受到交变载荷作用，同时受到腐蚀作用。尤其是在潮湿环境（如隧道内部）及海洋气候城市，腐蚀速度很快。以螺旋道钉为例，2～3 年时间螺旋道钉与轨枕交界位置，直径就会腐蚀掉 4～8mm，使零件力学性能，特别是抗疲劳性能大幅度降低，严重影响行车运行安全，增加维护成本。

采用气体多元共渗技术对螺旋道钉进行处理，如图 5-59 所示，在表面生成一层微米级铁的化合物（主要是 Fe_3N 相），并形成表面压应力，从而同时提高螺旋道钉的抗疲劳性能、耐腐蚀性能及耐磨性能。多元共渗处理后零件基本不改变工件尺寸，且成本低廉。

如表 5-5 和图 5-60 所示，经多元共渗处理后，材料疲劳强度显著提高。如图 5-61 所示，未经处理的螺旋道钉与水泥轨枕交界处明显锈蚀，直径减少约 6mm；经过多元共渗后，螺旋道钉在同样位置没有任何腐蚀。采用该技术处理后的螺旋道钉可实现 10 年内不因腐蚀和疲劳而失效。

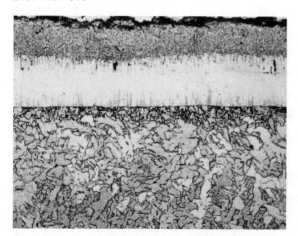

图 5-59　经多元共渗后低碳钢表面金相组织照片

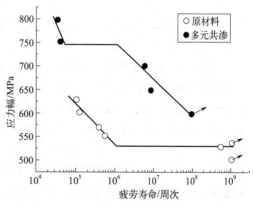

图 5-60　35CrMo 钢多元共渗与未多元共渗
旋转弯曲疲劳试验数据

表 5-5　钢铁材料多元共渗后疲劳强度对比试验结果

材料及处理状态	疲劳强度/MPa	材料及处理状态	疲劳强度/MPa
45 钢调质状态	310～340（旋转弯）	50CrVA 钢淬火+中温回火	840～860（四点弯）
45 钢多元共渗	520～542（旋转弯）	50CrVA 钢淬火+多元共渗	950～1000（四点弯）

图 5-61　螺旋道钉使用 3 年后抗腐蚀对比照片

采用多元共渗技术处理的螺旋道钉已在青藏铁路一期工程中批量应用，并获得良好效果，项目成果获得省部级奖励。该技术也可用于高速铁路和列车其它要求高抗疲劳性能和耐腐蚀性能的钢铁零件上。

【资料来源：西南交通大学杨川、崔国栋老师团队供稿】

案例链接 5-2：外物损伤对 S38C 车轴钢疲劳性能的影响

车轴是高速列车行走的关键部件，若车轴发生疲劳断裂，则极可能引发脱轨事故，造成重大的人员伤亡和经济损失。因此，车轴疲劳性能评价是高速列车研究领域的重要课题。车轴表面在服役过程中可能会出现多种缺陷，如擦划伤、撞击伤、微动磨损和表面腐蚀等，其中将空气动力学作用下道砟或金属碎片等硬质外物直接撞击造成的表面损伤称为撞击伤（FOD，外来物损伤），如图 5-62。研究使用空气炮装置，以不同的入射角度发射钨钢球弹体，在试样表面制造人工 FOD，探究不同角度下预制的 FOD 对 S83C 车轴钢材料疲劳性能的影响。

采用空气炮发射钨钢球弹体，以不同角度撞击 S38C 车轴钢试样表面预制弹坑缺陷；利用四点弯曲疲劳试验法获得缺陷试样的疲劳强度；使用超景深光学显微镜表征弹坑的几何形态和截面组织；借助扫描电子显微镜观察弹坑和疲劳断口形貌。结果表明：在 200m/s 冲击下，30°冲击对缺陷试样疲劳强度的影响较小，其余角度（45°、60°、75°和 90°）冲击下，试样的疲劳强度随着冲击角度的增大而下降，其中 90°冲击下的试样疲劳强度较光滑试样下降约 40%。弹坑底部会形成绝热剪切带（ASB）以及由剪切带开裂形成的裂纹，倾斜冲击试样疲劳裂纹源主要位于弹坑出射区边缘材料失效处，垂直冲击试样疲劳裂纹从弹坑两侧扩展（图 5-63）。损伤试样的疲劳强度随缺陷深度 d 和缺陷截面积平方根的增大有相似的下降趋势。

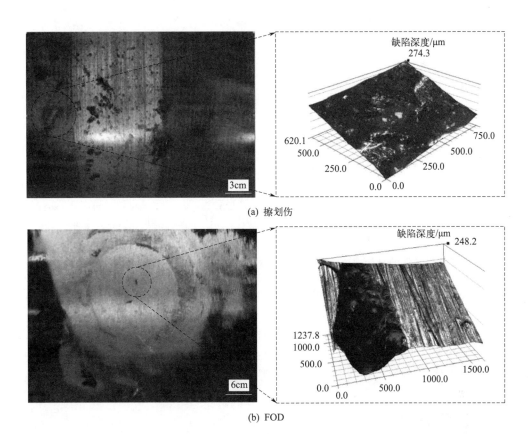

(a) 擦划伤

(b) FOD

图 5-62 S38C 车轴表面的典型缺陷

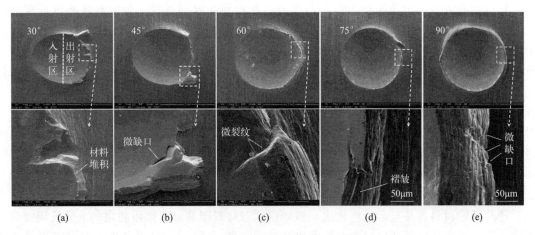

图 5-63 不同角度冲击所致弹坑的形貌

从图 5-64（a）可以看出，FOD 试样疲劳强度与缺陷深度有明显的线性相关性，且深度越大，疲劳强度越低。缺陷截面积综合考虑了弹坑的长度和深度对试样疲劳强度的影响。从图 5-64（b）可以看出，随着冲击角度和截面积平方根的增大，FOD 试样疲劳强度下降。在不考虑残余应力对疲劳强度产生影响的情况下，缺陷深度和截面积平方根的改变在一定程度上均能反映 FOD 试样疲劳强度变化的趋势。

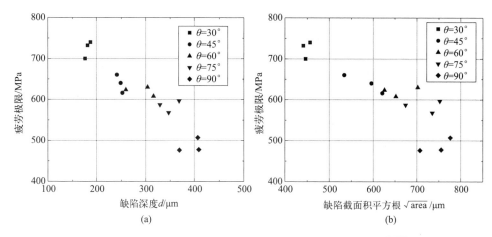

(a)

(b)

图 5-64　FOD 试样疲劳强度与缺陷深度 d 和缺陷截面积平方根 $\sqrt{area}$ 的关系

研究结果为高速列车车轴外物损伤评价提供了试验数据支撑。

【资料来源：(1) 余明华，高杰维，刘里根，等 . 外物损伤对 S38C 车轴钢疲劳性能的影响［J］. 材料导报，2021，35（20）：20092-20098. (2) Gao J W，Pan X N，Han J，et al. Influence of artificial defects on fatigue strength of induction hardened S38C axles［J］. International Journal of Fatigue，2020，139：105746.】

5.6　本章小结

材料的疲劳是在循环荷载作用下，由损伤累积到失效的过程。典型宏观断口具有裂纹源、疲劳裂纹扩展区及瞬裂区。疲劳寿命 S-N 曲线是确定疲劳极限和疲劳强度的依据。其中，σ_{-1} 是对称循环无数次不断裂的最大应力振幅值，是常用的疲劳极限；循环至人为指定疲劳寿命失效的应力振幅值称为疲劳强度或条件疲劳极限。按照 S-N 曲线，可大致分为低周疲劳（应力疲劳）、高周疲劳（应变疲劳）等。疲劳强度受平均应力、加载方式、加载历程和表面效应等因素影响，与静强度之间存在经验关系。Goodman 公式可以描述平均应力对疲劳极限的影响。线性累积损伤理论用来估算变幅载荷下的疲劳寿命，次负荷锻炼、偶然过载和间歇也会对疲劳寿命产生影响。有缺口时，用疲劳缺口敏感系数 q_f 和疲劳缺口系数 K_f 表征缺口对疲劳性能的影响，这两个数值越小越好。

循环硬化、循环软化与材料初始的组织状态、结构特征、应变幅度大小和试验温度有关。硬且强的材料容易显示循环软化，初始软状态材料则易显示循环硬化。承受低周疲劳和大应力的构件应选用循环稳定或循环硬化材料。Coffin-Manson 公式以及应变-疲劳寿命曲线能够很好地描述低周疲劳。低周疲劳范围，以循环塑性应变特征为主，材料的疲劳寿命由其塑性控制；高周疲劳范围，以应力特性和循环弹性应变特征为主，材料的疲劳寿命由其强度决定。基于应变的方法可应用于工程含缺口零件的寿命估算。

疲劳裂纹扩展速率用呈 S 形的 lgda/dN-lgΔK 关系曲线表征。疲劳裂纹扩展的门槛值 ΔK_{th} 是疲劳裂纹不扩展的最大应力强度因子范围，它能表征材料阻止疲劳裂纹开始扩展的能力。工程上对金属材料，定义门槛值为 da/dN 为 10^{-7}mm/周次时的应力强度因子范围

ΔK。疲劳裂纹扩展速率在 I 区和 III 区受到材料的显微组织的影响很大；而在 II 区，组织的影响较小，用 Paris 公式能描述该阶段的裂纹扩展和估算疲劳寿命。

疲劳裂纹通常形成于材料表面或近表面的宏观缺陷处，形成疲劳裂纹的微观机制有表面滑移带开裂、夹杂物与基体相界面开裂，以及晶界或亚晶界开裂等。循环滑移过程中形成挤出脊、侵入沟和持久滑移带，由此最终出现疲劳裂纹。疲劳裂纹扩展的路径最初主要沿主滑移系方向扩展约 2～3 个晶粒。进入第二阶段后，主裂纹扩展方向与拉应力垂直，塑性钝化模型能解释该阶段疲劳条带的形成。

本章重要词汇

(1) 耐久极限应力：endurance limit stress

(2) 疲劳极限：fatigue limit

(3) 疲劳寿命：fatigue life

(4) S-N 曲线：S-N curve

(5) 疲劳裂纹扩展速率：fatigue crack growth rate

(6) 应力幅：stress amplitude

(7) 应力比：stress ratio

(8) 循环应力：cyclic stress

(9) 平均应力：average stress

(10) 等效应力：equivalent stress

(11) 疲劳断口：fatigue fracture surface

(12) 贝纹线：oyster-shell markings

(13) 疲劳源：fatigue source

(14) 疲劳裂纹：fatigue crack

(15) 缺口尺寸：notch size

(16) 安全系数：safety factor

(17) 阈值：threshold value

(18) 裂纹萌生：crack initiation

(19) 疲劳裂纹扩展：fatigue crack propagation/growth

(20) 低周疲劳：low-cycle fatigue

(21) 寿命预测：life prediction

(22) 驻留滑移带：persistent slip band（PSB）

(23) 疲劳条带：fatigue striations

(24) 塑性钝化：plastic blunting

(25) 滞后回线：hysteresis loop

(26) 循环硬化/软化：cyclic hardening/softening

(27) 疲劳缺口敏感度：fatigue notch sensitivity

思考与练习

（1）解释下列名词：

①应力范围 $\Delta\sigma$；②应变范围 $\Delta\varepsilon$；③应力幅 σ_a；④应变幅（$\Delta\varepsilon_t/2$，$\Delta\varepsilon_p/2$，$\Delta\varepsilon_e/2$）；⑤平均应力 σ_m；⑥应力比 R；⑦疲劳源；⑧疲劳贝纹线；⑨疲劳条带；⑩挤出脊和侵入沟；⑪ΔK；⑫$\dfrac{\mathrm{d}a}{\mathrm{d}N}$；⑬疲劳寿命；⑭过渡寿命；⑮热疲劳；⑯过载疲劳；⑰过载损伤。

（2）解释下列疲劳性能指标的意义：

① 疲劳强度 σ_{-1}、σ_{-1p}、τ_{-1}、σ_{-1n}；②疲劳缺口敏感度 q_f；③疲劳门槛值 ΔK_{th}。

（3）请分析疲劳断口的宏观和微观特征及其形成过程。

（4）请叙述疲劳裂纹的形成机理及防止疲劳裂纹萌生的一般方法。

（5）试述影响疲劳裂纹扩展速率的主要因素，并与疲劳裂纹萌生的影响因素进行对比分析。

（6）请比较分析 σ_{-1} 与 ΔK_{th} 的异同。

（7）请分析下列因素对疲劳强度的影响：

①表面粗糙度大；②表面强化；③铆钉孔。

（8）试述金属循环硬化和循环软化现象及产生条件。

（9）请简述低周疲劳的规律及 Coffin-Manson 公式。

（10）热疲劳和热机械疲劳的特征及规律是什么？欲提高热锻模具的使用寿命，应该如何处理热疲劳与其它性能的关系？

（11）正火 45 钢的 $R_m=610\text{MPa}$，$\sigma_{-1}=300\text{MPa}$，试用 Goodman 公式绘制 $\sigma_{max}(\sigma_{min})-\sigma_m$ 疲劳图，并确定 $\sigma_{-0.5}$、σ_0 和 $\sigma_{0.5}$ 等疲劳极限。

（12）有一板件在脉动载荷下工作，$\sigma_{max}=200\text{MPa}$，$\sigma_{min}=0$，其材料的 $R_m=670\text{MPa}$，$\sigma_{0.2}=600\text{MPa}$，$K_{IC}=104\text{MPa}\cdot\text{m}^{\frac{1}{2}}$，Paris 公式中 $c=6.9\times10^{-12}$，$n=3.0$，使用中发现有 0.1mm 和 1mm 的单边横向穿透裂纹，试估算它们的疲劳剩余寿命。

（13）下表给出了 AISI 4340 钢在试验中得到的应力幅值和相应的疲劳寿命。试验是在平均应力为零的无缺口轴向加载试样上进行的。求：

① 在对数坐标上绘制这些数据。如果这一趋势近似一条直线，那么通过数据绘制的直线上两个相隔很远的点，获得公式 $\sigma_a=AN_f^B$ 中 A 和 B 常数的近似值。

② 通过 $\lg N_f$ 与 $\lg\sigma_a$ 的线性最小二乘法，获得 A 和 B 常数的精确值。

AISI 4340 钢应力-疲劳寿命数据表

σ_a/MPa	N_f/周次	σ_a/MPa	N_f/周次
948	222	631	14130
834	992	579	43860
703	6004	524	132150

环境介质作用下材料的力学性能

随着航空航天、交通运输、能源化工等行业的迅速发展，对工程构件或关键零件的长期、安全服役提出了更加苛刻的要求。就工程构件或零件而言，往往在加工制备过程中产生残余应力，而在服役过程中承受外加载荷；如果与周围环境中的各种化学介质或氢相接触，便会产生特殊的断裂现象（如应力腐蚀断裂和氢脆断裂等），大多为低应力脆断，导致极大危害。相关事故逐年增多，引起工程设计人员及科研工作者的日益重视。

本章介绍了材料的应力腐蚀、氢脆断裂的特征及机理，重点分析了金属材料抵抗应力腐蚀和氢脆断裂的力学性能指标及防范措施。

6.1 应力腐蚀

6.1.1 应力腐蚀现象及其产生条件

6.1.1.1 应力腐蚀现象

具有应力腐蚀敏感性的材料在拉应力和特定的化学介质共同作用下，经过一段时间后所产生的低应力脆断现象，称为应力腐蚀断裂（stress corrosion cracking，SCC）。应力腐蚀断裂并非在应力作用下的机械性破坏与在化学介质作用下的腐蚀性破坏的简单叠加，而是在应力和化学介质的联合作用下、按特定机理产生的断裂，其强度远低于单一因素分别作用后的叠加值。

绝大多数金属材料在一定的化学介质条件下均具有应力腐蚀倾向。比如：低碳钢和低合金钢在苛性碱溶液中"碱脆"、在含有硝酸根离子的介质中"硝脆"；奥氏体不锈钢在含有氯离子介质中"氯脆"；铜合金在氨气介质中"氨脆"；高强度铝合金在潮湿空气、蒸馏水介质中脆裂等。无论是韧性还是脆性金属材料，一旦产生应力腐蚀，在无明显预兆的情况下发生脆断，通常会造成灾难性事故。

6.1.1.2 产生条件

应力、化学介质和材料成分是应力腐蚀的三个产生条件。

① 应力。构件经受的应力包括工作应力和残余应力。一般来说，诱导应力腐蚀的应力水平并不高，如果缺乏化学介质的协同作用，构件可以长期服役而不致断裂。工作拉应力在化学介质诱导开裂过程中发挥主要作用（研究表明：在压应力作用下也可产生应力腐蚀，但孕育期要比拉应力作用下高一至两个数量级）；焊接、热处理或装配过程中产生的残余拉应力，在应力腐蚀中也扮演着重要角色。

表 6-1　常用金属材料发生应力腐蚀的敏感介质

金属材料	敏感介质	金属材料	敏感介质
低碳钢和低合金钢	NaOH 溶液,沸腾硝酸盐溶液,海水、海洋性和工业性气氛	铝合金	氯化物水溶液、海水及海洋大气、潮湿工业大气
奥氏体不锈钢	酸性和中性氯化物溶液、熔融氯化物、海水	铜合金	氨蒸气、含氨气体、含铵离子的水溶液
镍基合金	热浓 NaOH 溶液、HF 蒸气和溶液	钛合金	发烟硝酸、300℃以上的氯化物、潮湿空气及海水

② 化学介质。只有在特定的化学介质(包含特效作用的离子、分子或络合物)中,某种金属材料才能产生应力腐蚀。表 6-1 中列举了一些可引起常用金属材料发生应力腐蚀的敏感介质。如表所示,敏感介质一般都没有腐蚀性,至多仅具有弱腐蚀性。在不承受应力的前提之下,大多数金属材料在上述介质中是耐蚀的。

③ 材料成分。一般认为,纯金属不会产生应力腐蚀,但所有合金均具有不同程度的应力腐蚀敏感性。每一种合金系列都有对应力腐蚀不敏感或敏感的化学成分范围。例如,当镁含量 $w(Mg) > 4\%$ 时,铝镁合金对应力腐蚀十分敏感;而镁含量 $w(Mg) < 4\%$ 时,在任何热处理条件下都能抵抗应力腐蚀。又如,当含碳量 $w(C)$ 在 0.12% 左右时,钢具有最高的应力腐蚀敏感性。此外,位错结构对合金的应力腐蚀也有影响。层错能低或滑移系少,易形成平面位错结构;层错能高或滑移系多,易形成波纹位错结构。前者的应力腐蚀敏感程度明显高于后者。

6.1.2　应力腐蚀断裂机理及断口形貌特征

6.1.2.1　应力腐蚀断裂机理

目前,应力腐蚀断裂具有多种解释机理,主要介绍如下两种典型理论,即滑移-溶解理论(钝化膜破坏理论)和氢脆理论。

滑移-溶解理论的基本思想(见图 6-1)如下:金属或合金在特定化学介质中,首先形成一层表面钝化膜,避免进一步腐蚀,即处于钝化状态,无应力作用下不会发生腐蚀破坏。若有拉应力作用,裂纹尖端区域产生局部塑性变形,滑移台阶在表面露头,因钝化膜破裂而露出新鲜表面。在电解质溶液中,该新鲜表面为阳极,其它表面(钝化膜未破裂)为阴极,形成腐蚀微电池。阳极金属转变为正离子($M \longrightarrow M^{+n} + ne^-$),进入电解质中而产生阳极溶解,在表面形成蚀坑。必须指出,拉应力不但破坏了裂纹尖端区域的钝化膜,而且在蚀坑或原有裂纹尖端形成应力集中,降低阳极电位,加速阳极溶解。如果裂纹尖端始终存在应力集中,那么微电池反应便不断进行,钝化膜不能恢复,裂纹将逐步向纵深扩展。

在应力腐蚀过程中,可用腐蚀电流 I(式 6-1)来衡量腐蚀速度:

$$I = \frac{1}{R}(U_c - U_a) \tag{6-1}$$

式中　　R——微电池中的电阻;
U_c,U_a——电池两极的电位。

由式（6-1）可知，应力腐蚀的发生程度取决于金属与化学介质之间性质的相互配合作用。如果介质中极化过程相当强烈，则式（6-1）中 $(U_c - U_a)$ 将变得很小，大大抑制了腐蚀过程。极端情况是阳极金属形成了完整的表面钝化膜，腐蚀停止，进入钝化状态。如果介质中去极化过程强烈，致使 $(U_c - U_a)$ 提高，腐蚀电流增大，产生全面腐蚀而无法形成表面钝化膜，此时以腐蚀损伤为主，即使承受拉应力也不产生应力腐蚀。当金属在介质中生成略具规模的钝化膜（处于某种程度的钝化与活化过渡情况）时才最易发生应力腐蚀现象。

6.1.2.2 应力腐蚀断口形貌特征

应力腐蚀的宏观断口形貌与疲劳断口颇为相似，也存在亚稳扩展区和最后瞬断区。在亚稳扩展区可观察到腐蚀产物和氧化现象，常呈黑色或灰黑色，具有脆性特征。最后瞬断区一般为快速撕裂破坏，显示出基体材料的特性。

应力腐蚀的显微裂纹常有分叉且呈枯树枝状（如图6-2），表明存在扩展较快的主裂纹，而其它分支裂纹扩展较慢。上述特征可以将应力腐蚀与腐蚀疲劳、晶间腐蚀以及其它断裂形式区分开来。

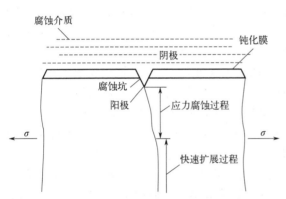

图 6-1　应力腐蚀断裂机理

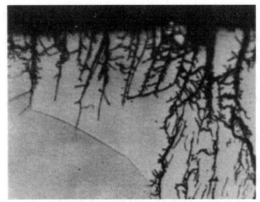

图 6-2　应力腐蚀裂纹典型宏观形貌

微观断口形貌一般为沿晶断裂型、穿晶解理断裂型或准解理断裂型，有时还出现混合断裂型，其表面可见到泥状花样腐蚀产物［图6-3（a）］及腐蚀坑［图6-3（b）］。

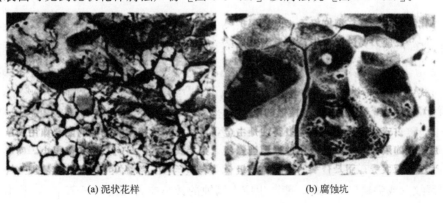

(a) 泥状花样　　　　　　　　　　　(b) 腐蚀坑

图 6-3　应力腐蚀的微观形貌特征

6.1.3 应力腐蚀评价指标

金属应力腐蚀性能评价方法有多种，需根据试验目的选择合适的方法。通常有光滑、缺口和预裂纹这三类试样供选择。带裂纹或缺口试样的断裂寿命取决于裂纹的扩展情况。常用的加载方式有三种，即恒位移或恒载荷（GB/T 15970.6—2007）、渐增式载荷或位移（GB/T 15970.9—2007）和慢应变速率（GB/T 15970.7—2017）。此处介绍应力腐蚀性能评价的几个重要参数。

6.1.3.1 应力腐蚀敏感性 I_{SCC}

在腐蚀介质中，光滑试样在慢应变速率下拉伸断裂后的伸长率（δ_{SCC}）、断面收缩率（ψ_{SCC}）、断裂应力（σ_F）及断裂时间（t_F）均低于惰性环境（如空气）相同应变速率下相应值。一般把这些参量的相对变化定义为应力腐蚀敏感性（I_{SCC}）。例如，I_{SCC} 可定义为相对塑性（或强度）损失，即

$$I_{SCC}(\delta) = (1 - \delta_{SCC}/\delta_0) \times 100\% \tag{6-2a}$$

$$I_{SCC}(\psi) = (1 - \psi_{SCC}/\psi_0) \times 100\% \tag{6-2b}$$

$$I_{SCC}(\sigma) = (1 - \sigma_{SCC}/\sigma_0) \times 100\% \tag{6-2c}$$

式中，δ_{SCC}、ψ_{SCC} 和 σ_{SCC} 分别为在腐蚀介质中测得的伸长率、断面收缩率和断裂应力；δ_0、ψ_0 和 σ_0 分别为在惰性介质中测得的对应参量。对脆性材料或缺口试样，应力腐蚀敏感性为 $I_{SCC}(\sigma)$。应当指出，I_{SCC} 越大，相对塑性比 δ_{SCC}/δ_0，或相对强度比 σ_{SCC}/σ_0 就越小。有时也用慢拉伸时应力腐蚀断裂时间（t_F）与惰性介质（如空气）中相同应变速率下断裂时间（t_0）之比作为应力腐蚀敏感性度量，t_F 越小或 t_F/t_0 越小，则应力腐蚀越敏感。

应当指出，有时用断面收缩率指标 $I_{SCC}(\psi)$ 作为应力腐蚀敏感性比用伸长率指标 $I_{SCC}(\delta)$ 更为合适。例如，某工厂退火态镍基合金在 140℃ 的 NaOH 溶液开路条件下（$-980 mV_{SCE}$）慢拉伸，应力腐蚀敏感性为 $I_{SCC}(\delta) = 0$，$I_{SCC}(\psi) = 40\%$，断口类型为穿晶断裂。另外，当外加阴极电位为 $-150 mV_{SCE}$ 时，$I_{SCC}(\delta) = 0$，$I_{SCC}(\psi) = 31\%$，断口类型为沿晶断裂。这表明，有时用 $I_{SCC}(\delta)$ 无法显示应力腐蚀敏感性，但用 $I_{SCC}(\psi)$ 及断口形貌则显示存在应力腐蚀敏感性；而有时 $I_{SCC}(\delta)$ 能显示应力腐蚀，但用 $I_{SCC}(\psi)$ 不能显示应力腐蚀。例如，商业纯 Mg 圆柱试样在 pH = 10 的 $10^{-3} mol/L$ Na_2SO_4 溶液中慢拉伸（$5 \times 10^{-6} s^{-1}$），开路条件下的阳极极化 $I_{SCC}(\delta) = 62\%$，但是 $I_{SCC}(\psi) = 0$。

6.1.3.2 门槛应力 σ_{SCC}

光滑试样在介质中承受恒应力，取在规定截止时间内发生应力腐蚀断裂的最小应力（σ_y）以及不发生应力腐蚀断裂的最大应力（σ_n）的平均值，称为门槛应力 σ_{SCC}（或 σ_c），即

$$\sigma_{SCC} = (\sigma_y + \sigma_n)/2, (\sigma_y - \sigma_n) \leqslant 0.1(\sigma_y + \sigma_n) \tag{6-3}$$

当两者之差（$\sigma_y - \sigma_n$）小于等于两者之和（$\sigma_y + \sigma_n$）乘以 0.1，即满足式（6-3）时，就可保证 σ_{SCC} 和真实值（处在 σ_y 和 σ_n 之间）之差小于它们之和的 10%。

6.1.3.3 门槛应力强度因子 K_{ISCC}

对预裂纹（或尖缺口）试样，能产生应力腐蚀的最小应力强度因子 K_{Iy} 以及不发生应力腐蚀的最大应力强度因子 K_{In} 的平均值称为应力腐蚀门槛应力强度因子，用 K_{ISCC} 表示，即

$$\sigma_{SCC} = (\sigma_y + \sigma_n)/2, (\sigma_y - \sigma_n) \leqslant 0.1(\sigma_y + \sigma_n)$$
$$K_{ISCC} = (K_{Iy} + K_{In})/2, (K_{Iy} - K_{In}) \leqslant 0.1(K_{Iy} + K_{In}) \qquad (6\text{-}4)$$

它可用恒载荷试样或恒位移试样来测量。用恒载荷试样可测量裂纹开始形核的门槛应力强度因子 K_{Ii}，以及滞后断裂的应力腐蚀门槛应力强度因子 K_{ISCC}。利用恒位移缺口试样可测裂纹形核门槛应力强度因子 K_{Ii}，以及裂纹停止扩展的止裂门槛应力强度因子，也用 K_{ISCC} 表示。

6.1.3.4 缺口开裂的门槛应力强度因子 K_{ISCC} (ρ)

多数受力构件采用螺栓连接，裂纹（包括应力腐蚀和氢脆）往往从螺纹缺口顶端形核、扩展。对含缺口构件进行安全性评估时，要求测量裂纹从缺口形核的门槛应力强度因子。研究表明，用一组不同曲率半径 ρ 的缺口试样可测出氢致裂纹从缺口形核的门槛应力强度因子 $K_{IH}(\rho)$。对 30CrMnSiNi2 钢，不同缺口曲率半径 ρ 试样的形核时间随 K_I 的变化见图 6-4（a），由此获得的 $K_{IH}(\rho)$ 和 $\rho^{1/2}$ 成正比，见图 6-4（b）。对 T250 马氏体时效钢，用一组缺口曲率半径 ρ 相同的试样，记录在水中应力腐蚀裂纹形核时间 t_i［图 6-5（a）］，由此获得裂纹形核门槛应力强度因子 $K_{ISCC}(\rho)$ 和 $\rho^{1/2}$ 满足线性关系［$K_{ISCC}(\rho) = 23 + 159\rho^{1/2}$，图 6-5（b）］。

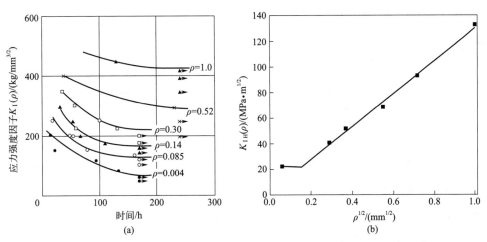

图 6-4 30CrMnSiNi2 钢缺口氢致裂纹形核的 $K_I(\rho)$-t 曲线（a）以及 $K_{IH}(\rho)$-$\rho^{1/2}$ 曲线（b）

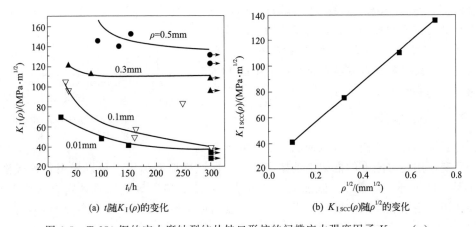

图 6-5 T-250 钢的应力腐蚀裂纹从缺口形核的门槛应力强度因子 $K_{ISCC}(\rho)$

6.1.3.5 裂纹扩展速率 da/dt

应力腐蚀裂纹扩展速率 da/dt 是衡量应力腐蚀开裂敏感性的重要参数之一。绘制裂纹长度 a 随时间增大的 a-t 曲线，其斜率即为 da/dt。把该点的 a 值代入 K_I 公式，可求出和该 da/dt 相对应的 K_I，由此可作出 da/dt-K_I 曲线（图 6-6）。在很多情况下恒载荷试样的 da/dt-K_I 曲线分三个阶段，第 II 阶段的 da/dt 与 K_I 无关，称为应力腐蚀裂纹稳态扩展速率 [图 6-6（a）]。对恒位移试样，一开始即出现水平阶段，然后随 K_I 降低，da/dt 下降，很快就止裂 [图 6-6（b）]。很显然，da/dt 随温度升高而增大，即 $da/dt = A\exp[-Q/(RT)]$，其中 A 为和温度 T 无关的常数，R 为气体常数。根据不同温度下的 da/dt，作出 da/dt-$1/T$ 曲线（图 6-7），其斜率为 Q/R，从而可求出应力腐蚀激活能 Q。

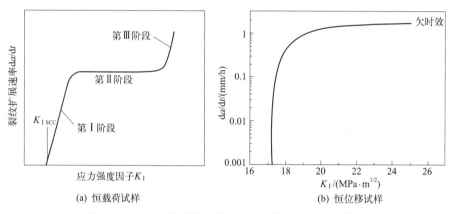

（a）恒载荷试样 （b）恒位移试样

图 6-6　TM210 马氏体时效钢应力腐蚀 da/dt-K_I 曲线

6.1.4　应力腐蚀常见常用研究方法

（1）慢应变速率拉伸试验

慢应变速率拉伸（SSRT）试验由 R. N. Parkins 发展起来，用以快速评定材料在一定腐蚀体系中的 SCC 敏感性，具有测试周期短和 SCC 敏感性识别快速等特点。通过 SSRT 研究 SCC 敏感性时，应变速率是最为重要的控制参量，特别是阳极溶解控制的 SCC，应变速率的存在范围通常是 $10^{-8} \sim 10^{-4}\,\mathrm{s}^{-1}$，而大多数材料在各自腐蚀体系中的 SCC 高敏感应变速率约为 $10^{-8} \sim 10^{-6}\,\mathrm{s}^{-1}$。

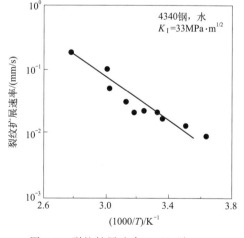

图 6-7　裂纹扩展速率 da/dt 随温度的倒数 $1/T$ 的变化

（2）恒应变法试验

恒应变法即通过弯曲或者拉伸试样使其变形产生一定应变，用足够刚度的框架来维持变形，确保试样应变恒定。可以采用各种规格试样，如 C 形环、U 形环、弯梁等，施加应力的方法、大小、应力计算以及评定方法均不同。此法主要适用于观察裂纹的扩展与终止，预测裂纹的加工质量要求不高，线切割即可满足，缺点是裂纹容易分叉，测得的门槛应力强度因子可能偏高。

（3）电子显微镜辅助分析

采用扫描电子显微镜（SEM）分析断口形貌，通过断裂特征判断金属材料的 SCC 敏感性；而透射电子显微镜（TEM）能够对化学成分和组织结构进行精细表征，可用于深入地研究组织结构与 SCC 敏感性之间的关联。R. G. Deshais 利用 TEM 研究了不同时效状态 7010 铝合金的应力腐蚀开裂行为，研究发现：在应力作用下连续分布的第二相粒子［Al-Cu-Fe(Si)］附近出现孔隙；当载荷足够大时，金属间化合物和晶界的界面均发生脱黏，形成裂纹通道；7000 铝合金的 Cu 含量较高，Zn 和 Mg 在晶界偏析，导致抗 SCC 性能降低。

（4）电化学表征

电化学腐蚀是最常见的腐蚀现象，也被用来进行材料腐蚀防护（如阴极保护等）。腐蚀电化学是以金属腐蚀为研究对象的电化学，一直是腐蚀与防护科学的重要研究方向，包括基本原理与试验测试分析。目前，腐蚀电化学的研究重点已从金属腐蚀的基本规律逐步转向危害性更大、过程更复杂的局部腐蚀及应力腐蚀，涵盖了金属腐蚀的整体评估和微区电化学过程的分析模拟。近年来，腐蚀电化学的研究不再局限于腐蚀机理，而是更加精确地分析各种腐蚀行为、腐蚀防护技术的有效性和进行腐蚀过程实时检测。电化学阻抗谱测试技术体现出很强的实用性，已经推广到涂层性能的评价与筛选、阴极腐蚀速度测定、储油罐和混凝土钢筋的检测等领域。

（5）影响应力腐蚀的因素

应力腐蚀的影响因素分内因和外因两类。内因是指材料本身的结构和性能，如成分、热处理条件、冷加工量及微观结构（如晶粒尺寸、晶界类型、夹杂大小和分布、第二相的电位及分布等）。外因则包括试样类型（光滑或预裂纹、恒载荷或恒位移）、应力状态（正应力或剪应力、拉应力或压应力、恒应力或交变应力）、试验条件（应变速率、试验温度、外加电位、介质成分、pH 值）等。本节重点介绍应变速率和试验温度对应力腐蚀的影响。

① 应变速率的影响。一般认为，氢致开裂型的应力腐蚀敏感性（I_{SCC}）随应变速率（$\dot{\varepsilon}$）下降而升高；而阳极溶解型的 I_{SCC} 随 $\dot{\varepsilon}$ 的变化存在争议。有学者认为，I_{SCC} 在 $\dot{\varepsilon}$ 为中等时具有峰值（图 6-8）。因此，随着 $\dot{\varepsilon}$ 下降，I_{SCC} 出现峰值就属于阳极溶解型，单调升高则属于氢致开裂型。同时，大量工作表明，对阳极溶解型应力腐蚀，应力腐蚀敏感性 I_{SCC} 也随 $\dot{\varepsilon}$ 下降而单调升高（见图 6-9）。

② 试验温度的影响。一般来说，应力腐蚀敏感性会随温度升高而增大（图 6-10）。低碳钢在 NaOH 溶液（NaOH＋Al$_2$O$_3$）中，当 $T < 90℃$ 时并不发生应力腐蚀；如 $T = 150℃$，只有当 $\dot{\varepsilon} < 2.5 \times 10^{-7} s^{-1}$ 时才发生应力腐蚀。奥氏体不锈钢在沸腾 MgCl$_2$ 溶液中恒载荷下的滞后断裂时间随温度升高（130～154℃）而不断下降（图 6-11）。

（6）防止应力腐蚀的措施

主要措施包括：合理选择材料、减少或消除零件中残余拉应力、改善化学介质条件以及采用电化学防护。

① 合理选择材料。针对零件所受的应力和接触的化学介质，选用耐应力腐蚀的金属材料。例如，铜对氨的应力腐蚀敏感度很高，因此，接触氨的零件就应避免使用铜合金。又如，在高浓度氯化物介质中，一般可选用不含镍、铜或仅含微量镍、铜的低碳高铬铁素体

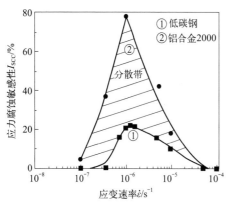
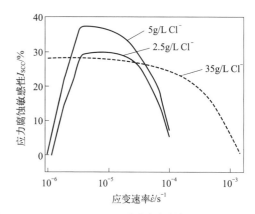

(a) 低碳钢在碳酸盐以及铝合金在水溶液，斜线是分散带

(b) MgAl合金在水溶液

图 6-8　应力腐蚀敏感性 I_{SCC} 随 $\dot{\varepsilon}$ 的变化

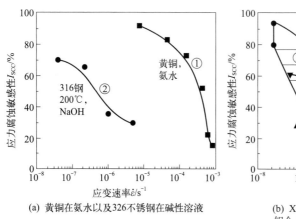
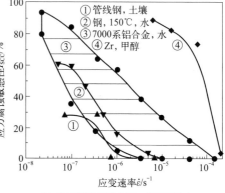

(a) 黄铜在氨水以及326不锈钢在碱性溶液

(b) X-65管线钢在土壤、钢在高温水、
铝合金在水溶液，以及Zr在甲醇溶液

图 6-9　I_{SCC} 随 $\dot{\varepsilon}$ 变化图

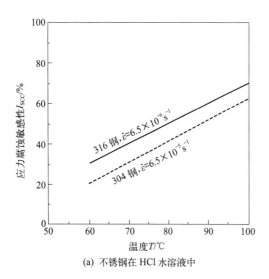
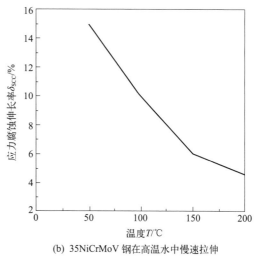

(a) 不锈钢在 HCl 水溶液中

(b) 35NiCrMoV 钢在高温水中慢速拉伸

图 6-10　温度对材料应力腐蚀敏感性的影响

不锈钢，或含硅较高的铬镍不锈钢，也可选用镍基和铁-镍基耐蚀合金。此外，应尽可能选用门槛应力强度因子（K_{ISCC}）较高的合金。

② 减少或消除零件中的残余拉应力。残余拉应力是导致金属零件应力腐蚀的重要原因，这种腐蚀可以通过优化设计和加工工艺来避免或削弱。比如，采取均匀加热、冷却以及退火处理，尽量减少零件上的应力集中；采用喷丸或其它表面处理方法，使零件表层产生一定的残余压应力。应当指出：如果产生点蚀，蚀坑穿过表面压应力层达到残余拉应力区，反而会加速应力腐蚀开裂。

③ 改善化学介质。一方面，设法减少和消除促进应力腐蚀开裂的有害离子，例如，通过水净化处理，降低冷却水与蒸汽中氯离子含量，对于预防奥氏体不锈钢的氯脆十分有效；另一方面，可在化学介质中添加缓蚀剂，例如，在高温水中加入 3×10^{-2} ％磷酸盐，可以大大提升铬镍奥氏体不锈钢的耐应力腐蚀性能。

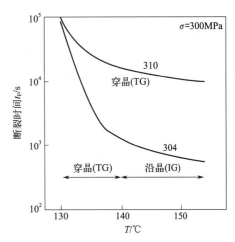

图 6-11　不锈钢在 $MgCl_2$ 溶液中应力腐蚀断裂时间随温度的变化

④ 采用电化学保护。金属材料只有在特定化学介质中、一定电极电位范围内才会产生应力腐蚀。因此，采用外加电位的方法，使金属材料在化学介质中的电位远离应力腐蚀敏感电位区间，也是防止应力腐蚀的一种措施。一般采用阴极保护法，但高强度钢或其它氢脆敏感的材料，不能采用阴极保护法。

6.2　氢脆

由于氢和应力的共同作用而导致金属材料产生脆性断裂的现象，称为氢致断裂（简称氢脆），也称为氢损伤。材料在制备和加工（如冶炼、浇铸、焊接、酸洗及 H_2 处理）时会有氢进入，在服役时氢也可能渗入，例如，在高温高压 H_2 中服役时，在含 H_2S 的溶液或其它酸性水溶液中服役时。对马氏体时效钢、铝合金及某些金属间化合物，在大气中服役时氢就会进入，使材料性能（如磁性、电性和铁电性）退化，产生各种不可逆氢损伤，如钢中白点、焊接冷裂纹、酸洗和电镀裂纹、H_2S 浸泡裂纹、高温氢蚀、氢化物及氢致马氏体等。当存在外载荷时，氢降低材料塑性，引起延迟断裂。上述现象总称为氢损伤或氢脆。氢脆理论认为，蚀坑或裂纹内形成闭塞电池，使裂纹尖端或蚀坑底部的介质具有低 pH 值，满足了阴极析氢的条件，吸附的氢原子进入金属并引起氢脆，导致 SCC 发生。高强度钢在海水、雨水等水溶液中的 SCC 可用该理论解释。

6.2.1　氢在金属中的存在形式

氢的来源可分为"内含的"和"外来的"两类。前者是指金属在熔炼过程中及随后的加工制造过程（如焊接、酸洗、电镀等）中吸收的氢；后者则是金属零件服役时从含氢环境介质中吸收的氢。

氢在金属中可以有几种不同的存在形式。在一般情况下，氢以间隙原子状态固溶在金属中；对于大多数合金，氢的溶解度随温度降低而降低。氢在金属中也可通过扩散聚集在较大的缺陷（如空洞、气泡、裂纹等）处，以氢分子状态存在。此外，氢还可能和一些过渡族、稀土或碱土金属元素作用生成氢化物，或与金属中的第二相作用生成气体产物。例如，钢中的氢和渗碳体中的碳原子作用形成甲烷等。

6.2.2 氢脆类型及其特征

氢在金属中存在状态以及氢与金属交互作用性质的差异，导致不同的氢脆机理。常见氢脆现象及其特征简介如下。

（1）氢蚀

氢与金属中的第二相作用生成高压气体，减弱了基体金属晶界结合力，导致金属脆化。例如，碳钢在 $300\sim500℃$ 的高压氢气氛中工作时，氢与钢中的碳化物作用生成高压的 CH_4 气泡，在晶界上达到一定密度后，金属的塑性大幅度降低。这种氢脆现象的断裂源产生于零件与高温、高压氢气相接触的部位。对碳钢来说，温度低于 $220℃$ 时不产生氢蚀。氢蚀断裂的宏观断口形貌呈氧化色和颗粒状。微观断口上晶界明显加宽，呈沿晶断裂。

（2）白点（发裂）

当钢中含有过量的氢时，其溶解度随温度降低而减小，未能扩散逸出的过饱和氢聚集在某些缺陷处而形成氢分子，体积急剧膨胀，由此产生的内压力足以将金属局部撕裂，而形成微裂纹。该微裂纹断面呈银白色、圆形或椭圆形，故称为白点。白点主要出现在大型锻件的纵向断裂面上和截面较大的轧制钢材中，历史上白点曾造成许多重大事故。图 6-12 所示为 Cr5 钢锻件调质后断面上的白点形貌。人们对白点的成因及预防方法已进行了大量而详尽的研究，采用精炼除气、锻后缓冷或等温退火，以及在钢中加入稀土或其它微量元素等方法，可以成功地予以减弱或消除。

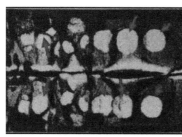 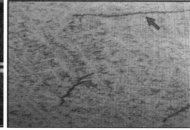

(a) 纵断面　　　　　　　　　　(b) 横断面

图 6-12　Cr5 钢的白点形貌

（3）氢化物致脆

氢与ⅣB 或ⅤB 族金属（如纯钛、α-钛合金、镍、钒、锆、铌及其合金）的亲和力较大，极易生成脆性氢化物，促使金属脆化。例如，室温下氢在 α-钛中的溶解度较低，钛与氢的化学亲和力较高，易形成氢化钛（TiH_x）而产生氢脆。

因氢化物导致的氢脆敏感性，随温度降低、金属零件缺口尖锐程度增加而增大。裂纹常沿氢化物与基体的界面扩展，断口上可以见到氢化物。

氢化物的形状和分布对氢脆的影响明显。若晶粒粗大，晶界处氢化物呈薄片状，极易产生应力集中，危害极大；若晶粒较细，氢化物多呈块状、不连续分布，危害较小。

（4）氢致延滞断裂

高强度钢或 α+β 钛合金含有适量的、处于固溶状态的氢，在低于屈服强度的应力持续作用下，经过一段孕育期后，金属内部（特别是三向拉应力区）形成裂纹并逐步扩展，最后突然发生脆性断裂。这种由于氢的作用而产生的延滞断裂现象称为氢致延滞断裂。工程上所说的氢脆，大多数指这类氢脆，具有如下特点：

① 只在一定温度范围内出现，如高强度钢多在 −100～150℃ 之间出现，而以室温下最敏感。

② 提高应变速率，金属材料对氢脆的敏感性降低。因此，只有在慢速加载试验中才能显示这类脆性。

③ 此类氢脆会显著降低金属材料的断后伸长率，但是含氢量超过一定数值后，断后伸长率不再变化，而断后收缩率则随含氢量的增加不断下降。强度越高，下降越强烈。

④ 高强度钢的氢致延滞断裂具有可逆性，即钢材经低应力慢速应变后，由于氢脆，塑性降低。如果卸除载荷，停留一段时间再进行高速加载，则钢的塑性可以得到恢复，氢脆现象消除。

高强度钢氢致延滞断裂断口的宏观形貌与一般脆性断口相似，微观形貌大多表现为沿原奥氏体晶界的沿晶断裂，断面上常有许多撕裂棱。实际断口并非完全的沿晶断裂形貌，有时出现穿晶断裂（微孔聚集型、解理型、准解理型或准解理＋微孔聚集混合型），甚至为单一的穿晶断裂形貌。氢脆的断裂方式与裂纹尖端的应力强度因子 K_I、氢浓度以及晶界处杂质元素偏聚有关。针对 40CrNiMo 钢的试验表明，当钢的纯度提高时，氢脆的断口形貌由沿晶断裂转变为穿晶断裂；同时，断裂临界应力也大大提高。这可以理解为，除力学因素外，杂质偏聚的晶界吸附了较多的氢，削弱了晶界强度，导致沿晶断裂。

6.2.3 钢的氢致延滞断裂机理

高强度钢对氢致延滞断裂非常敏感，其断裂过程也可分为孕育、裂纹亚稳扩展及失稳扩展等三个阶段。

表面单纯吸附氢原子并不会直接导致钢的氢脆。氢必须进入 α-Fe 晶格中、并偏聚到一定浓度后才能形成裂纹。环境介质中氢引起延滞断裂，包含氢原子进入钢、氢在钢中迁移和氢的偏聚等三个步骤，这几步即属于氢致延滞断裂的孕育阶段。

氢一般固溶于 α-Fe 晶格中，产生膨胀性弹性畸变。在刃型位错诱导的应力场驱动下，氢原子与位错交互作用，迁移至位错线附近的拉应力区，形成氢气团。显而易见，位错密度高的区域具有较高的氢浓度。

在外加应力作用下，当应变速率较低而温度较高时，氢气团的运动速率与位错运动速率相适应；气团跟随位错运动，但又滞后一定距离，相当于"钉扎"或"拖拽"住位错，产生局部应变硬化。当运动着的位错与氢气团遇到障碍（如晶界）时，便产生位错塞积，氢原子进一步聚集。若应力足够大，则在位错塞积区端部会形成较大的应力集中。如果不能通过塑性变形使应力松弛，便会形成裂纹。该处聚集的氢原子促进裂纹形成和扩展，最后造成脆性断裂。

由于氢使 α-Fe 晶格膨胀，故拉应力促进氢的溶解。在外加应力作用下，金属中已形成裂纹的尖端为三向拉应力区，因而氢原子易于通过位错运动向裂纹尖端区域聚集。氢原子一般偏聚在裂纹尖端、塑性区与弹性区的界面上，当偏聚浓度达到临界值时，该区域明显脆化而形成新裂纹。新裂纹与原裂纹的尖端相汇合，裂纹便先扩展一段距离，随后又停止 [图 6-13 (a)]。如此再孕育、再扩展；最终，当裂纹经亚稳扩展达到临界尺寸时，发生失稳扩展而断裂。因此，不同于应力腐蚀裂纹的渐进式扩展，氢致裂纹的扩展为步进式，可通过电阻的变化 [图 6-13 (b)] 加以证实。

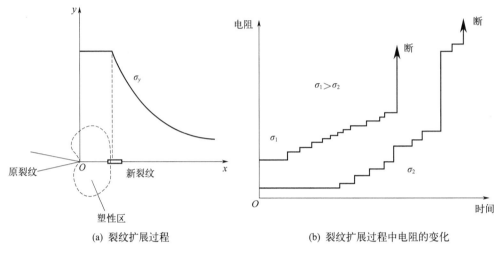

(a) 裂纹扩展过程　　　　　　　　　(b) 裂纹扩展过程中电阻的变化

图 6-13　氢致裂纹的扩展过程和扩展方式

6.2.4　氢致延滞断裂与应力腐蚀的关系

应力腐蚀与氢致延滞断裂都是由于应力和化学介质共同作用而产生的延滞断裂现象，两者关系十分密切。图 6-14 所示为钢在特定化学介质中产生应力腐蚀与氢致延滞断裂的电化学原理图。由图可见，产生应力腐蚀时总是伴随有氢的析出，析出的氢又易于形成氢致延滞断裂。两者的区别在于应力腐蚀为阳极溶解过程 [图 6-14 (a)]，形成所谓阳极活性通道而使金属开裂；而氢致延滞断裂则为阴极吸氢过程 [图 6-14 (b)]。在探讨某一具体合金-化学

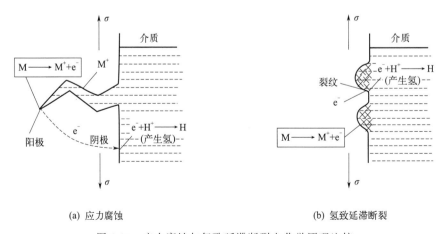

(a) 应力腐蚀　　　　　　　　　　(b) 氢致延滞断裂

图 6-14　应力腐蚀与氢致延滞断裂电化学原理比较

介质系统的延滞断裂究竟属于哪一种断裂类型时，一般可采用极化试验方法，即利用外加电流对静载下产生裂纹时间或裂纹扩展速率的影响来判断。当外加小的阳极电流而缩短产生裂纹时间的是应力腐蚀，当外加小的阴极电流而缩短产生裂纹时间的是氢致延滞断裂。

对于一个已断裂的零件来说，还可从断口形貌上来加以区分。表 6-2 为钢的应力腐蚀与氢致延滞断裂断口形貌的比较。

表 6-2　钢的应力腐蚀与氢致延滞断裂断口形貌的比较

类型	断裂源位置	断口宏观特征	断口微观特征	二次裂纹
应力腐蚀	均在表面，且常在尖角、划痕、点蚀坑等拉应力集中处	脆性，颜色较暗，甚至呈黑色，和最后静断区有明显界限，断裂源区颜色最深	一般为沿晶断裂，也有穿晶解理断裂。有较多腐蚀产物，且有特殊的离子如氯、硫等。断裂源区腐蚀产物最多	很多
氢致延滞断裂	大多在表皮下，偶尔在表面应力集中处，且随外应力增加，断裂源位置向表面靠近	脆性，较光亮，刚断开时没有腐蚀，在腐蚀性环境中放置后，受均匀腐蚀	多数为沿晶断裂，也可能出现穿晶解理或准解理断裂。晶界面上常有大量撕裂棱，个别地方有韧窝，若未在腐蚀环境中放置，一般无腐蚀产物	没有或极少

6.2.5　防止氢脆的措施

氢脆与环境、力学及材质等因素有关，因此可以从这三个方面来防止。

（1）环境因素

设法切断氢进入金属中的途径，或者控制这条途径上的某个关键环节，延缓氢在这个环节上的反应速度，使氢不进入或少进入金属中。例如，采用表面涂层，使零件表面与环境介质中的氢隔离。还可采用在含氢介质中加入抑制剂的方法，如在 100% 干燥的 H_2 中加入 O_2，$\varphi(O_2)=0.6\%$（体积分数），由于氧原子优先吸附于金属表面或裂纹尖端，生成具有保护性的氧化膜，可以有效地阻止氢原子向金属内部扩散，抑制裂纹的扩展。又如，在 3% 质量分数 NaCl 水溶液中加入浓度为 10^{-3} mol/L 的 N-椰子素、β-氨基丙酸，也可降低钢中的含氢量，延长高强度钢的断裂时间。

（2）力学因素

在零件设计和加工过程中，应排除各种产生残余拉应力的因素；相反，采用表面处理可以使表面获得残余压应力层，对防止氢致延滞断裂有良好作用。

金属材料抗氢脆的力学性能指标与耐应力腐蚀性能指标一样，对于裂纹试样可采用氢脆临界应力场强度因子（或称为氢脆门槛值）$K_{I\,HEC}$ 及裂纹扩展速率 da/dt 来表示。设计时应力求使零件服役的 K_I 值小于 $K_{I\,HEC}$。

（3）材质因素

含碳量较低且硫、磷含量较少的钢，氢脆敏感性低。钢的强度等级越高，对氢脆越敏感。如 4340 钢在 3.5% NaCl 溶液中，当硬度由 43 HRC 增至 53 HRC 时，其 $K_{I\,HEC}$ 大幅度降低。因此，对在含氢介质中服役的高强度钢的强度应有所限制。钢的显微组织对氢脆敏感性有较大影响，一般按下列顺序递增：球状珠光体＜片状珠光体＜回火马氏体或贝氏体＜未回火马氏体。晶粒度对抗氢脆能力的影响比较复杂，因为晶界既可吸附氢，又可作为氢扩散的通道，总的倾向是细化晶粒可提高抗氢脆能力。冷变形会使氢脆敏感性增大。因此，合理选材与正确制定冷、热加工工艺，对防止零件的氢脆也是十分重要。

案例链接 6-1：通过添加稀土元素改进 7×××系铝合金耐应力腐蚀性能

近年来，随着"节能减排"理念为大众广泛关注，高速列车"轻量化"的迫切需求也进一步提升。铝合金因其低密度、高比强度、优良的塑性加工性能和丰富的原料储备等优势而广泛应用于航空航天、高铁等领域，而 7×××系（Al-Zn-Mg-Cu 系）铝合金作为高强铝合金在高速列车关键承载部件领域更具广泛的应用前景，但 7×××系铝合金存在应力腐蚀敏感性与强度之间的矛盾，即当合金的耐应力腐蚀性能较好时，往往其强度不高。

基于高效全局优化（EGO）算法和 Kriging 模型，自主设计合金学习循环策略，以电导率为应力腐蚀的初级目标，可以设计出性能较佳的铝合金成分，并通过时效制度进一步提升其力学和耐应力腐蚀性能。

在 7×××系合金中添加稀土元素 Y 和 Ce 会形成稀土相 $Al_8Cu_4(Y,Ce)$ 和稀土四边形相 $Al_{20}Ti_2(Y,Ce)$，它能改善合金的耐应力腐蚀开裂（SCC）性能。改善原因如下：减少晶界 η（$MgZn_2$）分布，从而抑制连续的阳极腐蚀通道；同时能够形成稀土氧化物薄膜，有助于防止氢脆；并且可以生成致密的含 Ce 的氧化物和氯化物，来抵抗点蚀损伤。

采用自主设计的合金循环策略，以电导率为初级目标，迭代计算四次，能设计出电导率较高的铝合金，其合金成分为 Al-6.05Zn-1.46Mg-1.32Cu-0.13Zr-0.02Ti-0.50Y-0.23Ce，导电率的值为 42.152％IACS。EGO 合金与传统的 7N01 合金相比具有更好的耐应力腐蚀性能，在研究试验条件下，通过慢应变拉伸试验发现：不论是单级时效还是双级时效下，EGO 合金的 I_{SCC} 值都低于 7N01 铝合金的（图 6-15）；两种铝合金单级时效下 I_{SCC} 值分别为 6.82％和 23.55％，双级时效下 I_{SCC} 值分别为 1.15％和 14.31％（图 6-16）。

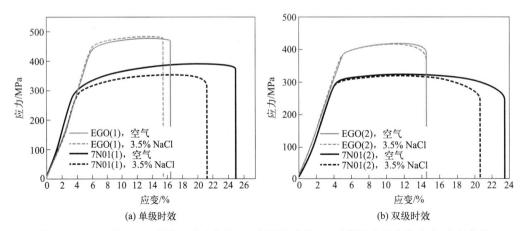

图 6-15　EGO 和 7N01 铝合金在空气和 3.5％质量分数 NaCl 腐蚀介质中的应力-应变曲线
（慢拉伸速率为 $1.0\times10^{-6}\,s^{-1}$）

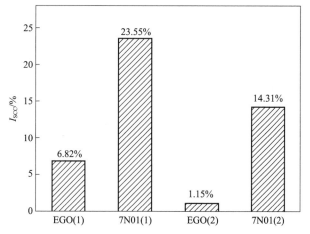

图 6-16　EGO 和 7N01 铝合金的应力腐蚀敏感因子 I_{SCC}

【资料来源：曹鑫宇 . 基于机器学习方法的 7×××系铝合金设计及抗应力腐蚀性能与机理研究［D］. 成都：西南交通大学，2020.】

6.3　本章小结

　　本章介绍了金属材料的应力腐蚀和氢脆的基本概念、性能指标、常见研究方法、显微机理、影响因素和防止手段。

　　环境介质对材料的力学性能有显著影响。有时腐蚀性很弱的介质，如水、潮湿空气也能产生重要影响。介质与应力的协同作用相比其单一作用通常更易引起材料力学性能（特别是塑性）下降。应力、化学介质和材料成分是应力腐蚀的三个产生条件。从破坏机理来看，应力腐蚀断裂的诱因可能是裂纹尖端阳极溶解，也可能是阴极反应产生的氢进入金属。氢还可能导致材料以其它形式破坏，如白点、氢蚀、氢化物致脆和氢致延滞断裂等。

本章重要词汇

　　（1）应力腐蚀：stress corrosion
　　（2）氢脆：hydrogen embrittlement
　　（3）氢蚀：hydrogen attack（damage）
　　（4）白点：flake
　　（5）氢化物致脆：hydride embrittlement
　　（6）氢致延滞断裂：hydrogen induced delay cracking

思考与练习

（1）说明下列力学性能指标的意义：

①σ_{SCC}；②K_{ISCC}；③da/dt。

（2）如何判断某一零件的破坏是由应力腐蚀引起的？应力腐蚀破坏为什么通常是一种脆性破坏？

（3）试述氢脆与应力腐蚀区别。

（4）为什么高强度材料，包括合金钢、铝合金、钛合金，容易产生应力腐蚀和氢脆？

（5）分析应力腐蚀裂纹扩展速率da/dt与K_I的关系，并与疲劳裂纹扩展速率曲线进行比较。

（6）应力腐蚀裂纹扩展曲线（da/dt-K）中的三个阶段各有何特点？

（7）何谓氢致延滞断裂？为什么高强度钢的氢致延滞断裂是在一定的应变速率下和一定的温度范围内出现？

（8）有一 M24 栓焊桥梁用高强度螺栓，采用 40B 钢调质制成，抗拉强度为 1200MPa，承受拉应力 650MPa。在使用过程中，由于潮湿空气及雨淋的影响，发生了断裂事故。观察断口发现，裂纹从螺纹根部开始，有明显的沿晶断裂特征，随后是快速脆断部分。断口上有较多腐蚀产物，且有较多的二次裂纹。请分析该螺栓产生断裂的原因，并讨论防止这种断裂产生的措施。

第 7 章

材料的摩擦与磨损性能

7.1 概述

摩擦磨损是材料失效的主要形式之一。据报道，每年全世界约 30％的一次能源因为摩擦被消耗，而摩擦引起的磨损是机械设备失效的主要原因，由磨损引起的零件失效比例高达 60％。研究材料磨损形式、规律与机理，从根本上提高材料耐磨性、增强材料润滑性等，进而减少材料磨损，可以延长机械设备寿命，并节约能源。

从材料的角度，磨损是一个复杂的系统过程，存在材料表面接触、状态变化以及材料损伤等。材料接触表面在磨损过程中会发生几何形状的改变，材料的物理特性也会发生变化，材料的消耗会引起材料的弹塑性变形、塑性流动、显微组织转变等。影响磨损过程的因素也错综复杂，不同的服役条件、载荷、滑动、润滑介质、材料特性、几何特性等都会引起不同的磨损现象和磨损机理，磨损引起的材料消耗速率通常也会随着服役条件等因素的变化而不断变化。

随着科技的发展，材料在服役过程中，零件的相对运动速度越来越高，如高速列车运行速度提高、航空航天飞行速度提高、发动机等旋转零件的旋转速度也越来越高，这些零件的材料在摩擦过程中磨损速度也越来越快，其使用寿命在一定程度上也出现降低的现象。磨损消耗的能量和引起的经济损失巨大，由此可见，材料的磨损性能与机理的研究，以及耐磨材料的研究对于降低能源消耗和减少经济损失具有重大意义。

7.2 材料表面形貌与接触

7.2.1 表面形貌

材料的磨损和接触疲劳损伤通常发生在材料的接触表面或亚表面，表层材料在承受载荷与摩擦的同时，发生弹塑性变形累积诱导表面材料损失。因此，材料的表面结构和性能将显著影响其磨损性能。材料表面结构主要包括表面粗糙度、几何尺寸等，这些结构影响微观接触应力，进而影响摩擦磨损过程。同时，材料的不同微观组织也会影响材料的摩擦磨损过程。

任何材料表面都是由许多不同尺寸及形状的凸峰和凹谷组成的，尽管是肉眼看上去或者触摸感觉非常光滑和平整的接触表面，在显微镜下放大到足够倍数仍然可见到不同的凸峰和凹谷，这是机械加工的特性。经过机械加工后的材料表面轮廓形貌如图 7-1 所示。

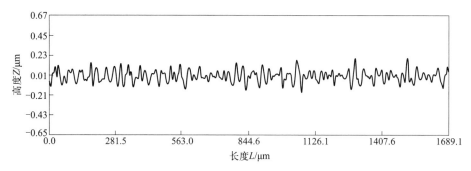

图 7-1　材料表面轮廓形貌示意图

金属材料表面的形貌结构主要采用表面粗糙度来进行描述和定量表征。表面粗糙度是材料表面微观几何形状的尺寸误差，这种几何特征能够反映物体表面的光滑程度。

7.2.2　表面接触

当两个物体表面接触时，由于形状尺寸的不同，其接触形式也会显著不同。根据接触区域大小，常见的接触形式主要有点接触、线接触、面接触等。点接触形式下，在长时间摩擦运行后，磨损会使得接触区域逐渐变大，甚至由点接触转变为面接触形式。载荷不变的情况下，接触应力也会随之变化，使得磨损进入稳定阶段。

接触应力是影响金属磨损的重要因素，载荷低于金属材料屈服强度时，表面只发生弹性变形，损伤较小，但是由于粗糙的表面存在凸峰，使得接触区域更小，其接触应力可能会高于屈服强度，从而发生塑性变形。当载荷高于金属材料屈服强度时，材料发生塑性变形，在长期磨损过程中，造成材料的损失。

根据赫兹（Hertz）接触理论，不同接触形式的接触应力可以进行计算，这也是金属磨损试验和接触疲劳试验的主要试验参数。赫兹接触理论是假设接触表面光滑，并基于弹性体而提出的理论，其接触应力计算公式是研究摩擦、疲劳以及任何有接触物体之间相互作用的基本方程。

① 点接触形式的接触应力计算公式为

$$\sigma_{\max}=\frac{1}{\pi\alpha\beta}\sqrt[3]{\frac{3}{2}\times\frac{F(\sum\rho)^2}{\left(\dfrac{1-\mu_1^2}{E_1}+\dfrac{1-\mu_2^2}{E_2}\right)^2}} \tag{7-1}$$

式中，$\sigma_{\max}$ 为最大接触应力；π 为常数；α，β 为点接触变形系数；F 为施加的载荷；μ_1 为接触物 1 的泊松比；μ_2 为接触物 2 的泊松比；E_1 为接触物 1 的弹性模量；E_2 为接触物 2 的弹性模量；ρ 为两个接触物体在接触区域的主曲率；$\sum\rho$ 为两个接触物体的主曲率之和，计算为

$$\sum\rho=\frac{1}{R_{11}}+\frac{1}{R_{12}}+\frac{1}{R_{21}}+\frac{1}{R_{22}} \tag{7-2}$$

式中，R_{11} 为接触物 1 垂直于滚动方向的曲率半径；R_{12} 为接触物 1 沿滚动方向的曲率半径；R_{21} 为接触物 2 垂直于滚动方向的曲率半径；R_{22} 为接触物 2 沿滚动方向的曲率半径。

② 线接触形式的接触应力计算公式为

$$\sigma_{max} = \sqrt{\dfrac{F(\sum\rho)}{\pi L\left(\dfrac{1-\mu_1^2}{E_1}+\dfrac{1-\mu_2^2}{E_2}\right)}} \tag{7-3}$$

式中，L 为线接触长度。

③ 面接触形式的接触应力计算公式为

$$\sigma_{max} = \dfrac{F}{S} \tag{7-4}$$

式中，S 为接触面积。

7.3 摩擦

7.3.1 概念及分类

两个相互接触的物体在外力作用下发生相对运动或具有相对运动趋势，接触面上具有阻止相对运动或相对运动趋势的作用，这种现象称为摩擦，所产生的切向阻力称为摩擦力。

摩擦现象一直存在于人类社会活动中，远古时代，人类的祖先就已经将摩擦现象应用于生活创造中，利用摩擦生热而钻木取火就是其典型的应用。在现代工程中，金属加工、铁路运输、汽车行驶、发动机旋转等均存在摩擦现象，在各行各业以及日常生活中均存在大量的摩擦问题。

摩擦的类别很多，如表 7-1 所示，可根据不同的分类方法对摩擦进行分类。按摩擦副的运动形式可分为滑动摩擦和滚动摩擦，滑动摩擦是两个物体存在相对滑动或有相对滑动趋势，滚动摩擦是两个物体存在相对滚动或有相对滚动趋势；按摩擦副的运动状态可分为静摩擦和动摩擦；按摩擦副的表面润滑状态可分为干摩擦、边界摩擦和流体摩擦；按摩擦与滑动速度的关系可分为外摩擦和内摩擦，外摩擦是指物体表面做相对运动时的摩擦，与滑动速度的关系取决于实际条件，内摩擦是指物体内部分子间的摩擦，与物体内部质点的相对滑动速度成正比，两种摩擦方式都有能量的变化。干摩擦和边界摩擦都属于外摩擦，而流体摩擦属于内摩擦。

表 7-1 摩擦分类与特点

分类方法	摩擦类型	特点
摩擦副运动形式	滑动摩擦	相对滑动
	滚动摩擦	相对滚动
摩擦副运动状态	静摩擦	无相对运动
	动摩擦	相对运动
摩擦副表面处于润滑状态	干摩擦	无润滑剂
	边界摩擦	边界润滑
	流体摩擦	流体层润滑
摩擦与滑动速度的关系	外摩擦	物体表面相对运动
	内摩擦	物体内部分子运动

7.3.2　摩擦理论

摩擦的基本概念最早是由意大利科学家达·芬奇于 15 世纪提出，之后法国科学家阿蒙顿通过大量试验建立了两个摩擦定律，库仑又基于机械啮合对干摩擦进行了解释，提出了摩擦理论。英国科学家又相继丰富了摩擦理论和库仑摩擦定律，最终形成了经典的摩擦定律：

① 库仑定律：滑动摩擦力与接触面间的法向载荷成正比。

$$F = \mu P \tag{7-5}$$

式中，F 为滑动摩擦力，N；μ 为摩擦系数；P 为法向载荷，N。

② 摩擦系数的大小与接触面积和滑动速度无关。

③ 互相接触的两个物体间存在的最大摩擦力与接触面积大小无关。

④ 静摩擦系数大于动摩擦系数。

⑤ 摩擦力的方向与物体相对滑动的方向相反。

随着摩擦学问题研究的不断深入，已在经典摩擦理论的基础上，发现了更多的摩擦特性。比如，静摩擦系数会随着接触时间的增加而增加；摩擦过程中的生热现象会形成温度场，摩擦过程中的机械能与材料变形等消耗的能量转变为热能，使得材料表层的温度升高，并向材料内部逐渐扩散，升高的温度又会加速摩擦磨损；不同润滑介质下的摩擦系数存在显著差异，滑动速度也会产生一定的影响。

在研究过程中，一般较为常见的是将摩擦分为滑动摩擦和滚动摩擦。由于任何物体的表面都不是理想光滑表面，必然存在一定的粗糙程度，因此无论是滑动摩擦还是滚动摩擦，在相对运动过程中都会造成材料的损失。

由于滑动摩擦具有较大的摩擦系数，材料的磨损现象很严重，人们通常试图将滑动摩擦转变为滚动摩擦，从而减少摩擦带来的危害。齿轮运动、轴承运动、滑轮运动、车轮运动等都属于滚动摩擦的例子。滚动摩擦的接触形式和接触应力可通过赫兹接触理论进行计算和解释。滚动摩擦的阻力主要来源于微观滑动、弹性滞后、黏着效应、塑性变形等因素。

两个表面粗糙不平的物体在相互接触时，产生的阻碍两个物体相对运动的力，称为滑动摩擦力，与施加在物体上的正压力成正比。

7.3.3　微观机理

关于摩擦力产生原因，目前尚未有完整的科学定论。目前有以下几种观点：

① 机械啮合说。18 世纪以前，许多研究者认为摩擦是由于互相接触的物体表面粗糙不平产生的。认为两个物体接触时，接触面上很多凹凸部分就相互啮合；在发生相对运动时，交错啮合的凸凹部分就阻碍物体的运动，摩擦力就是所有这些啮合点的切向阻力的总和。

② 分子作用说。这种理论试图用固体表面上分子间作用力来解释滑动摩擦，认为分子间的作用力是引起两个物体摩擦的主要原因，并以摩擦力的形式出现，可根据分子间电荷力所产生的能量损耗来推导摩擦系数。由此可以得出表面越粗糙，实际接触面积越小，摩擦系数越小，因此这种分析不完全符合实际情况。

③ 黏附说。20 世纪中期，在机械-分子作用摩擦理论的基础上建立了黏着摩擦理论，奠定了现代固体摩擦的理论基础。摩擦黏附说认为，两个互相接触的表面无论多么光滑，从原

子尺度看还是粗糙的，有许多微小的凸起，这样的两个表面接触时，微凸起的顶部首先接触，承受接触面上的法向压力，微凸起之外的部分接触面间仍有很大的间隙。若压力很小，微凸起的顶部仅发生弹性形变；若法向压力超过材料的弹性限度，微凸起的顶部便发生塑性形变，被压成平顶，这时互相接触的两个物体之间距离变小到分子、原子的尺寸，也就是引力发生作用的范围，于是两个紧压着的接触面上产生原子性黏合。要使这两个表面发生相对滑动，必须对其中的一个表面施加一个切向力，来克服分子、原子间的引力，剪断实际接触区生成的接点，这就产生了摩擦力。

机械啮合说可解释一般情况下粗糙表面比光滑表面的摩擦力大这一现象，但无法解释超精加工摩擦系数不降反升的现象。总体而言，黏附说提出的机理比啮合说更普遍。对于不同材料，两种机理表现有所偏向：对金属材料，产生的摩擦以黏附作用为主；而对木材，产生的摩擦以啮合作用为主。

7.4 磨损

接触物体之间相对运动产生摩擦，摩擦造成接触表面层材料的损耗称为磨损（wear）。磨损造成物体寿命降低和能耗增加，也是降低机器工作效率和使用精度的重要原因，严重的情况下，物体的磨损失效会导致机器报废。

目前，磨损的分类方法很多，尚未形成完全统一的标准，主要的分类方法如表 7-2 所列。其中，最为常用的分类方法是按磨损机理进行分类，主要分为黏着磨损、磨粒磨损、微动磨损、疲劳磨损、冲击磨损、腐蚀磨损等。

表 7-2　主要的磨损分类方法

分类方法	接触性质	磨损机理	环境与介质	磨损程度
磨损类型	金属-磨料磨损 金属-流体磨损 金属-金属磨损	黏着磨损 磨粒磨损 微动磨损 疲劳磨损 冲击磨损 腐蚀磨损	干磨损 湿磨损 流体磨损	轻微磨损 严重磨损

一般摩擦副或摩擦系统从开始运行到磨损失效的整个过程中，存在的磨损形式往往不是单一的，而是几种磨损形式的综合作用，或者在不同阶段以不同的磨损形式为主，并伴有其它形式的磨损。

7.4.1　磨损过程

磨损是一个连续的过程，通常金属材料在发生磨损时经历三个阶段：磨合阶段（Oa）、稳定磨损阶段（ab）和剧烈磨损阶段（bc），如图 7-2 所示。

磨合阶段为摩擦副初期运行阶段。一对新的摩擦副运行时，由于原始粗糙表面存在

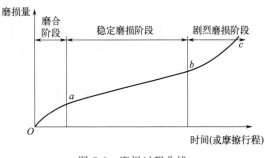

图 7-2　磨损过程曲线

大量的凸峰和凹谷，凸峰属于典型的接触点，此时摩擦副的整体接触面积较小。无论摩擦副的硬度如何，较小的接触面积使得磨损速率较大，接触的部位易于发生黏着现象，从而加速磨损。随着磨损的持续运行，凸峰位置被磨掉，接触面积逐渐增大，磨损速率逐渐减小，为稳定磨损阶段创造条件。磨合阶段的磨合效果将直接影响稳定磨损阶段的磨损速率。为了避免磨合阶段损坏摩擦副，同时为了获得较好的磨合效果，通常磨合阶段选择在低速或较低载荷情况下进行。

摩擦副的正常运行过程一般都处于稳定磨损阶段，经历磨合阶段后，摩擦副表面材料发生加工硬化，产生稳定的塑性变形，微观几何形状发生一定的改变，接触面积在磨合阶段逐渐增加后基本维持不变，受力稳定。此时，摩擦副之间建立较为稳定的弹性接触条件，磨损较为稳定，磨损量随着时间的增加而缓慢增加。在实验室进行磨损试验，主要也是进行到此阶段，再对磨损形貌和微观结构进行表征分析。

磨损的最后一个阶段为剧烈磨损阶段，随着摩擦副运行时间的延长，逐渐出现几何尺寸和表面形态变化、系统温度升高、材料消耗到极限值等现象，摩擦副接触表面之间的间隙增大，磨损速率急剧增加，材料表面质量下降，甚至发生破坏，易于引起零件剧烈振动、噪声增大，最后导致机械零件完全失效。机械零件的主要使用寿命体现在稳定磨损阶段，因此，为了提高使用寿命，应尽可能延长稳定磨损阶段，这需要有一个较好的磨合阶段。

在不同的摩擦副中，上述三个阶段在整个摩擦过程中所占的比例不完全相同，任何摩擦副都要经过上述三个过程，只是程度上和经历的时间上有所区别。一些摩擦副在磨合期后，摩擦副可能经历两个稳定磨损阶段。在恶劣工况条件下，摩擦副可能在磨合磨损之后直接发生剧烈磨损，不能建立稳定磨损阶段。对于疲劳磨损，运行到接触疲劳寿命时，损伤迅速发生，引起失效，磨损曲线仅有最后一个阶段。摩擦副表面发生磨损时，材料表面主要经历表面相互作用、表面层变化和表面层破坏三个磨损过程，如图 7-3 所示，最终表现为材料表面破坏。

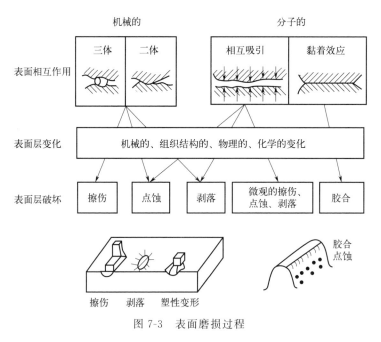

图 7-3　表面磨损过程

（1）表面的相互作用

两个摩擦表面的相互作用，可以是机械的或分子的。相互作用包括弹性变形、塑性变形和犁沟效应，它可以是由两个表面的粗糙峰直接啮合引起的，也可以是由三体摩擦中夹在两表面间的外界磨粒造成的。表面分子间作用包括相互吸引和黏着效应两种，前者的作用力小而后者的作用力较大。

（2）表面层的变化

在摩擦表面的相互作用下，表面层将发生机械的、组织结构的、物理的和化学的变化，这是由表面变形、滑动速率、摩擦温度和环境介质等因素的影响造成的。

表面层的塑性变形会使金属发生形变强化而提高脆性，如果表面经受反复的弹性变形，则将产生疲劳破坏。摩擦热引起的表面接触高温可以使表层金属退火软化，接触以后的急剧冷却将导致再结晶或固溶体分解。外界环境的影响主要是介质在表层中的扩散，包括氧化和其它化学腐蚀作用，这些改变了金属表面层的组织结构。

（3）表面层的破坏

经过磨损后，表面层的破坏主要有以下几种。

① 擦伤，即由于犁沟作用在摩擦表面产生沿摩擦方向的沟痕和磨屑。

② 点蚀，即在接触应力反复作用下，使金属疲劳破坏而形成的表面凹坑。

③ 剥落，即金属表面由于形变强化而变脆，在载荷作用下产生微裂纹，随后剥落。

④ 胶合，即由黏着效应形成表面黏着结点，具有较高的连接强度，使剪切破坏发生在表层内一定深度，因而导致严重磨损。

7.4.2 黏着磨损

（1）定义

摩擦副在运行一段时间后，由于摩擦副之间存在相对滑动，在接触表面会形成一些分散点，局部的接触应力导致塑性变形，这些分散点被称为黏着结点，随后在局部滑动的作用下黏着结点发生剪切断裂，被剪切的材料破碎脱落，造成材料损失，或由一个接触表面迁移到另一个接触表面，这种磨损形式造成的材料损失现象统称为黏着磨损。

（2）磨损机理

黏着磨损过程中，摩擦副表面的实际接触发生在接触面上的黏着结点处，而黏附则发生在这些结点的粗糙位置。通常，摩擦副材料中硬度较低的一方的离散点被磨损剪切从而黏附在硬度较高的另一方，剪切断裂的方式可能是韧性断裂，也可能是脆性断裂，随后，黏着的材料会逐渐变得松动，最后脱落形成磨损碎片。严重的磨损有时会导致宏观上大块的材料被撕裂。黏着磨损一般情况下没有润滑剂，摩擦副表面也没有氧化膜，由于较大的法向载荷使得接触应力超过接触离散点的屈服强度，发生严重塑性变形，并产生磨屑。模具、齿轮、轮轨、凸轮、刀具以及各种轴承等零件的磨损失效都与黏着磨损有关，如图7-4所示为高铁车轮轮轨典型的黏着磨损形貌和机理示意图。

黏着磨损是材料磨损过程中常见的一种磨损形式，也是造成材料损耗的主要原因之一。

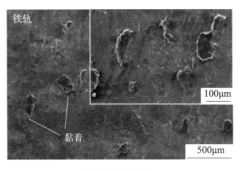
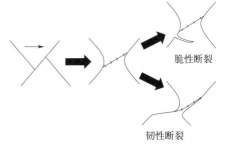

(a) 黏着磨损形貌   (b) 机理示意图

图 7-4　轮轨黏着磨损形貌和机理示意图

材料的耐磨性是抵抗磨损的重要指标，增强材料的耐磨性，可以显著降低材料的磨损。研究表明，不同硬度和不同显微组织会表现出显著不同的耐磨性，提高材料的硬度和改变显微组织均可达到提高耐磨性的目的。轮轨材料的显微组织主要为珠光体，因珠光体组织同时具有较好的强度和韧性，但是当珠光体组织的硬度达到某一目标值时，继续增加硬度而不改变显微组织显得十分困难，在轨道交通领域已经达到了极限，无法进一步提高轮轨材料的耐磨性。对轮轨材料进行表面强化或表面热处理，从而细化显微组织或改变显微组织，可以提高轮轨材料的耐磨性。此外，研发的新型贝氏体组织车轮也可以进一步提高耐磨性。材料硬度越高，越不容易发生黏着磨损现象。

黏着磨损发生在摩擦副两者硬度存在差异的情况下，硬度差异越大，黏着磨损也会越严重。轮轨材料的黏着磨损特性研究表明，车轮和钢轨摩擦副的硬度比对黏着摩擦系数的影响较大，随着硬度比和蠕变等服役工况恶劣程度的加重，黏着摩擦系数显著增加。越是在试验后期，摩擦副表面黏着磨损逐渐加重，接触界面的粗糙度和振动增加，黏着摩擦系数更大，表面的黏着损伤逐渐转变为表面裂纹，最终造成轮轨严重磨损甚至磨损失效。

（3）影响因素

影响黏着磨损的因素较多，包括摩擦副材料特性、硬度、法向载荷、滑动速度、表面温度、润滑情况等。相比脆性材料，塑性材料更易于发生黏着磨损。塑性材料的破坏主要以塑性流动为主，磨屑较大；而脆性材料的损伤较浅，易于造成表面材料的脱落，不黏附在摩擦副表面。应力状态也是影响摩擦副黏着磨损程度的重要因素。塑性材料主要是由于剪切应力引起黏着磨损破坏，而脆性材料主要是由正应力引起破坏。此外，单相金属和固溶体也更易于发生黏着磨损，同类金属的摩擦副相比于不同种类材料构成的摩擦副更易于发生黏着磨损。硬度越小和法向载荷越大，磨损量也越大（图 7-5）。在载荷一定的情况下，黏着磨损量随着滑动速度的增加先增加后减小。较低的表面粗糙度值、表面温度和良好的润滑效果，可以有效减小黏着磨损情

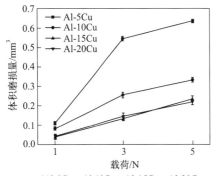

(Al-5Cu、Al-10Cu、Al-15Cu、Al-20Cu
硬度分别为59HB、87HB、112HB、170HB)

图 7-5　Al-Cu 合金试样在不同载荷
下的体积磨损量

况，这也是改善黏着磨损的主要研究方向。

7.4.3 磨粒磨损

（1）定义

摩擦副接触面之间存在硬质颗粒或坚硬的细微凸起，在相对运动过程中引起摩擦副表面擦伤或表面材料脱落的现象，称为磨粒磨损。其中外界硬质颗粒的磨损又被称为三体磨粒磨损，摩擦副一方表面坚硬凸起的磨损又被称为二体磨粒磨损。

（2）磨损机理

磨粒磨损由于有硬质颗粒或坚硬凸起的存在，其最大的特征是在摩擦副的磨损表面会沿着滑动方向形成划痕。磨粒磨损中的硬质颗粒既可以是外部环境的污染物被引入摩擦副的表面之间形成的，也可以是在磨损过程中由于表面氧化或其它化学、机械原因形成的。摩擦副材料损伤率与磨粒的相对硬度关系较大。当磨粒硬度小于摩擦副材料硬度的30%时，属于轻微磨损，对摩擦副材料的磨损影响不大；当磨粒硬度处于小于摩擦副材料硬度的30%至高于其硬度的30%之间时，磨损速率将迅速增加；当磨粒硬度处于高于摩擦副材料硬度的30%以上时，此时磨粒硬度远高于摩擦副材料硬度，将产生严重磨损，且磨损速率不再随着磨粒硬度变化而变化。因此，为了降低磨损，只要保证材料硬度达到磨粒硬度的1.3倍及以上，就可以显著降低或避免三体磨粒磨损现象。在工业机械中最常见的污染物是石英或硅，机械零件材料的硬度尽量高于石英或硅就显得至关重要。显然，金属抛光以及轮轨接触过程中存在泥沙的情况均为三体磨粒磨损，一般密封条件下无润滑剂的磨损为二体磨粒磨损，其磨损机理如图7-6所示。

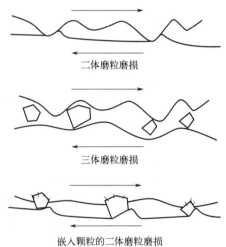

二体磨粒磨损

三体磨粒磨损

嵌入颗粒的二体磨粒磨损

图7-6　磨粒磨损机理示意图

（3）影响因素

磨粒磨损的影响因素较多，首先是材料的硬度越高，其耐磨损性能也越好（图7-7）。有试验表明，材料在受到高应力冲击载荷作用时，会发生显著的加工硬化，表面硬度会增加，此时硬度越高，耐磨性越好。同时，磨料硬度 H_0 与试件材料硬度 H 之间的相对值（H_0/H）也会影响试件的耐磨性能。如图7-8所示，当磨料硬度低于试件材料硬度时，即当 $H_0/H < 0.7$ 时，不产生磨粒磨损或产生轻微磨损。而当磨料硬度超过材料硬度时，磨损量随磨料硬度呈线性增加。如果磨料硬度更高（$H_0/H \geqslant 1.7$），将产生严重磨损，但磨损量随磨料硬度变化不显著。

材料的磨粒磨损特性与断裂韧性也存在一定的关系。在磨损过程中，断裂韧性在较低区间时，耐磨性和硬度与断裂韧性成正比例关系。当断裂韧性超过一定值时，耐磨性和硬度会降低，这时磨损过程主要受材料的塑性变形控制。因此，磨粒磨损的抗力与材料的硬度和韧性都具有较大的关系。

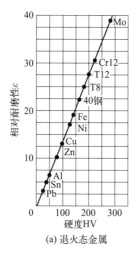
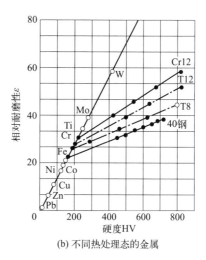

(a) 退火态金属　　　　　　　　(b) 不同热处理态的金属

图 7-7　相对耐磨性与材料硬度的关系

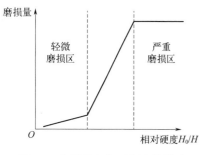

图 7-8　磨损量与相对硬度的影响

材料的微观组织也是影响磨粒磨损抗力的主要因素。对于钢铁材料，一般分为基体组织和第二相组织。对于铁素体软相组织，硬度较低，其耐磨性也较低。当组织由铁素体转变为珠光体、贝氏体或马氏体时，其耐磨性会显著提高。残余奥氏体的数量越多，耐磨性越低。由于钢中一般存在明显的碳化物，作为第二相，碳化物与基体的相对硬度和碳化物本身硬度均有较大关系。在软基体中，当碳化物数量较多时，耐磨性增加；反之，耐磨性会有所降低。此外，磨粒本身存在一定的硬度，当磨粒硬度高于摩擦副金属的硬度时，属于硬磨粒磨损情况。当磨粒硬度低于摩擦副金属硬度时，属于软磨粒磨损情况。磨粒与金属不同的硬度比例，表现出不同的磨损性能。一般为了降低磨粒磨损速率，金属材料的硬度需大于磨粒硬度的1.3倍。值得注意的是，磨粒尺寸和载荷越大时，磨粒磨损情况也会越严重。

7.4.4　微动磨损

（1）定义

摩擦副接触表面之间发生的相对位移极小的运动称为微动，位移振动幅度通常在微米量级。由微动造成接触表面间的摩擦磨损，从而使材料发生损失和构件尺寸发生变化，引起零件松动、咬合、功率损失、噪声增大甚至污染源形成的现象统称为微动磨损。

（2）磨损机理

微动磨损的相对位移一般是由摩擦副外界振动引起的，摩擦副只是局部承受接触载荷或固定的预应力。根据简化接触模型，可以按不同的相对运动方向将微动分为切向微动（又叫平移式微动）、径向微动、滚动微动、扭动微动，如图7-9所示。不同运动方向的微动均可以形成微动磨损，其中研究较多的微动磨损主要是平移式微动磨损。

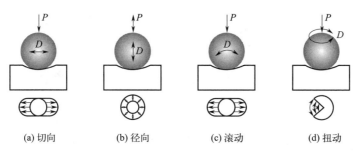

(a) 切向　　　　(b) 径向　　　　(c) 滚动　　　　(d) 扭动

图 7-9　微动磨损示意图

微动磨损引起的损伤普遍存在于机械行业、核反应堆领域、电力工业、交通运输行业、航空航天领域等，尤其是在紧密配合的零件中。微动磨损现已成为一些关键零件的主要失效原因之一，且微动磨损的机理又极为复杂。

与摩擦副发生相对运动的常规摩擦磨损相比，微动磨损最典型的特征是摩擦副的相对位移非常小，磨损过程中产生的磨屑难以排出。形成的磨屑碎片以三体形式存在，但是其不仅仅是作为三体磨粒磨损的硬质颗粒，同时也会黏附在接触表面形成氧化膜。因此，在不同的磨损机制下，磨损碎屑对摩擦磨损的影响不同；如果磨粒磨损占优势，碎屑的存在会促进磨损，而如果以黏着磨损为主，碎屑的抗黏着效果会大于磨粒磨损效果，此时碎屑的存在会抑制磨损。

有研究表明，对于钛合金，在不同的试验条件下，微动磨损试验的磨屑既可能以磨粒磨损形式存在，也可能形成氧化膜。同理，不同的金属在微动磨损过程中也会表现出不同的磨损机制。磨屑聚集形成氧化层之后，将会显著降低摩擦副的磨损速率，主要原因是氧化层是由金属和氧化物组成的，呈现纳米晶结构，硬度较高，耐磨性高于摩擦副基体。如果不能形成氧化层，磨屑以磨粒磨损的形式存在，就会显著增加磨损速率。

金属材料表面粗糙度在形貌上以表面纹理的形式存在，表面纹理与分散点是增大局部接触应力的主要因素，因此，表面纹理会显著影响材料的磨损过程。有研究表明，表面纹理会促进摩擦磨损。不同的表面纹理引起的影响程度也不相同，尤其是凹坑。在有润滑剂的情况下，润滑剂进入凹坑，在磨损的过程中会显著加速磨损损伤。不同方向的凹槽纹理也是影响微动磨损的重要因素，具有典型特征的垂直纹理和平行纹理在磨损初期形成的摩擦环形状也不同。如图 7-10 所示，垂直纹理形成磨屑后，无法排出到接触区域外；平行纹理存在显著的填充机制，在不断挤压的作用下，磨屑逐渐排出到接触区域外。这些研究结果可为有效预防或减轻微动磨损的摩擦学设计提供一些新的思路。

微动磨损一般可分为三个阶段：初始阶段、氧化阶段、稳态阶段。初始阶段主要以金属与金属接触为主，局部位置形成冷焊，表面粗糙度增加，引起高速率摩擦。氧化阶段是磨屑颗粒在机械和化学的共同作用下，发生氧化反应形成氧化物层，摩擦系数显著减小，表现出不稳定的磨损特性。稳态阶段是摩擦力保持稳定，磨损均匀。

（3）影响因素

影响微动磨损的因素主要分为力学因素和工况因素。有研究表明，微动位移幅值和载荷越大，微动磨损越严重，而频率的影响相对较小；随着微动循环周次的增加，磨损损伤也显

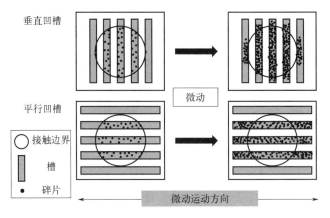

垂直凹槽

平行凹槽

○ 接触边界

槽

· 碎片

微动

微动运动方向

图 7-10　表面纹理与微动磨损磨屑分布的关系

著增加；材料组织结构和力学性能也是影响磨损性能的关键因素，当材料硬度较高时，抗微动磨损能力强；不同的试验环境对磨损的影响较大，主要包括环境介质和温度。在干摩擦下，金属微动磨损机制主要为磨粒磨损和黏着磨损，并伴随着轻微的氧化磨损；在水介质下的微动磨损，则主要为疲劳磨损和磨粒磨损；在海水介质下，则会存在磨粒磨损和腐蚀磨损。温度升高，微动磨损形成的磨屑更加致密，形成的氧化膜在一定程度上可以保护接触表面，从而阻断摩擦副表面的直接接触，提高抗微动磨损性能。

7.4.5　疲劳磨损

（1）定义

疲劳磨损是指摩擦副材料在与表面接触过程中，存在相互滑动、滚动或滚滑条件，同时承受交变接触应力的作用，在材料表面发生塑性变形，引起疲劳裂纹萌生并扩展，最后出现材料剥离或断裂失效等现象。因此，疲劳磨损同时存在疲劳和磨损现象。材料在滚滑条件下发生的疲劳现象，由于是摩擦副表面接触，又被称为接触疲劳，即滚动接触疲劳或滑动接触疲劳。

（2）磨损机理

疲劳磨损无论是滑动疲劳磨损还是滚动疲劳磨损，甚至是滚滑疲劳磨损，其磨损机理均可使用赫兹接触理论来进行解释。赫兹接触理论认为，引起疲劳磨损的主要因素是切应力的存在，切应力也是引起疲劳裂纹萌生的主要因素，而疲劳裂纹的扩展主要以接触应力的作用为主。通常情况下，最大切应力产生于距离接触表面一定距离的亚表层。在接触应力和滚滑作用下，接触表面材料首先发生屈服现象，引起材料塑性变形。由于滚滑存在方向性，因此表面材料的塑性流动也具有一定的方向。若接触应力较大时，严重的塑性流动易于使表面材料在磨损过程中形成层状结构，如图 7-11 所示。

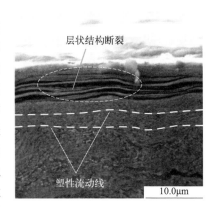

层状结构断裂

塑性流动线

10.0μm

图 7-11　材料表面因疲劳磨损而形成的层状结构

疲劳磨损过程中，当磨损占主要作用时，尤其是在摩擦力较大的高摩擦或多滑动的情况下，会加剧摩擦副接触区域滚动方向的塑性流动现象，亚表层的剪切应力易于导致表面或亚表面萌生斜裂纹，并沿着层状结构进行扩展，最终形成磨屑或层状剥离。

滚动接触疲劳通常是在材料表面萌生疲劳裂纹，并向材料内部扩展，当滚动接触疲劳占主要作用时，一般摩擦副相互滚动过程中的速度差较小，且有润滑剂，此时是一种低摩擦现象，摩擦系数也较小，材料没有明显的塑性流动现象，表面萌生疲劳裂纹后，易于沿着亚表层剪切应力的方向进行扩展，最终形成麻点或凹坑状疲劳剥离。

疲劳磨损由疲劳造成的损伤对机械零件的运行影响更大，尤其是与高铁轮轨接触，车轮表面出现剥离损伤时，严重的情况下，甚至会引起车轮的疲劳断裂，进而引发脱轨事故。在某些环境中，磨损与疲劳共存反而有利，当表面萌生的疲劳裂纹尺寸较小时，材料的磨损现象可以消除疲劳裂纹，当速度差较小时，疲劳现象也可一定程度上减少材料的黏着磨损现象和塑性变形。在不同的运行条件下，材料表面的疲劳磨损现象也不尽相同，不同接触条件下的疲劳裂纹萌生和扩展路径示意图 7-12 所示。由图可知，不同的载荷和不同的滑动情况，以及摩擦副材料表面不同光滑状态，都会对疲劳裂纹的萌生产生显著影响，进而引发不同的疲劳磨损过程。

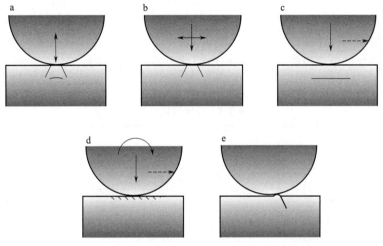

图 7-12　不同接触类型的疲劳裂纹示意图

a—脉冲垂直载荷；b—垂直载荷和振荡横向载荷；c—滚动物体承受垂向载荷；
d—滚动物体承受垂向载荷、截面剪切，滑动；e—非光滑表面接触

（3）影响因素

通常情况下，影响疲劳磨损的主要因素包括载荷情况、材料性能和接触区域润滑情况。

接触区域在载荷的作用下存在应力场，载荷大小直接影响材料承受的应力大小，不同种类的应力将直接影响疲劳裂纹的萌生和扩展，从而决定疲劳磨损寿命。尤其是在切应力较大或振动明显等恶劣工况下，会严重加速疲劳磨损，从而萌生疲劳裂纹。较大的摩擦力会促进疲劳磨损损伤，滑动是降低疲劳寿命的主要因素。一般纯滚动的切向摩擦力为法向载荷的 $1\%\sim2\%$，然而引入滑动摩擦以后，切向摩擦力可增加到法向载荷的 10%。滑动引入的速度差即滑差率，一般滑差率越大，磨损现象越严重，疲劳寿命越短；滑差率越小，材料则以疲劳损伤为主，但疲劳寿命较长。

金属中的非金属夹杂物破坏了材料的连续性，是影响材料疲劳寿命的主要内部因素。尤其是脆性夹杂物，交变载荷易于使夹杂物脱落，形成空洞或疲劳裂纹，它们从夹杂物与材料基体的边界开始快速萌生和扩展，从而显著降低疲劳寿命。通常，提高材料表面硬度可以提高抗疲劳磨损的能力，但硬度过高时，较高的脆性反而会显著降低疲劳寿命。高磨损率将会消除表面小的疲劳裂纹，低磨损率条件下，高的接触应力促进疲劳裂纹扩展。当材料表面硬化层深度较小时，易于导致疲劳裂纹沿着硬化层与基体的分界面进行扩展，形成表层脱落。

此外，表面润滑情况也会影响疲劳磨损过程，通常润滑油可以提高疲劳寿命，但有些特殊的润滑剂反而会降低疲劳寿命，尤其是含有具有腐蚀作用化学成分的润滑剂。

7.4.6 冲击磨损

（1）定义与分类

当材料受到来自外来物体的冲击力作用并引起表面局部材料损失或剥落时，冲击既带有瞬时作用效果，同时又兼顾一定的磨损作用，这种损伤现象被统称为冲击磨损。

冲击磨损包括冲蚀磨损和撞击磨损。冲蚀磨损是带固体颗粒的射流、细流和液体中的液滴、液泡破裂所引起的。根据携带的介质不同，冲蚀磨损又分为气固冲蚀磨损、流体冲蚀磨损、液滴冲蚀磨损和气体冲蚀（气蚀）磨损（表7-3）。撞击磨损是指表面受反复冲击作用而使固体材料产生的渐进损耗，电动机械中的冲击锤和气浮轴承表面的高微凸体磨损就是这种情况。

表7-3　冲蚀磨损分类

类型	介质	第二相	实例
气固冲蚀	气态	固体粒子	燃气轮机、锅炉管道
液滴冲蚀	气态	液滴（雨滴、水滴）	高速飞行器、汽轮机叶片
流体冲蚀	液态	固体粒子	水轮机叶片、泥浆泵轮
气体冲蚀	液态	气泡	船舶螺旋推进器、离心泵轮

（2）磨损机理

对于不同材料和冲蚀条件，其冲击磨损机理存在差异。在高速粒子不断冲击下，塑性材料表层被粒子微切削而磨损，而脆性材料表层易于形成裂纹并快速扩展，导致材料剥落。冲击磨损表面常有开裂、点蚀、剥落、塑性变形和微切削等特征，如图7-13所示，较脆的材料表层受冲蚀后，表面可见明显开裂和剥落现象，而塑韧性高的材料表层受冲蚀后则有明显的微切削和塑性变形现象。

撞击磨损是黏着磨损、磨粒磨损、表面疲劳、断裂和化学磨损等多种磨损机理的综合作用。

（3）影响因素

影响冲蚀磨损的因素主要有磨粒特性、冲蚀条件和材料性质三方面。

① 磨粒特性。一般情况下，磨粒越硬，冲蚀磨损量越大，并与磨粒硬度 $H^{2.3}$ 成正比。

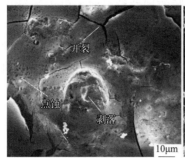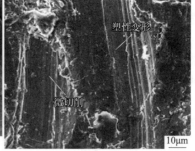

(a) 脆性材料表层　　　　　　　　(b) 塑性材料表层

图 7-13　金属材料冲击磨损形貌

在相同的 45°冲击角下，多角形磨粒比圆形磨粒的磨损率大 4 倍。磨粒尺寸在 20～200μm 范围内时，材料的磨损率随磨粒尺寸的增大而上升，但磨粒尺寸增加到某一临界值时材料磨损率几乎不变或变化很缓慢。

② 冲蚀条件。包括冲角、冲蚀速率和温度等。有研究表明，脆性材料在冲击角为 90°时，冲蚀率最大，而塑性材料在 20°～30°之间冲蚀率最大。一般工程材料介于脆性材料与塑性材料之间。冲击速率越大，冲蚀性能也越差。温度越高，冲击磨损越严重。

③ 材料性质。包括材料的硬度和组织等。一般材料的硬度，尤其是加工硬化的硬度越高，材料耐冲蚀磨损性能越好。但是对于脆性材料，断裂韧度的影响比硬度大，提高断裂韧度，冲蚀磨损降低。在小冲角（如 20°）时，对于相同成分的碳钢，马氏体组织比回火索氏体和珠光体更耐冲蚀磨损。大冲角（如 90°）时，冲蚀磨损的情况相反，即硬度高的组织比硬度低的磨损更严重。如淬火马氏体比回火索氏体、中碳马氏体比低碳马氏体相对磨损量大，容易产生加工硬化的组织（如奥氏体组织的高锰钢）比原始硬度相同的其它组织（如回火索氏体等）的相对磨损量大。

7.4.7　腐蚀磨损

（1）定义

由机械摩擦磨损作用和环境腐蚀作用共同造成的材料表面损伤，被称为腐蚀磨损。环境腐蚀作用主要是指金属表面与周围介质发生化学或电化学等反应而形成的一种损伤形式。磨损和腐蚀的协同作用可能会对材料的磨损性能产生积极或消极的影响。

按腐蚀介质的性质，腐蚀磨损可分为化学腐蚀磨损和电化学腐蚀磨损两类。化学腐蚀磨损是指金属材料在氧化性介质或其它特殊介质（如酸、碱、盐等）中的磨损，氧化腐蚀磨损（又称氧化磨损）是其中最主要的一种。电化学腐蚀磨损是指金属材料在导电性电解质溶液中的磨损。

（2）磨损机理

对于氧化磨损，当金属摩擦副在氧化性介质中工作时，表面所生成的氧化膜被磨掉，又形成新的氧化膜，如此循环往复，从而造成材料的损失。

氧化磨损的大小取决于氧化膜与基体的结合强度和氧化速率。当材料的表面氧化膜是脆性时，由于其与基体结合强度较差，很容易在摩擦过程中被除去，或者由于氧化膜的生成速率低于磨损率，它们的磨损量较大。而当氧化膜的韧性较高时，由于其与基体的结合强度高，或者氧化速率高于磨损率，此时氧化膜能起减摩耐磨作用，氧化磨损量较小。

对于特殊介质中的化学腐蚀磨损，其和氧化磨损过程十分相似。腐蚀与磨损相互加速，从而使材料的磨损速率增大。若无法在金属表层形成致密且与基体结合强度高的保护膜，则会使腐蚀磨损速率增大。

对于电化学腐蚀磨损，若材料表面发生均匀腐蚀，则其腐蚀磨损过程与一般化学腐蚀过程类似。若材料表面发生非均匀电化学腐蚀，则腐蚀磨损过程因条件而异。比如，含有第二相（如碳化物、金属间化合物等）的多相材料中，由于第二相与基体之间存在较大的电位差而形成腐蚀电池，产生相间腐蚀，极大地削弱了第二相与基体的结合力。在磨粒或硬质点的作用下，第二相很容易从基体上脱落或发生断裂。此外，具有电活性的磨粒与金属材料接触时，会形成磨粒与金属材料间的电偶腐蚀电池，加速材料的腐蚀磨损。

（3）影响因素

腐蚀磨损由于是磨损和腐蚀同时作用的一种磨损现象，因此其影响因素众多且复杂，只要是影响磨损的因素，就会对腐蚀磨损产生一定的影响，跟腐蚀相关的因素也会影响腐蚀磨损过程。在此不展开讨论，可参见相关文献资料。

7.5 磨损试验方法

7.5.1 试验类型

摩擦磨损试验分为实物试验和实验室试验两种。实物试验主要是针对实际零件或结构进行真实的运行验证，或在实验室以实际尺寸进行试验，验证零件或构件的磨损性能；实验室试验主要是针对不同的材料开展磨损试验，评价材料的抗磨损性能，并通过试验研究揭示材料的磨损机理。

（1）实验室试验

实验室试验包括试样试验和台架试验。

试样试验是将所要研究的摩擦件制成试样，在通用或专用的摩擦磨损试验机上进行试验。其特点是试验周期短，影响因素容易控制，容易实现加速试验，费用低，广泛用于研究不同材料摩擦副的摩擦磨损过程、磨损机理及其控制因素的规律，以及选择耐磨材料、工艺和润滑剂等方面。但必须特别注意试样与实物的差别、试验条件和工况条件的模拟性，否则试验数据的可靠性就较差。

台架试验是在相应的专门台架试验机上进行的。它在试样试验基础上，优选出能基本满足摩擦磨损性能要求的材料，制成与实际结构尺寸相同或相似的摩擦副，进一步在模拟实际使用条件下进行台架试验。这种试验较接近实际使用条件，缩短试验周期，并可严格控制试验条件以改善数据的分散性，增加可靠性。

（2）实物试验

实物试验以实际零件在使用条件下进行磨损试验，所得到的数据真实性和可靠性较好。

但试验周期长，费用较高，并且由于试验结果是多因素的综合影响，不易进行单因素的考察。

试验表明，摩擦磨损试验方法和条件不同，试验结果会有很大的差别。所以在实验室进行摩擦磨损试验时，要求试验的重现性好，试验误差小，鉴别率高（即在影响因素微小变化的情形下，能观察或测试到性能参数的变化）；实验室试验条件接近机器零件的实际使用条件，产生的磨损类型、磨屑形式（磨损机理）与实际使用条件下的一致。

此外，在进行摩擦磨损试验前，需要特别考虑以下影响试验结果的因素，如试样表面性质（化学成分、性能和试样表面粗糙度）、试样形状和尺寸、摩擦副的接触方式、相对运动形式、速率、温度、压力、环境和介质、磨粒的特性（种类、性质）、润滑方式、试验时间等。

7.5.2 试验设备

磨损试验设备种类繁多，以满足各种磨损试验的需求。按试验条件，摩擦磨损试验机可分为磨料磨损试验机，橡胶轮干砂、湿砂磨损试验机，快速磨损试验机，高温（或低温）、高速（或低速、定速）磨损试验机，真空磨损试验机，黏滑磨损试验机，黏着润滑与磨损试验机，导轨摩擦磨损试验机，滑动或滚动轴承磨损试验机，动压或静压轴承试验机，齿轮疲劳磨损试验机，滚动接触磨损试验机，制动摩擦磨损试验机，载流摩擦磨损试验机，万能摩擦磨损试验机，冲蚀磨损试验机，腐蚀磨损试验机，微动磨损试验机，气蚀试验装置，等等。

按摩擦副的接触形式和运动形式来分，摩擦副试件可为球形、圆柱形、圆盘形、环形、锥形、平面块状或其它形状。接触形式可分为点、线、面接触；运动形式有滑动、滚动、滚滑运动、自旋、往复运动、冲击等。

常用的典型摩擦磨损试验机，按试验机原理可以分为销盘式、环块式、往复式、环-环式四种类型，如图 7-14 所示。

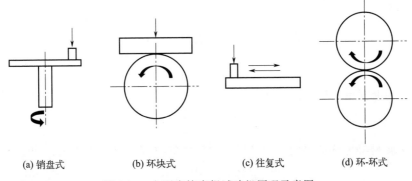

(a) 销盘式　　　　(b) 环块式　　　　(c) 往复式　　　　(d) 环-环式

图 7-14　主要摩擦磨损试验机原理示意图

① 销盘式试验机［图 7-14（a）］上试样为销，下试样为旋转的圆盘。该试验机主要用于与矿石、砂石、泥沙等固体发生磨损情况下金属材料的耐磨性能试验，并能进行磨料磨损机理的研究，广泛用于筛选材料和处理工艺的对比试验。

② 环块式试验机［图 7-14（b）］上试样为平面块状（试环），下试样为环形（试块）。该试验机主要用来做各种润滑油和润滑脂在滑动摩擦状态下的承载能力和摩擦特性的试验；

也可以用来做各种金属材料以及非金属材料（PA❶、塑料等）在滑动状态下的耐磨性能试验；还可以测定摩擦力，并推算出摩擦系数。具体可参见 GB/T 12444—2006。

③ 往复式试验机［图 7-14（c）］上试样在下试样上做往复运动。该试验机主要用于评定往复运动零件如导轨、缸套与活塞环等摩擦副的耐磨性，评定材料及工艺与润滑材料的摩擦磨损性能。

④ 双环式（又称滚子式）试验机［图 7-14（d）］上下试样均为圆环形。该试验机主要用来测定金属和非金属材料在滑动摩擦、滚动摩擦、滑动和滚动复合摩擦或间歇摩擦情况下的磨损率，以比较各种材料的耐磨性能。具体可参见 YB/T 5345—2014（滚动接触疲劳试验方法）。

目前，已有许多新型的多功能通用摩擦磨损试验机，试样的接触形式、环境介质和力学条件均可改变，以完成多种不同类型的试验或组合试验。

7.5.3　磨损参量

为了便于研究和反映金属材料的实际磨损情况，通常需要使用一些磨损参量来对材料的磨损情况进行定量表征，从而评价材料的磨损性能。常用的磨损参量主要有以下几种。

（1）磨损量

由磨损引起的材料损失量被称为磨损量，通过测量长度、体积或重量（质量）的变化得到，并相应地称为线磨损量、体积磨损量、重量（质量）磨损量。

（2）磨损率

单位时间内材料磨损的损失量被称为磨损率。计算公式为

$$磨损率 = \frac{\mathrm{d}V}{\mathrm{d}t}$$

式中，V 为磨损量；t 为磨损时间。

（3）磨损度

单位滑移距离内材料磨损的损失量被称为磨损度。计算公式为

$$耐磨度 = \frac{\mathrm{d}V}{\mathrm{d}L}$$

式中，V 为磨损量；L 为滑移距离。

（4）耐磨性

通常指金属材料抵抗磨损的能力，以磨损率或磨损度的倒数来表示，即

$$耐磨性 = \frac{\mathrm{d}t}{\mathrm{d}V} 或 \frac{\mathrm{d}L}{\mathrm{d}V}$$

（5）相对耐磨性

相对耐磨性是一个无量纲的参量指标，指的是在同样条件下，被测试样与标准试样磨损量的比值 ε，即

---

❶　PA 为聚酰胺，俗称"尼龙"。

$$相对耐磨性 = \frac{被测试样的磨损量}{标准试样的磨损量}$$

由于相对耐磨性无量纲，不受特定的磨损试验条件限制，因此其在工程领域的应用较为广泛。然而在学术研究领域，针对不同的材料，采用不同的试验方法对材料的耐磨性进行研究，较为常用的磨损参量主要是磨损率与磨损度。

7.5.4 磨损参量测定方法

磨损参量的测定，主要有失重法、尺寸变化法、表面形貌法、压痕法、放射性同位素法和铁谱法等。

① 失重法。指利用精密分析天平称量试样在试验前后的重量变化来确定磨损量。可将重量损失换算为体积损失来评定磨损结果。称量前需对试样进行清洗和干燥。此方法简单实用，适用于小试件，对于微量磨损的摩擦副需要很长的试验周期。若摩擦过程中试样表层产生较大的塑性变形，试件的形状虽然变化但重量损失不大，此时失重法难以反映表面磨损的真实情况。

② 尺寸变化法。指采用测微卡尺、螺旋测微仪、显微镜或其它非接触式测微仪，通过测定零件某个部位磨损尺寸（长度、厚度和直径）的变化量来确定磨损量。这种方法虽然能测量磨损的分布情况，但是存在误差。如测量数据包含了因变形所造成的尺寸变化，且接触式测量仪器的测量值受接触情况和温度变化等的影响。

③ 表面形貌法。指利用触针式或非接触式的表面形貌测量仪测出磨损前后表面粗糙度的变化。主要用于磨损量非常小的超硬材料磨损或轻微磨损情况。

④ 压痕法。指预先采用专门的金刚石压头在将要经受磨损的零件或试样表面上刻上压痕，通过测量磨损前后刻痕尺寸的变化来确定磨损量。如能在摩擦表面上不同部位刻上压痕，就可测定不同部位磨损的分布。压痕法只适用于测量磨损量不大且表面光滑的试样。由于这种方法会局部破坏试样的表层，因而在研究磨损过程中表层组织结构的变化时应用受限。

案例链接 7-1：层流等离子体提高车轮材料耐磨性能和疲劳性能

随着高速铁路的运输方式逐渐向高速化和重载化发展，轮轨的服役工况变得更加苛刻。同时，高速列车的运行环境复杂，轮轨磨损问题成了影响列车运行稳定性、安全性以及轮轨服役寿命的关键因素之一。研究者尝试通过传统热处理来提高轮轨材料的耐磨性，但同时会导致其塑韧性下降，难以使轮轨材料的服役寿命大幅度提高。为了解决这一问题，近年来，许多新兴的表面强化工艺不断涌现。到目前为止，应用较为普遍的热处理技术主要有渗碳、真空热处理、感应加热淬火、化学热处理、激光和电子束热处理、等离子体表面淬火技术等。其中，等离子体表面淬火、激光和电子束热处理成了近十年来金属热处理的热门研究领域。同激光热处理相比，等离子体表面淬火具有发生装置简单、成本低、操作维护方便以及对工件表面无特殊要求等突出优点，具有更广阔的应用前景。

试验材料为 CRH3 型车的 ER8 车轮材料和中国高速铁路时速 350km 的 U71MnG 钢轨材料，分别取材于实际的车轮和钢轨。采用层流等离子体点状淬火方式，对高速轮轨材料进行表面处理，利用 MJP-30 型滚动接触磨损试验机，对 4 组不同点状淬火面积比 W（0%、15%、30%、45%）的轮轨试样进行滚动接触磨损试验，利用金相显微镜、扫描电子显微镜

（SEM）、硬度计等对轮轨试样进行磨损形貌表征和耐磨性分析。层流等离子体点状淬火可获得板条状马氏体组织，轮轨材料表面硬度提升 200％以上（图 7-15），磨损率降低 80％以上。当淬火面积比为 30％时，轮轨材料的磨损率最小，相比于未处理试样，总磨损率下降约 89.2％，车轮的磨损率降低约 89.6％，钢轨降低约 88.7％。对磨损试验后的轮轨试样进行表面损伤分析和截面显微组织观察，结果表明，点状淬火试样表面损伤显著减轻，剥离和裂纹主要集中在淬火过渡区域，淬火区域可以显著抑制材料的塑性变形，淬火区和基体结合层可抵抗裂纹的进一步扩展。如图 7-16 所示，当淬火面积比为 30％时，轮轨试样的耐磨性能最佳。层流等离子体点状淬火可有效提高轮轨材料的耐磨性，最佳的淬火面积比约为 30％。对于未处理轮轨试样，其损伤表现为较大的塑性变形、较多的材料磨损损失、车轮的大范围小角度长裂纹和钢轨的大量材料脱落及剥落坑，总体损伤程度较大。处理后，轮轨试样损伤情况显著改善，主要表现为塑性变形较小，磨损率大幅度降低，损伤几乎全部发生在淬火区与基体交界区域，裂纹扩展在淬火硬化区底部被阻止，钢轨试样滚动后接触区域的硬化区被压碎。总体损伤程度相比未处理试样明显减轻，30％淬火面积比处理组表现出最佳的抗磨损性能。

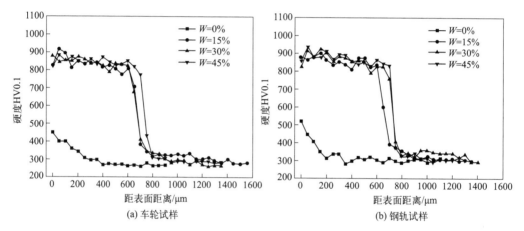

(a) 车轮试样　　　　　　(b) 钢轨试样

图 7-15　轮轨试样截面显微硬度

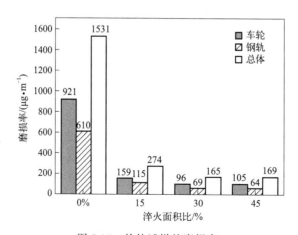

图 7-16　轮轨试样的磨损率

本研究提出了一种新兴的表面处理工艺，即层流等离子体点状淬火技术，对高速列车轮轨材料进行同步处理，可在现有的轮轨匹配机制下提高其耐磨性能，减少表面损伤。

【资料来源：（1）张青松. 高速车轮材料层流等离子体表面强化及疲劳性能研究［D］. 成都：西南交通大学，2020.（2）冯宗立，张青松，戴光泽，等. 层流等离子体点状淬火面积比对轮轨材料磨损性能的影响［J］. 表面技术，2021，50（09）：244-253，260.】

案例链接 7-2：高耐载流磨损摩擦副

接地装置是高速列车等电力机车的基础部件之一。该装置的功能一是形成回流，保障牵引电机等车载电气设备正常运行，二是确保列车所有设备可靠接地，防止漏电和雷电影响设备和乘员安全。接地装置核心部件为载流摩擦副（如图 7-17 所示），电刷和摩擦盘工作时二者相互接触实现导电而又存在相对摩擦运动，其导电性和耐磨性对摩擦副的寿命、可靠服役至关重要。电因素的介入会显著改变材料的摩擦磨损性能。随着电流的增大，摩擦副的磨损率会显著增加。

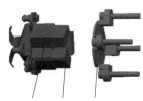

刷架　电刷　摩擦盘

图 7-17　接地装置载流摩擦副组成示意图

我国 300km/h 以上等级的系列高速动车组轴端接地装置原由国外进口，但在 2012 年前后运营过程中出现大面积的电刷及摩擦盘异常磨耗、温升高等问题。一些进口接地装置摩擦盘甚至运行不到 10 万 km 即被磨穿，电刷运行不到 7 万 km 即发生严重过磨，导致该速度等级的动车组安全运行受到极大的威胁。在此背景下，西南交通大学联合相关单位研发了具有完全自主知识产权的高耐载流磨损性能的动车组轴端接地装置。

项目组基于材料设计理论和摩擦副配对原则，通过调节组分比例，添加 Ag 等微量元素并优化烧结工艺制备 C-Cu 复合材料电刷及与之相配合的铜合金材料摩擦副，研制出了微电阻、高载流、长寿命、抗冲击振动、满足高铁重大装备所需的刷-盘匹配摩擦副材料体系。该体系型式试验结果如表 7-4 和表 7-5 所示。由表中数据可见，项目研发的电刷和摩擦盘材料性能总体优于进口件。

表 7-4　电刷性能测试结果

电刷种类	电阻率/($\mu\Omega \cdot m$)	电压降/V	2.5 万公里磨损值/mm	密度/(kg/m³)	电流密度/(A/cm²)	试验最高温度/℃
进口	—	—	0.131	5.32	23	84
本项目	0.14	0.30	0.121	5.18		80

表 7-5　摩擦盘性能测试结果

名称	导电率/%IACS❶	电导率/(mS/m)	洛氏硬度 HR（ϕ10 钢球）
进口盘	8.47	4.91	58
本项目	14.02	8.13	75

❶　IACS 指国际退火铜标准。

实物装车考核结果显示，自主研发的接地摩擦副 120 万 km 电刷最大磨耗 5.34mm，摩擦盘最大磨耗 0.38mm，运行期间温升不到 70℃，由此可见国产化接地装置载流摩擦副性能远优于进口件。

基于高性能载流摩擦副的国产接地装置已全部取代进口件，在动车组上批量装车 10000 余套，保证了我国高速动车组的正常运行，降低了该关键零部件的成本，形成了系列国产化接地装置的自主知识产权，为我国高铁走向世界提供了有力的支撑。

【资料来源：戴光泽，韩靖，李国栋，等．用于时速 350 公里动车组的轴端接地装置研制［D］．成都：西南交通大学，2017.】

7.6 本章小结

本章主要介绍了材料摩擦磨损的类型和相关机理。综合概述了金属表面形貌和接触形式以及接触应力计算等，对摩擦磨损特性进行了总结，并罗列了磨损试验常用的磨损参量。磨损是引起机械零件或材料发生失效的主要因素之一，由磨损或疲劳造成的材料损伤占比超过 80%。金属材料磨损是一个开放的系统，磨损过程较为复杂，摩擦磨损的研究已形成一门较为系统的学科——摩擦学。金属材料的磨损形式多样，根据不同的试验条件可以得到不同的磨损失效形式。通常磨损是一种或几种磨损形式共存，主要分为黏着磨损、磨粒磨损、微动磨损、疲劳磨损、冲击磨损、腐蚀磨损等。最后，介绍了常用的金属材料磨损试验方法，可以对金属材料开展磨损与接触疲劳性能的研究。

本章重要词汇

（1）摩擦磨损：friction and wear

（2）表面形貌：surface topography

（3）表面接触：surface contact

（4）接触应力：contact stress

（5）摩擦特性：friction property

（6）磨损特性：wear property

（7）接触疲劳：contact fatigue

（8）摩擦副：friction pairs

（9）磨损参量：wear parameters

（10）黏着磨损：adhesive wear

（11）磨粒磨损：abrasion wear

（12）微动磨损：fretting wear

（13）疲劳磨损：fatigue wear

（14）冲击磨损：impact wear

（15）冲蚀磨损：erosion wear

（16）撞击磨损：impact wear

（17）腐蚀磨损：corrosion wear

思考与练习

（1）主要的磨损参量有哪些？

（2）磨损如何分类？磨损形式主要有哪些？其机理分别为什么？

（3）疲劳与磨损是什么关系？哪个危害更大？为什么？

（4）疲劳磨损与微动磨损有什么区别？

（5）滑动磨损、滚动磨损、滚动滑动复合磨损有什么区别？

（6）磨损试验过程中的磨损量与磨损时间存在什么关系？

第8章

材料的高温力学性能

8.1 材料高温力学性能概述

长期在高温条件下服役的零件,温度对材料的力学性能影响很大,而且在高温下载荷的持续时间对力学性能也有很大影响。例如,典型航空发动机叶片等零件处于复杂的高温、高载荷耦合环境中,虽然所承受的应力小于该工作温度下材料的屈服强度,但在长期使用过程中会产生缓慢而连续的塑性变形,即蠕变现象。如图 8-1 所示,过量蠕变会引起叶片失效,由此零件在预期寿命周期内存在一定的失效风险。据统计,现役飞行的军用飞机发动机事故中,80%都跟发动机叶片断裂失效有关。

在高温短时载荷作用下,金属材料的塑性增加,但在高温长时载荷作用下,塑性却显著降低,缺口敏感性增加,往往呈现脆性断裂现象。此外,温度和时间的联合作用还影响金属材料的断裂路径。图 8-2 表示试验温度和变形速率对长时载荷作用下金属强度的影响。随试验温度的升高,金属的断裂由常温下常见的穿晶断裂过渡到沿晶断裂,这是因为温度升高时晶粒强度和晶界强度都要降低,但晶界强度下降较快。晶粒和晶界强度相等的温度称为"等强温度",用 T_E 表示。由于晶界强度对变形速率的敏感性要比晶粒的大得多,因此等强温度随变形速率增加而升高。

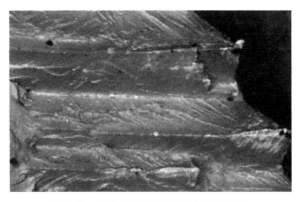

图 8-1 单晶 DD3 合金材质航空发动机
叶片的高温损伤形貌

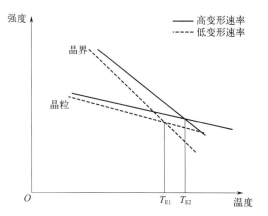

图 8-2 温度和变形速率对金属强度的影响

温度"高"或"低"是相对于材料熔点而言的,常以约比温度来衡量。约比温度定义为:试验温度 T 与材料熔点 T_m 的比值(T/T_m),T 与 T_m 均为绝对温度。一般约比温度超过 0.5 时为"高"温;反之,则为"低温"。在此描述的高温下,材料中原子扩散足够快,因此扩散过程对塑性变形和断裂起重要作用。金属、陶瓷等材料的蠕变主要表现为局部塑性变形的累积，而高分子材料的蠕变则主要表现为黏弹性变形的累积。

从性能的角度，材料的高温力学性能主要包括短时高温拉伸性能、高温疲劳性能、高温持久性能及高温蠕变性能，如表 8-1 所示。其中短时高温拉伸试验所规定的性能指标与常温拉伸试验时基本相同，一般是测定抗拉强度、屈服强度、断后伸长率和断面收缩率四大性能指标。

表 8-1　部分高温性能试验

高温性能试验类别	测试时间	受蠕变影响
短时高温拉伸试验	短	小
高温疲劳性能	长	大
高温持久试验	长	较大
高温蠕变试验	长	大

若金属材料虽在高温下工作，但这个温度还不至于使材料发生蠕变现象，或者虽然该温度已可能发生蠕变现象，但由于工作时间很短，蠕变现象并没有起决定性的作用，则高温下短时拉伸所测得的性能就成为衡量材料力学性能的重要指标。高温短时拉伸试验时负荷持续时间的长短对拉伸性能有显著影响，如图 8-3 所示。高温下短时快速拉断试样的抗拉强度值明显高于长时缓慢拉断试样的。

在高温持久试验、高温蠕变试验及高温疲劳试验中，由于试验时间较长，蠕变是影响性能指标的关键因素。综上所述，评定金属材料在高温下的力学性能，必须考虑温度与时间两个因素。

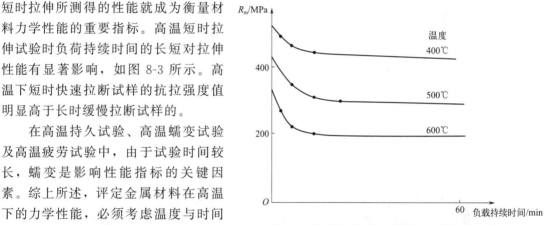

图 8-3　负荷持续时间对材料高温抗拉强度影响

本章将重点阐述金属材料在高温长时载荷作用下的蠕变现象，讨论蠕变和断裂的机理，介绍高温疲劳性能研究原理、高温力学性能指标及影响因素，为正确选用高温金属材料和合理制定其热处理工艺提供基础知识。

8.2　材料的蠕变

8.2.1　金属的蠕变现象

高温下金属力学行为的一个重要特点就是产生蠕变。所谓蠕变，一般是指材料在高温和低于材料宏观屈服极限的应力下发生的缓慢的塑性变形。这种塑性变形累积，最后会导致金属材料断裂，这一现象称为蠕变断裂。蠕变在较低温度下也会产生，但只有当约比温度大于 0.3 时才比较显著。如碳钢温度超过 300℃、合金钢温度超过 400℃时，就必须考虑蠕变的影响。

金属的蠕变过程可用蠕变曲线来描述。典型的蠕变曲线如图 8-4 所示。图中 Oa 线段是试样在温度 T 下承受恒定拉应力 σ 时所产生的起始伸长率 A_q。如果应力超过金属在该温度下的屈服强度，则 A_q 包括弹性伸长率和塑性伸长率两部分。这一应变还不算蠕变，而是由外载荷引起的一般变形过程。从 a 点开始随时间 t 增长而产生的应变属于蠕变，$abcd$ 曲线即为蠕变曲线。

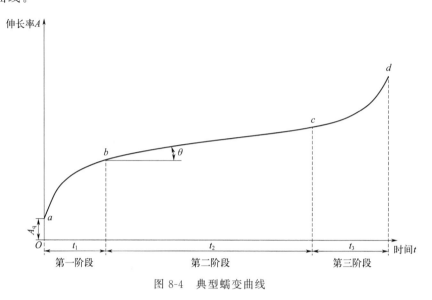

图 8-4　典型蠕变曲线

蠕变曲线上任一点的斜率，表示该点的蠕变速率 $\dot{\varepsilon}=\mathrm{d}A/\mathrm{d}t$。按照蠕变速率的变化情况，可将蠕变过程分为三个阶段：

第一阶段 ab 是减速蠕变阶段（又称过渡蠕变阶段）。这一阶段初始的蠕变速率很大，随着时间延长，蠕变速率逐渐减小，到 b 点蠕变速率达到最小值。

第二阶段 bc 是恒速蠕变阶段（又称稳态蠕变阶段）。这一阶段的特点是蠕变速率几乎保持不变。一般所指的金属蠕变速率，就是以这一阶段的蠕变速率 $\dot{\varepsilon}$ 表示的。

第三阶段 cd 是加速蠕变阶段。随着时间的延长，蠕变速率逐渐增大，至 d 点产生蠕变断裂。

蠕变第一阶段很短，不超过几百小时。一般在高温下工作的零件要求的寿命都设定在蠕变第二阶段。在同一温度下，第二阶段蠕变速率 $\dot{\varepsilon}_{c\mathrm{II}}$ 与应力 σ 之间有如下经验关系：

$$\dot{\varepsilon}_{c\mathrm{II}}=Z\sigma^n \tag{8-1}$$

式中，Z，n 为常数，对于纯金属，$n=4\sim5$；对于固溶体合金，$n\approx3$；对于弥散强化和沉淀强化合金，n 值高达 $30\sim40$。

同一种材料的蠕变曲线随应力的大小和温度的高低而不同。在恒定温度下改变应力，或在恒定应力下改变温度，蠕变曲线的变化分别如图 8-5 所示。由图可见，当应力较小或温度较低时，蠕变第二阶段持续时间较长，甚至可能不产生第三阶段。相反，当应力较大或温度较高时，蠕变第二阶段便很短，甚至完全消失，试样在很短时间内断裂。

由于金属在长时高温载荷作用下会产生蠕变，因此，对于高温下工作并依靠原始弹性变形获得工作应力的零件，如高温管道法兰接头紧固螺栓、用压紧配合固定于轴上的汽轮机叶轮等，就可能随时间的延长，在总变形量不变的情况下，弹性变形不断地转变为塑性变形，从而使工作应力逐渐降低，以致失效。这种在规定温度和初始应力条件下，金属材料中的应力随时间增加而减小的现象称为应力松弛。可以将应力松弛现象看作是应力不断降低条件下的蠕变过程，因此，蠕变与应力松弛是既有区别又有联系的。

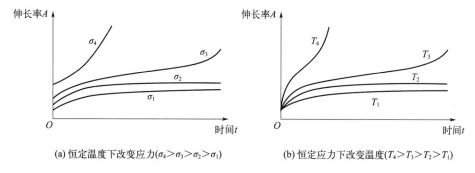

(a) 恒定温度下改变应力($\sigma_4 > \sigma_3 > \sigma_2 > \sigma_1$)　　　(b) 恒定应力下改变温度($T_4 > T_3 > T_2 > T_1$)

图 8-5　应力和温度对蠕变曲线的影响

8.2.2　金属的蠕变变形机理

金属的蠕变变形主要是通过位错滑移、原子扩散等机理进行的。各种机理对蠕变的作用随温度及应力的变化而有所不同。

（1）位错滑移蠕变

在蠕变过程中，位错滑移仍然是一种重要的变形机理。在常温下，若滑移面上的位错运动受阻产生塞积，滑移便不能继续进行，只有在更大的切应力作用下，才能使位错重新运动和增殖。但在高温下，位错可借助于外界提供的热激活能和空位扩散来克服某些短程障碍，从而使变形不断产生。位错热激活的方式有多种，高温下的热激活过程主要是刃型位错的攀移。图 8-6 所示为刃型位错攀移克服障碍的几种模型。由此可见，塞积在某种障碍前的位错通过热激活可以在新的滑移面上运动，或者与异号位错相遇而对消，或者形成亚晶界，或者被晶界所吸收。当塞积群中的某一个位错被激活而发生攀移时，位错源便可能再次开动而放出一个位错，从而形成动态回复过程。这一过程不断进化，蠕变得以不断发展。

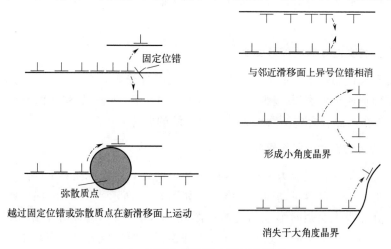

图 8-6　刃型位错攀移克服障碍模型

在蠕变第一阶段，由于蠕变变形逐渐产生应变硬化，位错源开动的阻力及位错滑移的阻力逐渐增大，致使蠕变速率不断降低。

在蠕变第二阶段，应变硬化的发展，促进了动态回复的进行，使金属不断软化。当应变硬化与回复软化两者达到平衡时，蠕变速率便为一常数。

在蠕变第三阶段，愈来愈大的塑性变形在晶界形成微孔和裂纹，试件也开始产生颈缩，试件实际受力面积减小而真实应力加大，因此塑性变形速率加快，最后导致试件断裂。

（2）扩散蠕变

扩散蠕变是在较高温度（约比温度大大超过0.5）下的一种蠕变变形机理。它是在高温条件下大量原子和空位定向移动造成的。在不受外力的情况下，原子和空位的移动没有方向性，因而宏观上不显示塑性变形。但当金属两端有拉应力 σ 作用时，在多晶体内产生不均匀的应力场，则如图 8-7 所示，对于承受拉应力的晶界（如 A、B 晶界），空位浓度增加；对于承受压应力的晶界（如 C、D 晶界），空位浓度减小。因而在晶体内空位将从受拉晶界向受压晶界迁移，原子则朝相反方向流动，致使晶体逐渐产生伸长的蠕变。这种现象即称为扩散蠕变。

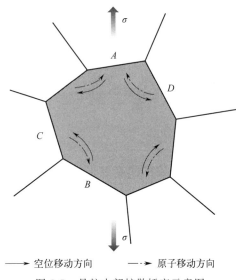

——→ 空位移动方向　——·→ 原子移动方向

图 8-7　晶粒内部扩散蠕变示意图

另外，在高温条件下由于晶界上的原子容易扩散，受力后晶界易产生滑动，也促进蠕变进行，但它对蠕变的贡献并不大，一般占 10% 左右。晶界滑动不是独立的蠕变机理，因为晶界滑动一定要和晶内滑移变形配合进行，否则就不能维持晶界的连续性，会导致晶界上产生裂纹。

8.2.3　金属的蠕变断裂机理

如前文所述，金属材料在长时高温载荷作用下的断裂，大多沿晶断裂。一般认为这是由晶界滑动在晶界上形成裂纹并逐渐扩展所致。在不同的应力与温度条件下，晶界裂纹的形成方式有两种。

（1）在三晶粒交汇处形成楔形裂纹

在高应力和较低温度下，晶界滑动在三晶粒交汇处受阻，会造成应力集中并形成空洞，空洞互相连接即形成楔形裂纹。图 8-8 所示即为在 A、B、C 三晶粒交汇处形成楔形裂纹示意图。图 8-9 为在高温合金中所观察到的楔形裂纹的照片。

（2）在晶界上由空洞形成晶界裂纹

晶界裂纹一般是在较低应力和较高温度下产生的，其出现在晶界上的凸起部位和细小的第二相质点附近，由于晶界滑动而产生空洞，如图 8-10 所示。图 8-10（a）所示为晶界滑动与晶内滑移带在晶界上交割时形成的空洞；图 8-10（b）所示为晶界上存在第二相质点时，当晶界滑动受阻而形成的空洞。这些空洞长大并连接，便形成裂纹。在高温合金中晶界上形成的空洞照片如图 8-11 所示。

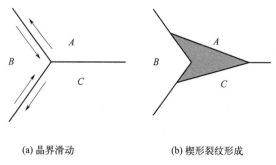

(a) 晶界滑动 　　　　(b) 楔形裂纹形成

图 8-8　楔形裂纹形成示意图

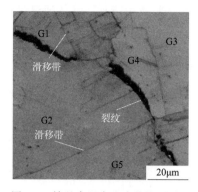

图 8-9　镍基高温合金中的楔形裂纹
（G1～G5 代表不同晶粒）

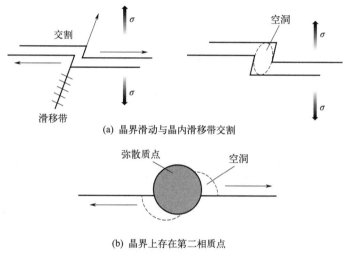

(a) 晶界滑动与晶内滑移带交割

(b) 晶界上存在第二相质点

图 8-10　晶界滑动形成空洞示意图

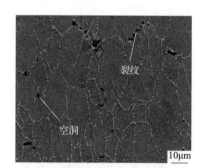

图 8-11　增材制造镍基高温合金中
晶粒上形成的空洞

以上两种方式形成的裂纹都有空洞萌生过程，可见晶界空洞对材料在高温下的使用温度范围和寿命至关重要。裂纹形成后，进一步依靠晶界滑动、空位扩散和空洞连接而扩展，最终导致材料沿晶断裂。由于蠕变断裂主要在晶界上产生，因此晶界的形态、数量、晶界上的析出物和杂质偏聚等均会对金属蠕变断裂产生显著影响。

蠕变断口的宏观特征为在断口附近有明显的塑性变形，断口表面有很多龟裂纹；由于高温氧化，断口表面通常有一层氧化膜覆盖。蠕变断口微观特征主要为冰糖状的沿晶断裂形貌。

8.3　蠕变试验及性能指标

8.3.1　规定塑性应变强度

为保证在高温长时载荷作用下的零件不产生过量蠕变，要求材料具有一定的规定塑性应变强度，也称为蠕变极限或蠕变强度。规定塑性应变强度是材料在高温长时载荷作用下的塑性变形抗力指标。具体规定参见 GB/T 2039—2024。

规定塑性应变强度是指在规定的试验温度 T 下，在试样上施加应力 R_o 对应的恒定拉伸力，经过一定的试验时间（达到规定塑性延伸的时间 t_{px}）所能产生预计塑性应变的应力。规定塑性应变强度用符号 R_p 表示，并以最大塑性应变量 x（％）作为第二角标，以达到应变量的时间为第三角标，以试验温度 T（℃）为第四角标。

将应变时间与对应的应变量，例如 $t_{p0.2}$ 与试验初始应力 R_o，在双对数坐标上绘制蠕变曲线。该曲线应是光滑曲线，从中可以得到规定塑性应变强度 $R_{p,x,t,T}$。例：对于最大塑性应变量为 0.2％、达到应变时间为 1000h，试验温度 $T=650$℃的规定塑性应变强度用 $R_{p0.2\,1000/650}$ 来表示。图 8-12 展示了锻造 GH4169 合金在不同温度下的蠕变应力-寿命曲线。

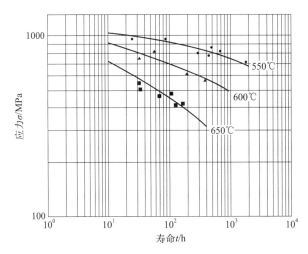

图 8-12　锻造 GH4169 合金在不同温度下，0.2％塑性应变的蠕变应力-寿命曲线

为了描述蠕变曲线，在双对数坐标图上绘制塑性应变 ε_p 与时间 t 对应曲线图。蠕变曲线也可用光滑曲线或一系列与试验数据有关的直线绘制。可从蠕变曲线图中得到规定塑性应变的时间 t_{px}。

8.3.2　蠕变断裂强度

对于高温材料，除测定规定塑性应变强度外，还必须测定其在高温长时载荷作用下的断裂强度，即蠕变断裂强度，亦称为持久强度。蠕变断裂强度是指在规定的试验温度 T 下，在试样上施加应力 R_o 对应的恒定的拉伸力，经过一定的试验时间（蠕变断裂时间 t_u）所引起断裂的应力。蠕变断裂强度用符号 R_u 表示，并以蠕变断裂时间 t_u（h）作为第二角标，以试验温度 T（℃）为第三角标（$R_{u,x,t,T}$）。例：对于蠕变断裂时间 $t=100000$h、试验温度 $T=550$℃下所测定的蠕变断裂强度用 $R_{u100000/550}$ 来表示。

如图 8-13 为锻造镍基高温合金 GH4169 在不同温度下的持久应力-寿命曲线，试验的规定加载持续时间是以机组的设计寿命为依据的。例如，对于锅炉、汽轮机等，机组的设计寿命为数万至数十万个小时，而航空喷气发动机则为 1000h 或几百小时。

对于设计某些在高温运转过程中不考虑变形量大小，而只考虑在承受给定应力下使用寿命的零件（如锅炉过热蒸汽管）来说，金属材料的持久强度是极其重要的性能指标。

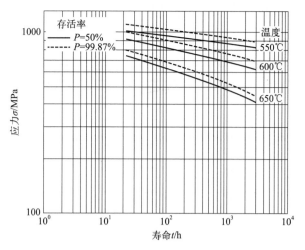

图 8-13　锻造 GH4169 合金不同温度下的持久应力-寿命曲线

金属材料的持久强度是通过做高温拉伸持久试验测定的。一般在试验过程中，不需要测定试样的伸长量，只要测定试样在规定温度和一定应力作用下直至断裂的时间（寿命）。

试验结果表明，金属材料在一定温度下，应力 σ 和断裂时间 t 之间有下列经验关系：

$$\tau = A'\sigma^m \tag{8-2}$$

式中　A'，m——常数。

式（8-2）在 $\lg\sigma$、$\lg t$ 双对数坐标上代表斜率为 m 的直线。

对于设计寿命为数百至数千小时的零件，其材料的持久强度可以直接用同样的时间进行试验确定。但对于设计寿命为数万至数十万小时的零件，要进行这么长时间的试验是比较困难的。因此，和蠕变试验相似，一般得出一些应力较大、断裂时间较短（数百至数千小时）的试验数据。将其在 $\lg\sigma$-$\lg t$ 坐标图上回归成直线，用外推法求出数万至数十万小时的持久强度。图 8-14 所示为 12Cr1MoV 钢在 580℃ 及 600℃ 时的持久强度线图。由图可见，试验最长时间为 1×10^4 h（实线部分），但用外推法（虚线部分）可得到 1×10^5 h 的持久强度值。如 12Cr1MoV 钢在 580℃、100000h 的持久强度为 89MPa。

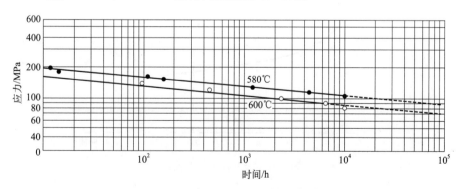

图 8-14　12Cr1MoV 钢的持久强度线图

高温长时试验表明，在 $\lg\sigma$-$\lg t$ 双对数坐标图中，试验数据并不完全符合线性关系，一般均有折点，如图 8-15 所示。其曲线形状和折点位置随材料在高温下的组织稳定性和试验温度高低而变化。因此，最好是测出折点后，再根据折点后时间与应力对数值的线性关系进行外推。一般还限制外推时间不超过最长试验时间一个数量级，以使外推结果不致误差太大。

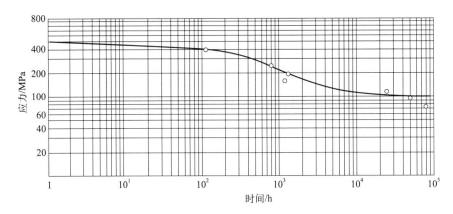

图 8-15　某种钢持久强度曲线的转折现象

通过高温持久试验，既可测量试样蠕变断裂后的断后伸长率及断面收缩率，还能反映出材料在高温下的持久塑性。许多钢种在短时试验时塑性较好，但经高温长时加载后，塑性有显著降低的趋势，有的持久断后伸长率仅为 1% 左右，呈现蠕变脆性现象。

8.3.3　剩余应力

金属材料抵抗应力松弛的性能称为松弛稳定性，这可通过应力松弛试验测定的应力松弛曲线来评定。金属的松弛曲线是在规定温度下，对试样施加载荷，保持初始变形量恒定，测定试样上的应力随时间而降低的曲线，如图 8-16 所示。图中 σ_0 为初始应力。随着时间的延长，试样中的应力不断减小。在应力松弛试验中，任一时间试样上所保持的应力称为剩余应力 σ_τ；试样上所减少的应力，即初始应力与剩余应力之差称为松弛应力 $\sigma_{\tau e}$。

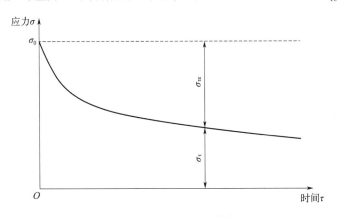

图 8-16　金属应力松弛曲线

剩余应力 σ_τ 是评定金属材料应力松弛稳定性的指标。对于不同的金属材料或同一材料经不同热处理，在相同试验温度和初始应力下，经规定时间 τ 后，剩余应力越高者，其松弛稳定性越好。图 8-17 所示为制造汽轮机、燃气轮机紧固件用的 20Cr1Mo1V1 钢，经不同热处理后的应力松弛曲线。由图可见，在相同初始应力 σ_0（300MPa）和相同试验时间条件下，采用正火工艺的剩余应力值高于调质工艺的，说明前者有较好的应力松弛稳定性。

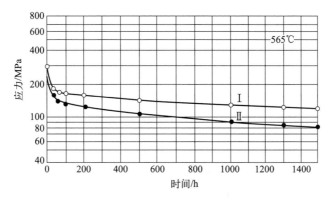

图 8-17　热处理工艺对 20Cr1Mo1V1 钢应力松弛曲线的影响
Ⅰ—1000℃正火，700℃回火；Ⅱ—1000℃油淬，700℃回火

应力松弛曲线不仅可以评定材料的松弛稳定性，而且具有重要实际意义，对于高温下工作的紧固件，可以根据应力松弛曲线求紧固件初始应力 σ_0 降低到某一数值（或剩余应力）所需时间。初始应力 σ_0 越大，紧固时间间隔越短。

8.4　金属高温疲劳性能

8.4.1　高温疲劳试验

金属材料的高温疲劳一般是指温度高于 0.5 倍熔点或在再结晶温度以上时的疲劳现象。高温疲劳试验通常采用控制应力和控制应变两种加载方式。

在最大拉应力下保持一定的时间，简称为保时，或在保时过程中叠加高频波以模拟实际使用条件。

（1）控制应变加载方式

图 8-18 中 $\Delta\sigma$ 表示保时过程中松弛的应力，$\Delta\varepsilon_c$ 是松弛过程中产生的非弹性应变。有

$$\Delta\varepsilon_t = \Delta\varepsilon_e + \Delta\varepsilon_p \tag{8-3}$$

$$\Delta\varepsilon_t = \Delta\dot{\varepsilon}_e + \Delta\varepsilon_p + \Delta\varepsilon_c \tag{8-4}$$

由上两式得

$$\Delta\varepsilon_e - \Delta\dot{\varepsilon}_e = \Delta\varepsilon_c = \frac{\Delta\sigma}{E} \tag{8-5}$$

在控制应变条件下，疲劳寿命常以循环进入稳定时的应力下降 5%（或 10%）定义，即图中的 f 点。

（2）控制应力加载方式

在变动载荷条件下，应变量随时间而缓慢增加的现象称为动态蠕变，简称动蠕变，应力加载方式如图 8-19 所示。

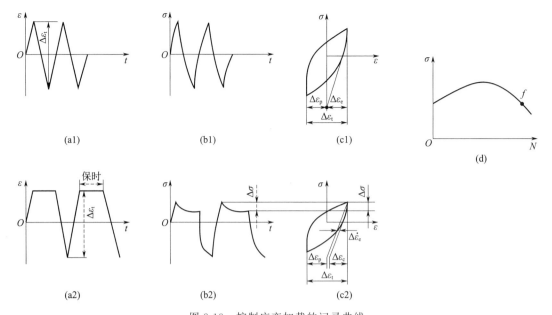

图 8-18 控制应变加载的记录曲线
(a1)，(b1)，(c1)，(d) 无保时加载；(a2)，(b2)，(c2)，(d) 有保时加载

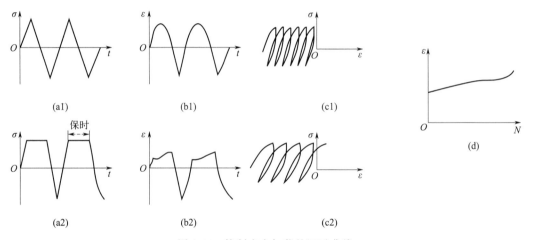

图 8-19 控制应力加载的记录曲线
(a1)，(b1)，(c1)，(d) 无保时加载；(a2)，(b2)，(c2)，(d) 有保时加载

8.4.2 高温疲劳的一般规律

温度：无论是光滑试件或缺口试件，总的趋势是试验温度提高，高温疲劳强度降低。温度在 300℃ 以上时，每升高 100℃，钢的疲劳抗力下降约 15%～20%；而对耐热合金，则每升高 100℃，疲劳抗力下降约 5%～10%。但和持久强度相比，疲劳强度随温度升高而下降的速率较慢，所以它们存在一个交点。在交点左边时，材料主要是疲劳破坏，这时疲劳强度相比持久强度，在设计中更为重要；在交点以右，则以持久强度为主要设计指标。如图 8-20 所示，交点疲劳强度和持久强度随试验温度不同而变化。

时间：高温疲劳的最大特点是与时间相关，描述高温疲劳的参数除与室温疲劳相同的以外，还需增加与时间有关的参数，包括加载频率、波形和应变速率。降低加载过程中的应变速率或频率、增加循环中拉应力的保持时间都会缩短疲劳寿命，而断口形貌也会相应地从穿晶断裂过渡到穿晶＋沿晶断裂，直至完全沿晶断裂。原因是：降低应变速率或频率、增加拉应力保持时间将使沿晶蠕变损伤增加，并增加了环境侵蚀的时间。高温下原子沿晶界扩散快，所以环境侵蚀主要沿晶界发展。因此无论

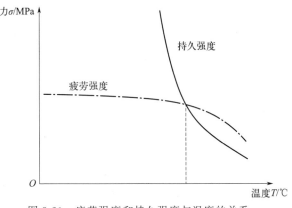

图 8-20　疲劳强度和持久强度与温度的关系

是蠕变还是环境侵蚀，造成的损伤主要都在晶界，从而出现上述从穿晶到沿晶的断裂过程。

高温疲劳裂纹扩展速率 da/dN：温度升高，疲劳裂纹扩展速率增加，ΔK_{th} 降低（也有例外）。高温疲劳裂纹扩展可以看作是疲劳和蠕变分别造成裂纹扩展量的叠加。低载荷时，蠕变裂纹扩展速率较小，裂纹扩展以疲劳扩展为主；高载荷时，蠕变裂纹扩展速率大，裂纹扩展以蠕变裂纹扩展为主。

8.4.3　疲劳和蠕变的交互作用

蠕变疲劳交互作用的本质是蠕变损伤和疲劳损伤的相互关系。疲劳的主要损伤形式是裂纹在晶内扩展，而蠕变的主要损伤形式是空洞在晶界形核和长大，但在高应力下也可能发生晶内损伤。当蠕变和疲劳损伤依次或同时发生时，一种损伤对另一种损伤的发展过程将产生一定的影响，从而加速或减缓总损伤，影响疲劳寿命，这就是蠕变疲劳交互作用。其结果会加剧损伤过程，使疲劳寿命大大缩短。交互作用的方式是一个加载历程对以后加载历程产生的影响。

根据损伤造成的原因，疲劳和蠕变的交互作用大致分为两类：一类为瞬时交互作用，另一类为顺序交互作用。

① 在瞬时交互作用中，在拉应力时的停留会造成很大的危害。压缩保持期内空洞不易形核，在某种情况下甚至会使拉应力造成的损伤愈合，所以增加压缩保持时间会延长疲劳寿命（仅少数合金是例外）。

② 在顺序交互作用中，预疲劳硬化造成一定损伤后会影响之后的蠕变行为。如对 Cr-Mo-V 钢循环硬化后再经受高应力蠕变时，由于存在很强的交互作用，随后的蠕变寿命减小，蠕变第二阶段的速率增加了一个数量级；产生类似的疲劳损伤以后，再经受低应力蠕变时，则交互作用较小或不存在。循环硬化的材料，通常比循环软化材料对随后的蠕变造成的危害程度小。

交互作用的大小与材料的持久塑性有关。试验结果表明，材料的持久塑性越好，则交互作用的程度越小；反之，材料的持久塑性越差，则交互作用的程度越大。交互作用与试验条件也有关，例如循环的应变幅值、拉压保时的长短与温度等。

8.4.4　蠕变-疲劳损伤模式

有两种蠕变疲劳交互作用：依次损伤和同时损伤。第一种是指材料经历一个完全的疲劳

（或蠕变）损伤后接着经历蠕变（或疲劳）损伤。而第二种交互作用是在每一个疲劳循环中同时有蠕变损伤和疲劳损伤，如具有保持时间的应变（或应力）疲劳。用 N_F，N_{IF}，N_{IC} 分别表示失效循环次数、疲劳裂纹出现时的循环次数、蠕变空位形成时的循环次数，按其出现的时间顺序可分为 4 种模式，如图 8-21 所示。时间相关变形（主要是蠕变）对疲劳寿命有较大影响，而这种影响与应变速率（或频率）有非常密切的关系。如果应变速率足够快，则时间效应被抑制而更加偏向于疲劳破坏，图 8-22 表明了交互作用区域和温度与应变的关系。

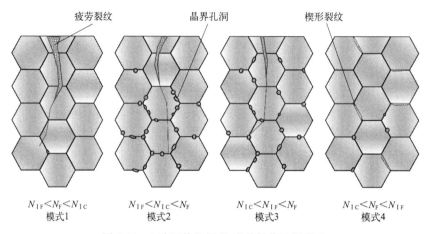

$N_{IF}<N_F<N_{IC}$　　　$N_{IF}<N_{IC}<N_F$　　　$N_{IC}<N_{IF}<N_F$　　　$N_{IC}<N_F<N_{IF}$
模式1　　　　　　　模式2　　　　　　　模式3　　　　　　　模式4

图 8-21　4 种可能的蠕变-疲劳损伤破坏模式

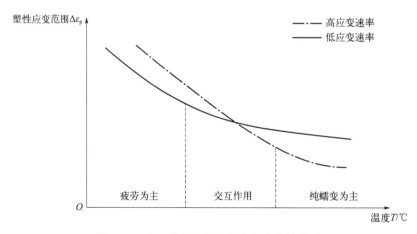

图 8-22　交互作用区域和温度与应变的关系

8.5　金属高温力学性能的主要影响因素

　　由蠕变变形和断裂机理可知，要提高抗蠕变强度，必须控制位错攀移的速率；要提高持久强度，必须控制晶界的滑动。因此，要提高金属材料的高温力学性能，应控制晶内和晶界的原子扩散过程。这种扩散过程与合金的化学成分、第二相强化及晶界性质等因素密切相关，并可通过冶炼工艺、成形工艺及热处理工艺加以控制。

（1）合金化学成分

不同成分的材料具有不同的蠕变激活能，蠕变激活能越高的材料蠕变越难。在一定温度下，熔点越高的金属自扩散激活能越大，因而自扩散越慢；如果熔点相同但晶体结构不同，则自扩散激活能越大，扩散越慢；层错能越低的金属越易发生扩展位错，使位错难以产生割阶、交滑移及攀移。这些都有利于降低蠕变速率。因此，耐热钢及合金的基体材料一般选用熔点高、自扩散激活能大或层错能低的金属及合金。

在基体金属中加入 Cr、Mo、W、Nb 等合金元素形成单相固溶体，除产生固溶强化作用外，还因为合金元素使层错能降低，易形成扩展位错，且溶质原子与溶剂原子的结合力较强，增大了扩散激活能，从而提高了蠕变极限。一般来说，固溶元素的熔点越高，其原子半径与溶剂原子的相差越大，则对提高高温性能越有利。在合金中添加能增加晶界扩散激活能的元素（如 B、稀土元素等），则既能阻碍晶界滑动，又能增大晶界裂纹面的表面能，因而对提高抗蠕变性能，特别是持久强度很有效。

（2）第二相

合金中如果含有能形成弥散相的合金元素，则由于弥散相能强烈阻碍位错的滑移，因而能有效提高高温强度。实用的高温材料大多是第二相粒子弥散强化合金，如各种奥氏体耐热钢中碳化物析出强化、Ni 基高温合金中 γ 相析出强化、ODS（氧化物弥散强化）合金中氧化物弥散强化、子增强铝基复合材料中 SiC 弥散强化等。其主要强化形式分为以下几种：层错强化、有序强化、共格强化。综上，弥散相粒子硬度越高，弥散度越大，稳定性越高，则强化作用越好。

（3）晶粒尺寸

晶粒大小对金属材料高温力学性能的影响很大。当使用温度低于等强温度时，细晶粒钢有较高的强度；当使用温度高于等强温度时，粗晶粒钢及合金有较高的蠕变极限和持久强度。但是晶粒太大会降低高温下的塑性和韧性。对于耐热钢及耐热合金来说，随合金成分及工作条件不同，有一最佳晶粒度范围。例如，奥氏体耐热钢及镍基合金，一般以 2～4 级晶粒度较好。因此，进行热处理时应考虑采用适当的加热温度，以满足晶粒度的要求。

在耐热钢及耐热合金中，晶粒度不均匀会显著降低其高温性能。这是由于在大小晶粒交界处易产生应力集中而形成裂纹。

为控制以上几种因素对金属材料的高温性能的影响，可有多种调控手段。

（1）冶炼工艺

各种耐热钢及高温合金对冶炼工艺的要求较高，这是因为钢的夹杂物和某些冶金缺陷会使材料的持久强度降低。高温合金对杂质元素和气体含量要求更加严格，常存杂质除硫、磷外，还有铅、锡、砷、锑、铋等，即使其含量只有十万分之几，当其在晶界偏聚后，仍会导致晶界严重弱化，而使热强性急剧降低，并增大蠕变脆性。某些镍基合金的试验结果表明，经过真空冶炼后，由于铅含量 w（Pb）由 $5\times10^{-4}\%$ 降至 $2\times10^{-4}\%$ 以下，其持久寿命增长了一倍。

（2）成形工艺

对于高温合金来说，在使用中通常在垂直于应力方向的横向晶界上易产生裂纹，因此，采用定向凝固工艺使柱状晶沿受力方向生长，减少横向晶界，可以大大提高持久寿命。例如，有一种镍基合金采用定向凝固工艺后，在 $760℃$、$645MPa$ 应力作用下的断裂寿命可提高 4～5 倍。近年来随着增材制造技术的不断发展，增材制造越来越多被应用在高温合金等零件的成形上，采用激光选区熔化工艺制备的镍基高温合金往往会形成平行于沉积方向的条带状晶粒和典型的立方织构，而这种现象在 316L 不锈钢中也普遍存在。这种织构的存在也会减少沿着沉积方向的横向晶界，可提高沉积方向的持久寿命，而其灵活的成形方式和特殊的微观结构为后续的性能调控提供了更大的空间。与传统锻造及轧制相比，增材成形零件高温性能还存在差距，例如，有研究把增材成形 Inconel 718 与常规热轧试样进行了比较，发现热轧样品的抗蠕变性能最好，热轧态晶粒尺寸最小，裂纹范围也很小，其解释认为这表明了避免晶间断裂机制是提高蠕变性能的关键。

（3）热处理工艺

珠光体耐热钢一般采用正火加高温回火工艺，正火温度应较高，以促使碳化物较充分而均匀地溶于奥氏体中。回火温度应高于使用温度 100～150℃，以提高其在使用温度下的组织稳定性。

奥氏体耐热钢或合金一般进行固溶处理和时效，使之得到适当的晶粒度，并改善强化相的分布状态。有的合金在固溶处理后再进行一次中间处理（二次固溶处理或中间时效），使碳化物沿晶界呈断续链状析出，可使持久强度和持久伸长率进一步提高。有研究对选择性激光熔化 Inconel 718 试样在热等静压后采用不同的固溶制度进行热处理，以调控其晶界处 δ 相，结果表明，晶界处针状 δ 相体积分数越大，裂纹越大，不利于合金的持久寿命及塑性。

采用形变热处理改变晶界形状（形成锯齿状），并在晶内形成多变化的亚晶界，则可使合金进一步强化。例如，某些 Ni 基合金采用高温形变热处理后，在 630℃ 的 100h 持久强度提高 20％～25％，而且还具有较高的持久伸长率。通过热处理，既可以提高晶粒均匀性，也可以强化高温性能。有研究表明，在 Ni 基高温合金变形过程中，细晶粒区域比粗晶粒区域具有更高的几何必要位错，因此，微裂纹优先沿细晶界萌生和扩展。

案例链接 8-1：热暴露对 7A85 铝合金力学性能的影响

超高强 7A85 铝合金具有低密度、高强度、成形性能好以及低淬透敏感性等优点，在航空航天、轨道交通以及汽车工业中可作为厚大零件的材料，为推动各领域的轻量化发展发挥了重要作用。诸如高速列车轴箱的零件在使用过程中会短时暴露在较高的温度环境中（即热暴露）可能使材料性能发生变化，从而影响相应零件服役的可靠性和寿命。因此，有必要对 7A85 铝合金热暴露后的性能变化进行系统研究。

7A85-T74 铝合金不同温度下热暴露 5h 后拉伸力学性能如图 8-23 所示，7A85-T74 铝合金在室温下的平均屈服强度为 530MPa、抗拉强度为 575MPa，平均伸长率为 8.3％、断面收缩率为 14.1％。如图 8-23（a）所示，随热暴露温度升高，铝合金的强度整体呈逐渐下降的趋势。在 80℃ 和 120℃ 下热暴露后的合金强度和硬度较室温略有下降，80℃ 下热暴露后合金平均抗拉强度为 558MPa，120℃ 下热暴露后合金的平均抗拉强度为 560MPa；而在 180℃ 下热暴露 5h 后，7A85 铝合金的强度和硬度均有较大幅度下降，240℃ 下热暴露 5h 后，7A85 铝合金的平均抗拉强度仅有 382MPa。伸长率和断面收缩率如图 8-23（b）所示，随热暴露温度的升高，80℃ 和 120℃ 下热暴露后合金的伸长率和断面收缩率小幅度升高，180℃ 下热暴露后合金的伸长率和断面收缩率明显上升，而 240℃ 下热暴露后合金的伸长率和断面收缩率均大幅上升，其中伸长率上升至 19.8％，断面收缩率上升至 49.9％。

如图 8-24 所示，热暴露温度在 80～120℃ 时，合金的疲劳性能变化不大，超过 120℃

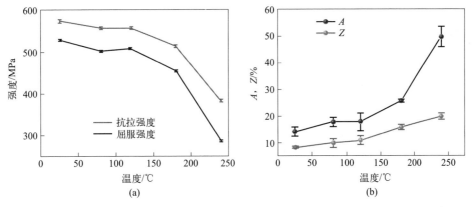

图 8-23　7A85-T74 铝合金在不同温度下热暴露 5h 后的强度、伸长率和断面收缩率

后，随热暴露温度增加，疲劳性能整体显著降低。当合金经过 240℃ 热暴露后，施加载荷为 200MPa 时，疲劳寿命由室温时的 10^7 周次降至 226083 周次。当均使用合金屈服强度的 50% 载荷加载时，7A85-T74 铝合金室温下的平均疲劳寿命为 177167 周次，而 240℃ 热暴露后的合金的疲劳寿命能达到 1368714 周次。

研究结果可为该合金的服役条件控制和性能预测提供理论依据和数据支撑。

【资料来源：王浩，赵君文，范军，等．热暴露对 7A85 铝合金微观组织和力学性能的影响［J］．材料工程，2023，51（9）：107-116．】

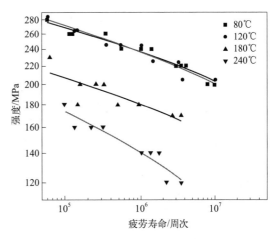

图 8-24　7A85-T74 铝合金在不同温度下热暴露后的 S-N 曲线

8.6　本章小结

材料在高温下的力学行为不仅与所受的应力有关，而且与作用时间和环境等因素相关。材料在高温条件下受小于屈服强度的应力长时间作用后，发生塑性变形甚至断裂的现象称为蠕变。蠕变引起的塑性变形与应力和温度密切相关。因此，评定材料的高温力学性能，不仅要考虑作用应力的大小，而且要考虑应力的作用时间及允许的蠕变变形量或蠕变变形速率。蠕变机制包括：位错运动、扩散、晶界运动和微观组织变化等。表征材料蠕变性能的主要参数有规定塑性应变强度、蠕变断裂强度。材料的高温力学行为还包括在高温和疲劳载荷共同作用下的高温疲劳及在恒定应变下、高温长时作用下产生的应力松弛。高温下蠕变和疲劳可存在交互作用。材料的应力松弛可用松弛稳定性和松弛曲线进行表征。金属材料的高温性能受化学成分、第二相、晶粒尺寸等因素影响。材料在高温下的力学行为均与蠕变密切相关。在学习本章时，应理解蠕变变形的规律及其物理本质，掌握评价金属高温力学性能的各项指标。

本章重要词汇

(1) 约比温度：approximate specific temperature
(2) 等强温度：constant strength temperature
(3) 蠕变速率：creep rate
(4) 持久塑性：persistent plasticity
(5) 松弛稳定性：relaxation stability
(6) 过渡蠕变：transitional creep
(7) 稳态蠕变：steady-state creep
(8) 扩散蠕变：diffusion creep
(9) 应力松弛：stress relaxation
(10) 位错滑移：dislocation slip
(11) 位错攀移：dislocation climb
(12) 蠕变极限：creep limit
(13) 蠕变脆性：creep brittleness
(14) 持久强度：stress rupture strength
(15) 蠕变断后伸长率：percentage elongation after creep rupture

思考与练习

(1) 增加晶界是强化金属材料的一个重要手段，但在高温下，晶界迁移、晶界滑动、晶界扩散等失稳机制会导致晶界软化，该如何有效提升热-力-时间耦合作用下晶界的结构稳定性？

(2) 试说明高温下蠕变变形、断裂及裂纹形成机理与常温下的变形、断裂及裂纹形成机理有何不同。

(3) 和常温下力学性能相比，金属材料在高温下的力学行为有哪些特点？造成这种差别的原因何在？

(4) 试说明高温下金属蠕变变形的机理与常温下金属塑性变形的机理有何不同。

(5) 试说明金属蠕变断裂的裂纹形成机理与常温下金属断裂的裂纹形成机理有何不同。

(6) 根据蠕变机理，分析提高材料的蠕变抗力有哪些途径。

(7) 应力松弛和蠕变有何关系？

(8) 为什么许多在高温下工作的零件要考虑蠕变与疲劳的交互作用？试验如何研究这种交互作用？

(9) 说明高温疲劳的一般规律。

(10) 列举蠕变性能的表征参数，并分别阐述其意义。

第 9 章

材料力学性能试验

试验是科学研究的重要方法，学生通过实践本章各具体材料力学性能试验，可以加深对相应各章基础知识的理解，并初步掌握测定材料力学性能参数的基本方法。

9.1 缺口试样静拉伸试验

9.1.1 试验目的

① 了解材料在硬性应力状态和应力集中情况下的脆性趋向。

② 了解试样缺口几何形状对拉伸应力-应变曲线、材料强度、塑性以及断口形貌的影响。

9.1.2 试验仪器

材料拉伸试验机、读数显微镜、游标卡尺。

9.1.3 试验材料

试样材料为 45 钢，正火处理。采用比例长试样。按图 9-1 所示形状加工成具有不同缺口形状的缺口拉伸试样和光滑拉伸试样。

9.1.4 试验步骤

① 了解拉伸试验机的结构和原理，掌握操作方法。

② 将各拉伸试样进行编号放置，以便与后续试验测试数据对应。

③ 用游标卡尺分别测定各试样测试部位内最小直径 d_0，并填入试验记录表（见表 9-1）。

④ 分别标定各试样标距 $L_0=100\text{mm}$。对缺口拉伸试样，缺口部位应包括在标距内。

⑤ 分别安装试样在试验机上进行拉伸试验加载。在试验中，拉伸速度应为 $10\sim30\text{MPa/s}$，加载必须平稳而无冲击。记录拉伸最大载荷 F_m 值，同时由试验机自动绘出放大倍数 n（n 一般不低于 50）的拉力-伸长曲线（$F\text{-}\Delta L$）。

⑥ 测定屈服载荷 F_s。在本试验中采用规定残余伸长应力的测定方法。在拉力-伸长曲线 $F\text{-}\Delta L$ 上，自弹性直线段与伸长坐标轴的交点起确定一等于 $0.2\%\ L_0 n$ 规定残余伸长的点，再从该点作弹性直线段的平行线与拉伸曲线交于另一点，对应于另一点的载荷即为屈服载荷 F_s。

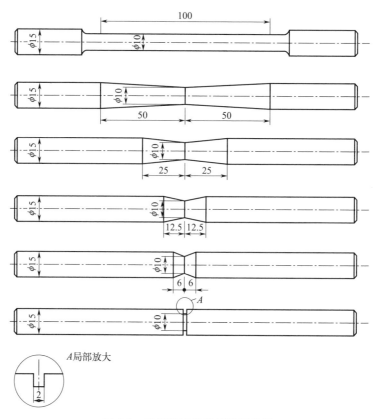

图 9-1　系列缺口拉伸试样示意图

⑦ 测定拉伸断裂载荷 F_k。根据拉力-伸长曲线 F-ΔL 上的断裂点所对应的载荷确定。

⑧ 测定试样拉伸后标距 L_u。将拉断后试样的两截紧密对接起来，尽量使轴线处于一条直线上，用游标卡尺测量拉伸后的标距长度值 L_u（沿圆周方向间隔 $90°$ 的两个位置测量，取算术平均值）。若断口处有缝隙，则此缝隙也应计入拉断后的标距长度内。

⑨ 测定试样断裂最小直径 d_k。取断后的一截试样，在读数显微镜下测量最小直径值 d_k（沿圆周方向间隔 $90°$ 的两个位置测量，取算术平均值）。对光滑试样，可取断后带有剪切唇的一截试样，用游标卡尺测量颈缩后最小直径值 d_k。

⑩ 对比观察各种试样的断口，也可以在 10 倍放大下观察，鉴别断口区域。在读数显微镜下估测纤维区的面积。

9.1.5　试验报告

① 简述拉伸试验原理及应力集中的应力状态。

② 按相同放大比例在同一坐标系中绘制出各试样的应力-应变（σ-ε）曲线。

③ 计算各试样的强度指标（屈服强度 $R_{p0.2}$、抗拉强度 R_m、断裂真实应力 S_k）和塑性指标（伸长率 A、断面收缩率 Z）以及各试样缺口敏感性指标 NSR。填入拉伸试验数据记录表（见表 9-1）。

④ 计算出纤维区所占断口总面积的比例，并绘出宏观断口形貌示意图。

表 9-1　系列缺口试样静拉伸试验数据记录表

试样材料					试验温度			
试验设备					时间			

项目/试样编号		1	2	3	4	5	6
原始数据	$\alpha/(°)$						
	d_0/mm						
	F_s/kN						
	F_m/kN						
	F_k/kN						
	d_k/mm						
	L_u/mm						
计算数据	$R_{p0.2}/MPa$						
	R_m/MPa						
	$A/\%$						
	$Z/\%$						
	NSR						
宏观断口	断口示意图						
	纤维区面积的占比/%						

注：本试验中测定 $R_{p0.2}$ 时未使用引伸计，因此所测数据仅供本试验比较使用，不能作为材料性能是否达标的评判依据。

9.1.6　分析思考

① 分析缺口尖锐程度对应力-应变（σ-ε）曲线、强度、塑性及断口形貌的影响。

② 试述退火低碳钢、中碳钢和高碳钢的屈服现象在拉伸力-伸长曲线图上的区别。为什么？

③ 在拉伸应力状态下，缺口的敏感性是如何变化的？

④ 缺口试样拉伸时应力分布有什么特点？

⑤ 试综合比较光滑试样轴向拉伸、缺口试样轴向拉伸和偏斜拉伸试验的特点。

9.2　硬度测定试验

9.2.1　试验目的

① 掌握布氏、洛氏、维氏、显微维氏和肖氏硬度的试验原理、测定方法及其应用。

② 了解布氏、洛氏、维氏、显微维氏和肖氏硬度计的构造及使用。

③ 了解显微硬度和宏观硬度的关系，以及硬度与抗拉强度的关系。

9.2.2　试验仪器

① 典型硬度计（如图 9-2 所示）：布洛氏两用硬度计、维氏硬度计、显微维氏硬度计、肖氏硬度计。

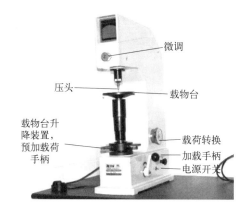

微调

压头　　　　　　载物台

载物台升
降装置，
预加载荷　　　　载荷转换
手柄　　　　　　加载手柄
　　　　　　　　电源开关

(a) 布洛氏两用硬度计

(b) 维氏硬度计

(c) 显微维氏硬度计

(d) 肖氏硬度计

图 9-2　典型硬度计

② 读数显微镜。

9.2.3　试验材料

① 铸铁；

② 45 钢（退火）；

③ 45 钢（淬火＋回火）；

④ 高速钢刀具；

⑤ 20 钢零件（渗碳＋淬火）；

⑥ 硬质合金刀片；

⑦ 黄铜（退火）；

⑧ 钢轨材料。

具体试样要求如下。

布氏硬度：试样表面应制成光滑的平面，表面粗糙度不大于 $0.8\mu m$。试验面的制备方式应与材料和试验条件相适应。试样厚度应不小于压痕深度的 10 倍。如有关技术条件另有规定，则其厚度可为不小于压痕深度的 8 倍。压头直径、负荷大小的确定应根据试样预期硬度和厚度按表 9-2 选择。

表 9-2　压头直径、负荷大小的确定

材　料	布氏硬度（HB）范围	试样厚度/mm	$0.102F/D^2$ /（N/mm²）	压头直径 D/mm	负荷 F/N
黑色金属	140～650	3～6	30	10.0	29420
		2～4		5.0	7355
		<2		2.5	1839
	<140	>6	10	10.0	9807
		3～6		5.0	2452
		<3		2.5	613
有色金属	>130	3～6	30	10.0	29420
		2～4		5.0	7355
		<2		2.5	1839
	36～130	3～9	10	10.0	9807
		3～6		5.0	2452
		<3		2.5	613
	8～35	>6	2.5	10.0	2452
		3～6		5.0	613
		<3		2.5	153

洛氏硬度：弯曲表面的试样，当试验面的曲率半径小于20mm时，硬度值必须进行修正。

维氏硬度：试样表面应为光滑平面，试验面上应无氧化皮及外来污物，尤其不应有油脂，试样表面应进行抛光处理。显微硬度检测试样应根据材料特性进行抛光或电解抛光处理。试样或表面层的最小厚度应大于压痕对角线长度的1.5倍。试验后，试验背面不应有可见的变形痕迹。任一压痕中心到试样边缘距离，对于钢、铜及铜合金至少应为压痕对角线长度的2.5倍；对于轻金属、铅、锡及其合金至少应为压痕对角线长度的3倍。

肖氏硬度：试样表面应为平面，无氧化皮及外来污物，尤其不应有油脂。对于肖氏硬度小于50HS的试样，表面粗糙度参数 Ra 应不大于 $1.6\mu m$；肖氏硬度大于50HS时，表面粗糙度参数 Ra 应不大于 $0.8\mu m$。试样的质量应大于0.1kg，厚度一般应在10mm以上。试样不得有磁性。

9.2.4　试验原理

试验原理见第2章2.7节相应部分内容。

9.2.5　试验步骤

① 了解各种硬度计的构造、作用原理、使用方法、操作规程和安全注意事项。

② 对各种试样选择合适的试验方法和仪器，确定试验条件。根据试验和试样条件选择压头和载荷。

③ 用标准硬度块校验硬度计。校验的硬度值不应超过标准硬度块硬度值的允许示值误差，见表 9-3。

表 9-3 主要硬度范围的允许示值误差

硬度种类	标准块的硬度范围	允许示值误差	依据标准
布氏硬度	$0.102F/D^2 = 30\text{N/mm}^2$ 时，<250HBW	±3.0%	GB/T 231.2—2022
	250～450HBW	±2.5%	
	>450HBW	±2.0%	
	$0.102F/D^2$ 为其它值时	±3.0%	
洛氏硬度	20～75HRA	±2.0HRA	GB/T 230.2—2022
	>75～95HRA	±1.5HRA	
	10～45HRBW	±4HRBW	
	>45～80HRBW	±3HRBW	
	>80～100HRBW	±2HRBW	
	10～70HRC	±1.5HRC	
维氏硬度	对角线长度 $d \leqslant 0.040\text{mm}$	±0.0004mm	GB/T 4340.2—2012
	$0.040\text{mm} < d \leqslant 0.200\text{mm}$	±1.0%d	
	$d > 0.200\text{mm}$	±0.002mm	

④ 测定铸铁、45 钢（退火）和黄铜（退火）试样的布氏硬度：在布洛两用硬度计上（用布氏硬度）确定测量压头、负荷、保荷时间等参数后，压出压痕，然后用读数显微镜测量压痕直径 d，通过公式计算或查表得到 HB 值。每个试样至少测试三点，以各点测得结果的算术平均值作为该试样的布氏硬度值。在布洛两用硬度计上（用洛氏硬度）测量得 HRC 值。

⑤ 测定 45 钢（淬火＋回火）、高速钢刀具和 20 渗碳淬火钢零件的洛氏硬度值。

⑥ 测定硬质合金刀片和 45 钢（淬火＋回火）的维氏硬度值：在维氏硬度计上确定测量负荷、保荷时间等参数后，先压出压痕，然后测量压痕对角线长度 d，最后通过计算或查表得到 HV 值。

⑦ 测定 45 钢（退火）中铁素体和珠光体组织的显微硬度值：在显微维氏硬度计上，确定相应负荷和保荷时间等参数后，分别在铁素体和珠光体组织上打上压痕，然后测量压痕对角线长度，再通过公式计算或查表得到显微维氏硬度值。

⑧ 测定 20 钢板和 45 钢（淬火＋回火）的肖氏硬度值：在肖氏硬度计上分别测试钢轨材料和 45 钢（淬火＋回火）的 C 型肖氏硬度值。

9.2.6 数据处理

9.2.6.1 布氏硬度

① 试验时，压痕中心距试样边缘的距离应大于或等于 2.5d，试样两相邻压痕中心的距离应大于或等于 4d。试验硬度小于 350HB 的金属时，上述距离应分别为 3d 和 6d。

② 试验后压痕直径的大小应在下列范围内：0.2D<d<0.6D。如不符合上述条件时，试验结果无效，应选用相应的负荷重新试验。

③ 用直径为 10mm、5mm 的钢球进行试验时，其压痕直径的计量应精确到 0.02mm；如用直径 2.5mm 的钢球，则为 0.01mm。

④ 压痕直径应从两个相互垂直的方向计量，并取其算术平均值。压痕两直径之差应不超过较小直径的 2%。

9.2.6.2 洛氏硬度

① 施加预负荷，试样应向上移动至预负荷全部加上为止，如指示器超过硬度计说明书规定的标志时，则应卸除预负荷重新选点试验。

② 施加主负荷时，加荷压入时间为 4～8s，总负荷保持时间为 2～25s；具体由加负荷后试样随时间变形的程度而定。

③ 主负荷应于 2s 内平稳卸除，并立即从刻度盘相应的标尺上读数，读数精度应为 0.2HR。

④ 试样上两相邻压痕中心及压痕中心至试样边缘的距离应不小于压痕直径的 3 倍。

⑤ 每次更换压头、载样台或支座后的最初两次试验结果不予采用。

9.2.6.3 维氏硬度

① 试样应平稳地安置在载样台上，试验时不得产生任何位移和振动。

② 对于显微维氏硬度，加载时应平稳而缓慢，加载速度为 15～70μm/s。

③ 从加力开始至全部试验力施加完毕的时间应在 2～8s 之间。对于小力值维氏硬度试验和显微维氏硬度试验，加力过程不能超过 10s 且压头下降速度应不大于 0.2mm/s。

④ 黑色金属试验力保持时间为 10～15s；对于试验时塑性行为与时间有关的试样，保荷时间至少为 30s。并应在硬度试验结果中注明且保证误差在 2s 以内。

⑤ 两相邻压痕中心之间的距离，对于钢、铜及铜合金至少应为压痕对角线长度的 3 倍；对于轻金属、铅及其合金、锡及其合金至少应为压痕对角线长度的 6 倍。如果相邻压痕大小不同，应以较大压痕确定压痕间距。

⑥ 在平面上，压痕对角线长度之差，应不超过对角线长度平均值的 5%。如果超过 5%，则应在试验报告中注明。放大系统应能将对角线放大到视场的 25%～75%。

⑦ 更换压头、载样台的最初两次试验结果不予采用。

⑧ 压痕对角线长度计量精度的允许误差应不大于对角线长度的 1%。

9.2.6.4 肖氏硬度

① 试样应稳固地放置在载样台上。测试大工件时，应将硬度计垂直、稳固地放在工件上。

② 试验时，两相邻压痕间距应大于 0.5mm，压痕离试样边缘应大于 6mm。

③ 每一试样至少应进行五次测试（五次示值中最大值与最小值之差不超过 5 个单位），以其算术平均值作为试样的试验结果。

9.2.7 试验报告

① 简述各种硬度的试验原理、优缺点及应用。

② 将各试验数据填入试验记录表中。各种硬度试验记录见表 9-4～表 9-7。

表 9-4　布氏硬度试验记录

试样		压痕直径 d（mm）与硬度值 HB			试样的平均
材料	状态	1 点	2 点	3 点	硬度值（HB）
45 钢	退火				
铸铁	铸态				
黄铜	退火				

表 9-5　洛氏硬度试验记录

试样		硬度值（HR）			
材料	状态	1 点	2 点	3 点	平均值
45 钢	淬火＋回火				
高速钢刀片	淬火＋回火				
20 钢零件	渗碳＋淬火				

表 9-6　维氏硬度和显微维氏硬度试验记录

试样			对角线长度（mm）与硬度值 HV			试样平均
材料	状态	组织	1 点	2 点	3 点	硬度值（HV）
硬质合金刀片						
45 钢	淬火＋回火					
45 钢	退火	铁素体组织				
		珠光体组织				

表 9-7　肖氏硬度试验记录

试样		硬度值（HSD）					
材料	状态	1 点	2 点	3 点	4 点	5 点	平均值
20 钢板	冷轧						
45 钢	淬火＋回火						

9.2.8　分析思考

① 按混合律，用所测得的铁素体和珠光体组织的显微硬度值以及两组织所占比例估算 45 钢（退火）硬度，并与所测得的该材料布氏硬度值对比。

② 分析用布氏硬度试验方法能否直接测试成品或较薄的工件。

③ 试说明布氏硬度、洛氏硬度、维氏硬度和肖氏硬度的试验原理，并比较布氏硬度、洛氏硬度、维氏硬度和肖氏硬度试验方法的优缺点。

④ 如何确保各硬度试验机的测量准确性？

⑤ 金属材料的硬度值（压入法测定的）与其抗拉强度值有何关系？试定性地说明为什么存在这样的关系。

⑥ 硬度标准试样块的作用是什么？

9.3 弯曲冲击试验及韧脆转变温度测定

9.3.1 试验目的

① 掌握低温下金属冲击韧性测定的操作方法。

② 了解温度对金属冲击韧性的影响及确定韧脆转变温度 T_t 的方法。

9.3.2 试验仪器

摆锤式冲击试验机、冷却装置（广口液氮罐、冷却介质为酒精加干冰）。

9.3.3 试验材料

试验材料为 45 钢，试样为 GB/T 229—2020 规定的横截面为 10mm×10mm 的标准夏比 V 型缺口试样，如图 9-3 所示。

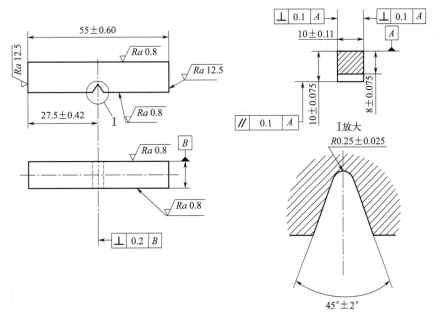

图 9-3　标准夏比 V 型缺口冲击试样

9.3.4 试验原理

将不同温度的试样水平放置在试验机支座上（缺口位于冲击相反方向），用有一定高度 H_1 和一定质量 m 的摆锤（即其具有一定位能 mgH_1）在相对零位能处冲断试样，摆锤剩余能量为 mgH_2，则测得摆锤冲断各不同温度试样失去的位能，即为试样变形和断裂所消耗的冲击吸收功 KV，从而反映温度对金属材料的冲击韧性的影响。

9.3.5 试验步骤

① 制备低温介质。其温度应比试验温度低 3℃，以补偿试样从取出到冲断时温度的回

升。试验温度为室温到$-75℃$范围内的六种温度。

② 冷却试样。试样放入低温介质后，保温时间不应少于 15min。

③ 检查试验机，校正指针的零点位置。

④ 安装低温试样。用特制夹子将试样自保温装置中取出，放置到冲击试验机支座上，要求动作迅速、准确。

⑤ 进行冲击试验。

⑥ 冲击完后立即读取数据，记录冲击功 KV 值，将指针拨回零位。

⑦ 找回冲断试样，观察截面断口上各区，并估算各区的面积比。

9.3.6 注意事项

① 参加试验人员一定要集中注意力，保持良好秩序。所有人员不得进入摆锤摆动平面内及规定的危险区域。低温试样冲断后不要立即用手拿，以免冻伤。

② 试样从取出到放置好的时间不得超过 5s，若已超出，应放回保温重做。

③ 试样放置需紧贴支座，缺口位于支座中心。

9.3.7 试验报告

① 简述试验原理及试验操作。

② 记录试验数据，并填入如下试验数据记录表 9-8。

表 9-8 弯曲冲击试验数据记录表

试样材料			试验设备			试验时间		
组别	试验温度	冲击功 KV/J						
		1	2	3	4	5	6	平均值

③ 作出 KV-T 曲线。（根据试验数据在坐标纸上绘制或采用作图软件绘制。）

④ 由 KV-T 曲线确定脆性转变温度 T_t（℃）值。（采用能量法准则，即求出 $KV=20J$ 对应的温度 T_{t20}。）

⑤ 分析不同温度下冲击断口的特征，计算出断口结晶状区域的面积占比，并绘制其随温度变化的曲线，确定出 $T_{t50\%SFA}$ 温度值。

9.3.8 分析思考

① 试说明冲击试验的能量转换。

② 冲击载荷下金属材料的变形和断裂有什么特点？为什么会有这样的特点？

③ 试从微观上解释为什么有些材料有明显的韧脆转变温度，而有些材料没有。

④ 断口分析图的意义是什么？如何应用？有什么局限性？

⑤ 如何保证材料冲击韧性测定的准确性？

⑥ 简述根据韧脆转变温度分析构件脆性断裂失效的优缺点。

9.4 断裂韧度 K_{IC} 测定试验

9.4.1 试验目的

① 了解金属材料平面应变断裂韧度 K_{IC} 试验的基本原理以及对试样形状和尺寸的要求；

② 掌握采用三点弯曲试样测试 K_{IC} 的方法及试验结果的处理方法。

9.4.2 试验仪器

① 高频疲劳试验机；

② 万能材料试验机；

③ 载荷传感器；

④ 夹式引伸计；

⑤ 动态应变仪；

⑥ 数据采集设备；

⑦ 读数显微镜；

⑧ 游标卡尺。

9.4.3 试验材料

（1）试样的尺寸确定

采用 GB/T 4161—2007《金属材料　平面应变断裂韧度 K_{IC} 试验方法》规定的三点弯曲试样，试样尺寸如图 9-4 所示，材料为中、高碳钢。试样热处理工艺为淬火＋低温回火，保证 $R_{p0.2}$ 较高而 K_{IC} 较低。

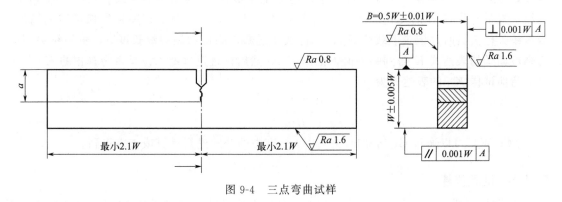

图 9-4　三点弯曲试样

为保证裂纹顶端处平面应变与小范围屈服状态，要求试样的厚度 B、韧带宽度 $W-a$、裂纹长度 a 均不小于 $2.5\left(\dfrac{K_{IC}}{R_{p0.2}}\right)^2$。当 K_{IC} 无法预估时，可以参考类似钢种的数据。可按标准 GB/T 21143—2014 规定的方法确定最小厚度 B。B 确定后，则根据标准试样图确定试样其它尺寸和裂纹长度 a 及韧带尺寸 $W-a$。

（2）试样的制备

试样既可以从部件上切取，也可以从铸、锻件毛坯或原材料上切取。由于材料的断裂韧度与裂纹取向和裂纹扩展方向有关，所以切取试样时应予以注明。

试样毛坯一般须经粗加工、热处理、磨削加工等工序，随后用线切割开缺口和预制疲劳裂纹。为了保证后面预制的裂纹平直，缺口应尽可能尖锐，一般要求尖端半径最大为 0.1mm，切口尖端角度最大为 90°。

开好缺口的试样在高频疲劳试验机上预制疲劳裂纹。试样表面上的裂纹长度要求应不小于 0.25W 或者 1.3mm，取两者较大值。a/W 应控制在 0.45～0.55 范围内。预制疲劳裂纹

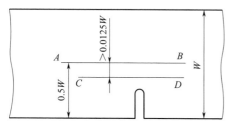

图 9-5 预制疲劳裂纹时两条标线的位置

时，先在试样的两个侧面上垂直于裂纹扩展方向用铅笔画两条标线 AB、CD，如图 9-5 所示。预制疲劳裂纹开始时的载荷可以较大，但最大交变载荷也不应使预制疲劳裂纹的最大应力场强度因子 K_f 超过材料 K_Q 估计值的 80%。交变载荷的最小值应使最小载荷和最大载荷出现在裂纹扩展最后阶段（即在裂纹总长度最后 2.5% 的距离内），应使 $K_f \leqslant 60\% K_Q$，并且 $K_f/E < 0.01 \text{mm}^{1/2}$，同时调整最小载荷使载荷比在 -1～0.1 之间。预制疲劳裂纹过程中，要用读数显微镜仔细监视裂纹的发展，遇到试样两侧裂纹发展深度相差较大时，可将试样调转方向继续加载。

9.4.4 试验原理

断裂韧度 K_{IC} 是金属材料在平面应变和小范围屈服条件下的裂纹失稳扩展时应力场强度因子 K_I 的临界值，它表征金属材料抵抗断裂的能力，是度量材料韧性的一个定量指标。断裂韧度 K_{IC} 的测试过程，就是把试验材料制成一定形状的试样，并预制出相当于缺陷的裂纹，然后把试样加载。在加载过程中，连续记录载荷 F 与相应的裂纹尖端张开位移 V。裂纹尖端张开位移 V 的变化表示裂纹尚未起裂、已经起裂、稳定扩展和失稳扩展的情况。当裂纹失稳扩展时，记录下载荷 F_Q，再将试样压断，测得预制裂纹长度 a，由裂纹尖端应力强度因子的表达式 K 得到临界值，记作 K_Q，然后按规定判断 K_Q 是否为真正的 K_{IC}。

弯曲试样 K_I 的表达式为

$$K_I = \dfrac{FS}{BW^{3/2}} f(a/W)$$

$f(a/W)$ 可以通过 GB/T 21143—2014 标准中的公式进行计算或查表得到。

9.4.5 试验步骤

① 测量试样尺寸。在缺口附近至少 3 个位置上测量试样的宽度 W 和试样的厚度 B。准

确到 0.025mm 或±0.2%（取大者），各取其平均值。

② 试样上粘贴刀口。在试样缺口两侧对称地用 502 瞬时胶水粘贴两片刀口。

③ 安装弯曲试样支座，使加力线通过跨距 S 的中点，偏差小于 1%S。

④ 放置试样。应使裂纹顶端位于跨距的中心，偏差也不得超过 1%S，而且试样与支承辊的轴线应成直角，偏差在±2°以内。

⑤ 安装引伸计。使刀口与引伸计两臂前端的凹槽配合良好。

⑥ 将载荷传感器、夹式引伸计与数据采集设备连接好。三点弯曲试样的断裂韧度试验的示意图如图 9-6 所示。

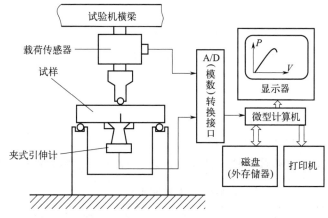

图 9-6　三点弯曲试样断裂韧度试验装置

⑦ 开动试验机，对试样缓慢而均匀地加载，加载速率的选择应使应力场强度因子的增加速率在 0.5～3.0MPa·$m^{1/2}$/s 范围内。在加载的同时记录 F-V 曲线，达到试样所能承受的最大力后停止。

⑧ 试验结束后，取下引伸计，压断试样。在读数显微镜下测量压断后的试样裂纹长度 a。由于裂纹前沿不平整，规定在 $B/4$、$B/2$、$3B/4$ 的位置上测量裂纹长度 a_2、a_3 及 a_4，如图 4-19 所示。各测量值准确到裂纹长度 a 的 0.5%，取其平均值 $a = (a_2 + a_3 + a_4)/3$ 作为裂纹长度。要求 a_2、a_3、a_4 中任意两个测量值之差以及 a_1 与 a_5 之差都不得大于 a 的 10%，否则试验结果无效。

9.4.6　数据处理

（1）确定裂纹失稳扩展时的条件临界力值 F_Q

测定材料的 F-V 曲线有三种基本形式。对强度高、塑性低的材料，加载初始阶段，成直线关系，当载荷达到一定程度时，试样突然断裂，曲线突然下降，得到曲线Ⅰ，这时曲线最大载荷就是计算 K_{IC} 的 F_Q；对韧性较好的材料，曲线首先依直线关系上升到一定值，之后突然下降，出现"突进"点，旋即上升，达到某一更大载荷，试样才完全断裂，如曲线Ⅱ；对韧性更好的材料，得到 F-V 曲线Ⅲ。对曲线Ⅱ、Ⅲ两种情况，在国标中规定从坐标原点作比试验曲线斜率小 5% 的斜线与试验曲线相交，得到一点 F_5。如果 F_5 以左曲线上有载荷点高于 F_5 的，即以 F_5 以左的最高载荷为 F_Q；如果 F_5 以左曲线上无载荷点高于 F_5

的，即以 F_5 为 F_Q，以计算 K_Q。

（2）计算条件断裂韧度 K_Q

将得到的 F_Q 和测量得到的预制裂纹长度 a 值代入应力强度因子 K_I 表达式计算 K_Q。

（3）判别 K_{IC} 有效性

测得的 K_{IC} 是否有效，要看其是否满足以下两个条件：

① $B \geqslant 2.5 \left(\dfrac{K_Q}{R_{p0.2}} \right)^2$；

② $F_{max} / F_Q \leqslant 1.1$。

如果符合上述两项条件，K_Q 即 K_{IC}；如不符合，则 K_Q 不是 K_{IC}，须加大试样尺寸重新试验，新试样尺寸一般应不小于原试样的 1.5 倍。

9.4.7 试验报告

① 简述三点弯曲试样测试 K_{IC} 的原理及试验过程。
② 画出试样断口形貌图。
③ 将所测得试样的试验数据填入试验记录表 9-9，并对试验数据进行分析计算。

表 9-9　断裂韧度试验记录表

试样材料	热处理	试样尺寸 /mm	缺口形状	缺口宽度 /mm	缺口深度 /mm	断裂韧度 /(MPa·$\sqrt{m}$)

9.4.8 分析思考

① 根据试验测得的 F-V 曲线，分析材料的断裂韧度 K_{IC} 与强度、塑性以及冲击韧性之间的关系。
② 三点弯曲试样如何保证材料断裂韧度 K_{IC} 的测定？
③ 思考影响材料的断裂韧度 K_{IC} 测定的因素。
④ 试述裂纹尖端塑性区产生的原因及其影响因素。

9.5　疲劳曲线测定试验

9.5.1 试验目的

① 了解测定材料疲劳曲线和疲劳极限的试验方法。
② 掌握金属材料旋转弯曲疲劳测试方法及试验结果的处理方法。
③ 观察疲劳失效的断口特征。

9.5.2 试验仪器

四点旋转弯曲疲劳试验机、体视显微镜、游标卡尺。

四点旋转弯曲疲劳试验机原理如图 9-7 所示。这种试验机结构简单，操作方便，能够实现对称循环和恒应力幅的要求，应用比较广泛。试验机频率为 50Hz，转速为 3000r/min，夹具力臂为 100mm。

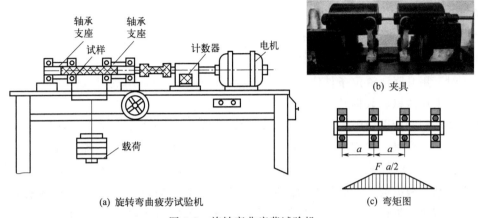

图 9-7　旋转弯曲疲劳试验机

9.5.3 试验材料

试样材料为铝合金或碳钢，形状为圆柱形，试样尺寸要求如图 9-8 所示。

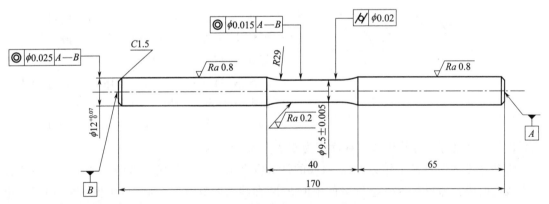

图 9-8　圆柱形疲劳试样尺寸

（1）取样及要求

同一批试样所用材料应为同一牌号和同一炉号，并要求成分均匀，没有缺陷。疲劳强度与试样取料部位、锻压方向等有关，并受表面加工、热处理等工艺条件的影响较大，故同一批试样应排除以上因素的影响。

（2）试样的机械加工

所有的机械加工都不允许改变试样的冶金组织或力学性能，且引起的试样表面加工硬化应尽可能小。磨削精加工较硬材料的试样时，应提供足够的冷却液，确保试样表面不过热。

工作部分与过渡圆弧的连接应光滑，不应出现机械加工痕迹。最终的磨削应是纵向机械抛光。用放大 20 倍的光学仪器检查试样表面，不允许有环向划痕。

（3）表面抛光

抛光后，试样工作部分的表面粗糙度 Ra 的允许最大值为 $0.2\mu m$。

9.5.4 试验原理

试样旋转并承受一弯矩。产生弯矩的力恒定不变且不转动。试样在四点加力。试验一直进行到试样失效或超过预定应力循环次数为止。

试验时，用升降法测定条件疲劳极限（或疲劳极限 σ_{-1}），用成组试验法测定高应力部分，然后将上述两试验数据整理，拟合成疲劳曲线。

用升降法测定疲劳极限 σ_{-1} 时，有效试样数一般在 13 根以上。试验一般取 3～5 级应力水平，每级应力增量一般为 σ_{-1} 的 3%～5%。第一根试样应力水平应略高于 σ_{-1}，若无法预测 σ_{-1}，则对一般材料取 $(0.45\sim0.50)R_m$，对高强度钢取 $(0.30\sim0.40)R_m$。第二根试样的应力水平根据第一根试样试验结果（破坏或通过，即试样经 10^7 周次循环断裂或不断裂）而定。若第一根试样断裂，则对第二根试样施加的应力应降低 3%～5%；反之，第二根试样的应力则较前升高 3%～5%。其余试样的应力值均依此法办理，直至完成全部试验。首次出现一对结果相反的两点，若该两点以前的数据在以后数据的波动范围之内，则以前的

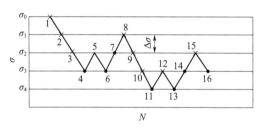

图 9-9 升降法示意图

$\Delta\sigma$—应力增量；×—试样断裂；●—试样通过

数据可作为有效数据加以利用，否则就应舍去。图 9-9 所示为升降法示意图。图中 3、4 两点首次出现结果相反的两点，1、2 两点的结果不在以后应力波动范围内，故应舍去。最后按公式计算 σ_{-1}（$R=-1$，$N=10^7$ 周次）。

$S\text{-}N$ 曲线的高应力（有限寿命）部分用成组试验法测定，即取 3～4 级较高应力水平，在每级应力水平下，测定 5 根左右试样的数据，然后进行数据处理，计算中值（存活率为 50%）疲劳寿命。

将升降法测得的 σ_{-1} 作为 $S\text{-}N$ 曲线的最低应力水平点，与成组试验法的测定结果拟合成直线或曲线，即得存活率为 50% 的中值 $S\text{-}N$ 曲线（图 9-10）。通常以中值 $S\text{-}N$ 曲线评定材料和工艺优劣。

试样外表面最大弯曲应力 σ 可由下列公式计算得到：

$$\sigma = \left(\frac{M}{W}\right) \times 10^3 = \left(\frac{Q\dfrac{a}{2}}{\dfrac{\pi d^3}{32}}\right) \times 10^3 = \frac{16Qa}{\pi d^3} \times 10^3$$

式中 σ——弯曲应力，N/mm^2；

M——弯曲力矩，$N \cdot m$；

W——试样的抗弯断面系数，mm^3；

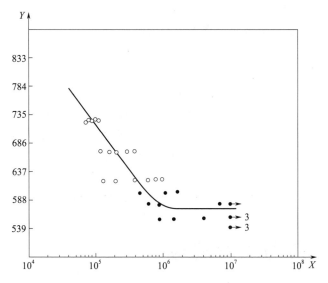

X—疲劳寿命(N_f)，周次；Y —最大应力(S_{max})，MPa。
单独的圆圈(○)代表在成组法试验中破环；单独的黑点(●)
代表在升降法试验中破环；带箭头的黑点(●→)代表在升降法
试验中通过

图 9-10　S-N 曲线示例

Q——砝码与拉杆的重量之和，N；

a——力臂（两轴承中心轴线之间的距离），mm；

d——试样直径，mm。

9.5.5　试验步骤

① 测量试样尺寸。检验试样的尺寸大小。

② 安装试样。将试样紧固于试验机上，使试样与试验机夹头保持良好同轴度。安装每支试样时要避免试验部分承受施加力以外的应力。

③ 试验参数设置。包括应力幅（通过计算结果加载适量砝码实现）、试验频率等参数。

④ 测定一组各试样在不同轴向应力作用下的疲劳寿命。

⑤ 试验结束后，取下断裂试样，在显微镜下观察其断口形貌，分析断口特征情况。有明显夹渣致使寿命降低时，该试验结果无效。

9.5.6　数据处理

① 绘制 S-N 曲线。根据最大应力 S_{max} 与疲劳寿命（失效的循环次数）N_f 数据，作出材料试样的 S-N 曲线（穿越试验数据点近似中线绘图的平滑曲线），确定该条件下的疲劳极限和疲劳寿命。

② 观察分析断口特征。

9.5.7　试验报告

① 简述疲劳试验的原理及试验过程。

② 得到试验的 S-N 曲线，并分析疲劳极限和寿命。

③ 画出试样断口形貌图。

④ 分析试验过程中对疲劳寿命会产生影响的因素。

9.5.8 分析思考

① 试述应力集中对疲劳断口形貌的影响。

② 试分析疲劳试样的有效工作部分为什么要磨削加工，不允许有周向加工刀痕。

③ 在一定应力比下工作的金属试件，其应力循环次数与疲劳极限之间有怎样的内在联系？怎样区分试样的无限工作寿命和有限工作寿命？怎样计算在有限寿命下工作试件的疲劳极限？

④ 试验过程中若有明显的振动，会对寿命产生怎样的影响？

9.6 材料的应力腐蚀试验

9.6.1 试验目的

① 熟悉 C 形环应力腐蚀试验操作方法。

② 掌握 C 形环应力腐蚀评价方法。

③ 确定不同热处理条件下的高强铝合金在 3.5% NaCl 溶液中的应力腐蚀破裂敏感性，并观察应力腐蚀破裂的断口形貌。

9.6.2 试验仪器

① 周期浸润试验箱一台。

② 游标卡尺一把。

③ 扫描电子显微镜一台。

④ 金相显微镜一台。

9.6.3 试验材料

试验材料选用 7050 铝合金，且一定尺寸样块分别进行 T5、T6、T7 热处理，在各样块上加工出不少于 3 只 C 形环试样和同材料的螺栓、螺母。其形状和尺寸如图 9-11 所示。C 形环在样块上的取样位置如图 9-12 所示。

9.6.4 试验原理

试验时，将试样放入不同温度、不同电极电位、不同溶液 pH 值的化学介质中，样品外表面在拉应力作用下试样将产生裂纹，最终失效，如图 9-13 和图 9-14 所示。

9.6.5 试验步骤

① 配制腐蚀介质：按 $(3.5\pm0.1)g$ 氯化钠溶解于 96.5mL 水中的比例配制（此氯化钠溶液的质量分数为 3.5%），用氢氧化钠溶液 （50g/L） 或盐酸溶液调节此试液的 pH 至 $6.4\sim7.2$。

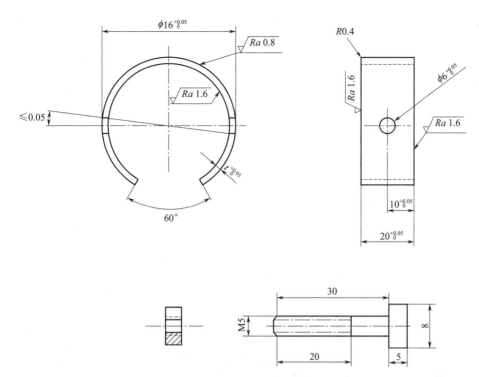

图 9-11　C 形环试样的形状和尺寸（螺栓与 C 型环在同材料上取样）

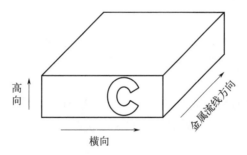

图 9-12　C 形环取样位置图

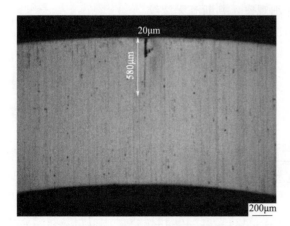

图 9-13　晶间腐蚀的金相形貌

图 9-14　腐蚀开裂

② 将配制的腐蚀介质注入周期浸润试验箱试验槽内，腐蚀介质体积与试样的表面积之比不小于 $32mL/cm^2$。

③ 设置设备试验参数，试验空间内空气温度为（27 ± 1）℃。相对湿度为 $45\%\pm10\%$，按 10min 浸泡、50min 干燥进行循环试验。

④ 7050 铝短横向试样的试验时间应为 20 天，其它方向试样的试验时间均为 40 天。

⑤ 将试样放入周期浸润试验箱内，使试样能完全浸泡在腐蚀介质中，周期浸润试验干燥阶段会使试样完全暴露在规定的温度、湿度环境中。定期向试验槽内加水，以保持腐蚀介质浓度稳定。每周应全部更换腐蚀介质。

⑥ 应定期检查试样是否断裂，检查时不宜去除试样表面的腐蚀产物，可用腐蚀介质润湿试样，并在放大镜下观察是否出现裂纹。出现裂纹时，记录试验时间并终止试验；疑似有裂纹时，记录试验时间并继续试验，并注意观察疑似裂纹的变化。在更换溶液和检查试样时允许暂时中断试验，暂时中断试验时间计入试验时间。

⑦ 每日固定时间拍照记录，注意观察试样表面形貌变化。

⑧ 试样开裂或断裂时终止试验，否则试验至规定试验时间后停止试验，并记录试验时间。

⑨ 取出试样用自来水冲洗，再用硝酸（密度为 $1.4g/cm^3$）去除表面腐蚀产物，然后用蒸馏水清洗并干燥。必要时观察试样是否出现应力腐蚀裂纹。如疑似裂纹被确认为应力腐蚀裂纹，应以发现疑似裂纹的时间作为开裂时间。

9.6.6 注意事项

① 应避免试样间互相接触或试验中滴液影响，避免接触其它裸露金属。

② 化学成分相同的材料可置于同一试验槽内，不同化学成分的材料不应置于同一试验槽内。

③ 在对开裂后试样进行形貌观察和裂纹长度测量前，需要对试样进行清洗，除去腐蚀产物，但清洗过程不应损坏试样的断口形貌和表面状态。

9.6.7 数据处理

① 对不同腐蚀时间后的各试样表面进行仔细观察，判断有无裂纹。

② 若出现裂纹，统计裂纹的数量和分布情况。

③ 测量裂纹的长度、宽度和深度。

9.6.8 试验报告

① 将试验数据填入试验记录表（表 9-10）。

表 9-10　试验记录表

试样编号	热处理状态	观察时间	裂纹形状	裂纹数量	裂纹尺寸	备注

② 对数据进行对比分析，评估不同热处理条件下的 7050 铝合金材料应力腐蚀敏感性，并说明原因。

9.6.9　分析思考

① 与慢应变速率试验方法相比，C 形环试验方法具有哪些优缺点？

② 使 7050 铝合金产生应力腐蚀的敏感性介质有哪些？分析 7050 铝合金在 NaCl 水溶液中发生应力腐蚀破裂的裂纹扩展途径和断裂机理。

③ 影响应力腐蚀破裂敏感性的因素有哪些？如何提高材料的应力腐蚀破裂抗力？

9.7　材料的摩擦与磨损试验

9.7.1　试验目的

① 熟悉旋转式摩擦磨损试验机的结构、试验原理和操作方法。

② 掌握摩擦系数与磨损量的测定方法。

③ 比较不同材料的摩擦磨损性能，并分析其原因。

9.7.2　试验仪器

微机控制的旋转摩擦磨损试验机一台，表面形貌测试仪一台。

9.7.3　试验材料

上试样选用 GCr15 销状试样，尺寸为 $\phi 4mm \times 10mm$，试验载荷为 30N，转速为 1500r/min，测试周期为 20min。

下试样（待测试样）为直径 $\phi 20mm$ 的盘形试样，选用 45 钢、H62、ZAlSi7Mg 合金等金属材料，或 PA-66、聚乙烯等高分子材料。

要求对磨试样两表面平行，且测试前需要依次进行打磨、抛光、清洗等处理。

9.7.4　试验原理

摩擦磨损试验机一般由加力装置、摩擦力测量机构及摩擦副相对运动驱动机构等部分组成。现以旋转式摩擦磨损试验机为例，介绍摩擦磨损试验机的结构及测试原理。

摩擦副由上试样和下试样组成，上试样与下试样间的相对运动由电机带动盘形试样的旋转而实现。速度可通过变频器进行调节。摩擦副间的压力通过弹簧加载，并由压力传感器进行测量；而摩擦副间的摩擦力通过扭矩传感器进行测量换算得出，如图 9-15 所示。将压力、摩擦力和时间信号输入到计算机中，便可得到摩擦力、摩擦系数随时间的变化曲线，如图 9-16 所示。

经过一定时间（或滑动距离）后，下试样（待测试样）表面将产生具有一定深度的磨痕 [图 9-17 (a)]。利用表面形貌测试仪，在盘形试样厚度方向上测量磨痕的截面形貌 [图 9-17 (b)]，确定磨痕的深度与截面面积，从而与磨痕周长相乘得到磨损的体积。也可进一步由磨损体积求出材料的磨损量，根据磨损量的大小即可判断材料的耐磨性能。在相同的时间（或距离）内，磨损量越大，表明材料的耐磨性能越差；反之，则表明耐磨性越好。

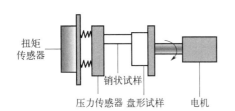

图 9-15 旋转式摩擦磨损试验机的原理图

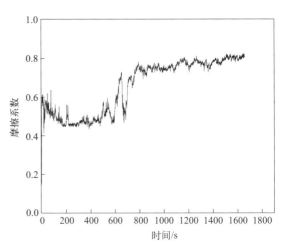

图 9-16 摩擦系数随时间的变化

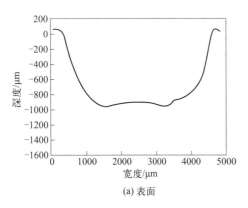

(a) 表面

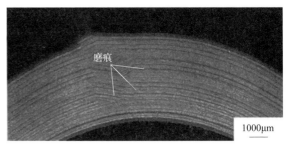

(b) 截面

图 9-17 磨痕的形貌

9.7.5 试验步骤

① 准备试样，试样表面应干净、光滑、均匀，不应有缺陷、裂痕、杂质等。

② 将试样平稳地装卡在试验台上，并与安装上试样的卡具进行接触，保证运动过程中试样的接触情况相同。

③ 打开试验机专用测控程序，调整显示窗口上的"摩擦力""试验时间"处于零点位置。

④ 施加试验载荷，设置试验盘转速。

⑤ 启动试验机的主电源，点击"开始"按钮，开始进行摩擦磨损试验。

⑥ 试验结束后，卸掉载荷，取下上、下试样。

⑦ 利用表面形貌测试仪，在盘形试样厚度方向上测定磨痕的微观形貌，计算磨痕的深度、磨损体积和磨损量。在磨痕的不同位置处测量 3～5 次，取其算术平均值。

⑧ 调整上试样的接触位置，装卡后进行下一个试样的摩擦磨损测试。

⑨ 试验结束后，首先关闭试验机的主电源，然后退出试验机专用测控程序，并整理好试验台。

9.7.6 注意事项

① 进行摩擦磨损试验时，每一试验条件下的试样数量不少于 3 个。

② 上、下试样的安装和拆卸一定要认真仔细，不可用力过猛；试样卡紧后，方可进行试验。

③ 摩擦磨损试验过程中，不应随意停机，也不应触碰传感器和试验台。

④ 若是在润滑条件下进行摩擦磨损试验，必须在开机前对试样进行润滑。

9.7.7 数据处理

① 按一定时间间隔拍摄宏观磨痕形貌和微观形貌测试结果，分析其变化规律。

② 计算不同时间下材料的磨痕深度、磨损体积和磨损量。

9.7.8 试验报告

① 根据试验测试数据，绘制出各种材料的摩擦系数-时间变化曲线和磨损量-时间变化曲线。

② 旋转式摩擦磨损试验机常由哪几部分组成？说明各部分的作用。

9.7.9 分析思考

① 为什么说材料的摩擦磨损性能并不是材料的固有特性，而是由摩擦条件与材料性能综合决定？

② 常用哪些方法测量材料的磨损量？如何表征材料的耐磨性？

③ 比较金属材料和高分子材料的摩擦磨损性能，并解释造成两类材料摩擦磨损性能差别的原因。

9.8 报告模板

试验预习报告与试验报告参考模板分别见表 9-11 和表 9-12。

表 9-11　试验预习报告模板

(试验题目) 预习报告					
姓名		班级		学号	
分组		时间		成绩	

1. 试验目的：

2. 试验方案：

审核意见：

审核人：_____

表 9-12　试验报告模板

(试验题目) 报告

试验者姓名		专业班级		学号	
试验日期		指导教师		试验成绩	

一、试验目的

二、试验基本原理

三、试验仪器

四、试验内容

五、试验结果与处理

六、分析与结论

教师签字_____

附　录

附录1　本书主要符号及术语名称

符号	术语名称	单位	符号	术语名称	单位
A	断后伸长率	%	K_{IC}	I 型裂纹平面应变下的断裂韧度	$MPa \cdot m^{1/2}$
a_c	临界裂纹长度	mm	K_{ISCC}	应力腐蚀门槛强度因子	$MPa \cdot m^{1/2}$
A_{gt}	金属材料拉伸时最大力下的总延伸率	%	K_t	理论应力集中系数	
CTOD	裂纹尖端张开位移	mm	KU、KV	U 型缺口试样和 V 型缺口试样冲击吸收能量	
da/dN	疲劳裂纹扩展速率	mm/cycle	N_f	应力循环周次	
da/dt	应力腐蚀或氢致延滞断裂裂纹扩展速率	mm/s	n	应变硬化指数	
E	弹性模量	GPa	NDT 温度	无塑性（零塑性）转变温度	K 或 ℃
e	延伸率	%	NSR	静拉伸缺口敏感度	
E_b	弯曲弹性模量	GPa	q	应力状态系数	
E_c	压缩弹性模量	GPa	q_f	疲劳敏感系数	
F	试验力	kN	R	应力比	
f	弯曲挠度	mm	R_{bb}	抗弯强度	MPa
G	切变模量	GPa	R_{eH}	上屈服强度	MPa
G_1	裂纹扩展能量释放率或裂纹扩展力	MN/m	R_{eHc}	上压缩屈服强度	MPa
			R_{eL}	下屈服强度	MPa
G_{IC}	临界能量释放率或临界裂纹扩展力，线弹性条件下以能量形式表示的断裂韧度	MN/m	R_{eLc}	下压缩屈服强度	MPa
			R_m	抗拉强度	MPa
			R_{mc}	抗压强度	MPa
HBW	布氏硬度		R_{mn}	缺口抗拉强度	MPa
HK	努氏硬度		R_p	规定塑性延伸强度	MPa
HL	里氏硬度		R_r	规定残余延伸强度	MPa
HR	洛氏硬度		R_t	规定总延伸强度	MPa
HS	肖氏硬度		R_u	持久强度，蠕变断裂强度	MPa
HV	维氏硬度		$R_{p,x,t,T}$	蠕变极限	MPa
J、J_1	J 积分或裂纹尖端能量线积分	N/m	S_0	试样原始截面积	mm^2
J_{IC}	I 型裂纹临界 J 积分，弹塑性状态下以能量形式表示的断裂韧度	N/m	T	温度	K 或 ℃
			t	时间	s
			T_t	韧脆转变温度	K 或 ℃
K	冲击吸收能量	J	U_e	弹性应变能	J
K_f	疲劳缺口系数		V	裂纹嘴张开位移；体积磨损量	mm, mm^3
K_1	I 型裂纹应力（场）强度因子	$MPa \cdot m^{1/2}$			

符号	术语名称	单位	符号	术语名称	单位
W_e	弹性比功	J/m^3	σ_{-1}	对称应力循环下的弯曲疲劳极限	MPa
Y	裂纹形状系数		σ_{-1n}	缺口试样在对称应力循环下的疲劳极限	MPa
Z	断面收缩率	%			
α	应力状态软性系数		σ_c	裂纹体的名义断裂应力或实际断裂强度	MPa
γ	条件切应变				
γ_p	裂纹扩展单位面积消耗塑性功	J/m^3	σ_F	腐蚀介质中的断裂应力	MPa
γ_s	裂纹表面能	J/m^2	σ_m	理论断裂强度；平均应力	MPa
δ	裂纹尖端张开位移	mm	σ_R	疲劳强度	MPa
δ_c	裂纹尖端临界张开位移，在弹塑性状态下以变形量表示的断裂韧度	mm	σ_{re}	松弛应力	MPa
			σ_s	屈服强度	MPa
ΔK_{I}	应力（场）强度因子范围	$MPa \cdot m^{1/2}$	σ_{SCC}	门槛应力，不发生应力腐蚀的临界应力的平均值	MPa
ΔK_{th}	疲劳裂纹扩展门槛值	$MPa \cdot m^{1/2}$	σ_τ	剩余应力	MPa
ε	条件应变或条件伸长率	%	σ_y	应力腐蚀断裂的最小应力，y 向应力	MPa
ε'	应变速率	s^{-1}			
ε_{zh}、ε_{zhb}	真应变、最大真实均匀塑性应变		σ_{zh}	真实应力	MPa
μ	摩擦因数		τ	切应力	MPa
ν	泊松比		τ_{eH}、τ_{eL}	扭转上屈服强度、扭转下屈服强度	MPa
σ	条件正应力	MPa	τ_m	抗扭强度	MPa

附录 2　几种裂纹的 K_{I} 表达式

裂纹类型	K_{I} 表达式
无限大板穿透裂纹 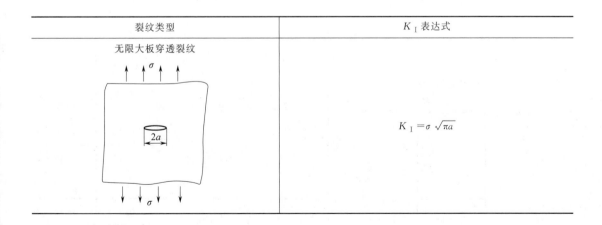	$$K_{\mathrm{I}} = \sigma \sqrt{\pi a}$$

裂纹类型	K_I 表达式		

裂纹类型	K_I 表达式	a/b	$f(a/b)$
有限宽板穿透裂纹 2a, 2b	$K_I = \sigma \sqrt{\pi a}\, f\left(\dfrac{a}{b}\right)$	0.074	1.00
		0.207	1.03
		0.275	1.05
		0.337	1.09
		0.410	1.13
		0.466	1.18
		0.535	1.25
		0.592	1.33
有限宽板单边直裂纹 a, b	$K_I = \sigma \sqrt{\pi a}\, f\left(\dfrac{a}{b}\right)$ 当 $b \gg a$ 时， $K_I = 1.12\sigma \sqrt{\pi a}$	a/b	$f(a/b)$
		0.1	1.15
		0.2	1.20
		0.3	1.29
		0.4	1.37
		0.5	1.51
		0.6	1.68
		0.7	1.89
		0.8	2.14
		0.9	2.46
		1.0	2.89
受弯单边裂纹梁 M, a, b, M	$K_I = \dfrac{6M}{(b-a)^{3/2}} f\left(\dfrac{a}{b}\right)$	a/b	$f(a/b)$
		0.05	0.36
		0.1	0.49
		0.2	0.60
		0.3	0.66
		0.4	0.69
		0.5	0.72
		0.6	0.73
		>0.6	0.73

裂纹类型	K_{I} 表达式
无限大物体，内部有椭圆片裂纹，远处受均匀拉伸 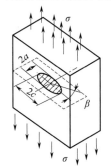	在裂纹边缘上任一点的 K_{I} 为 $$K_{\mathrm{I}} = \frac{\sigma\sqrt{\pi a}}{\Phi}\left(\sin^2\beta + \frac{a^2}{c^2}\cos^2\beta\right)^{1/4}$$ 第二类椭圆积分 Φ 为 $$\Phi = \int_0^{\pi/2}\left(\cos^2\beta + \frac{a^2}{c^2}\sin^2\beta\right)^{1/2}\mathrm{d}\beta$$
无限大物体，表面有半椭圆裂纹，远处均受均匀拉伸 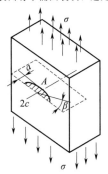	A 点 K_{I} 为 $$K_{\mathrm{I}} = \frac{1.1\sigma\sqrt{\pi a}}{\Phi}$$ $$\Phi = \int_0^{\pi/2}\left(\cos^2\beta + \frac{a^2}{c^2}\sin^2\beta\right)^{1/2}\mathrm{d}\beta$$

附录3 Φ^2 值

Φ^2	a/c	Φ^2	a/c	Φ^2	a/c	Φ^2	a/c	Φ^2	a/c
1.00	0.00	1.30	0.39	1.60	0.59	1.90	0.76	2.20	0.89
1.02	0.06	1.32	0.41	1.62	0.60	1.92	0.77	2.22	0.90
1.04	0.12	1.34	0.42	1.64	0.61	1.94	0.78	2.24	0.91
1.06	0.15	1.36	0.44	1.66	0.62	1.96	0.79	2.26	0.92
1.08	0.18	1.38	0.45	1.68	0.64	1.98	0.80	2.28	0.93
1.10	0.20	1.40	0.46	1.70	0.65	2.00	0.81	2.30	0.93
1.12	0.23	1.42	0.48	1.72	0.66	2.02	0.81	2.32	0.94
1.14	0.25	1.44	0.49	1.74	0.67	2.04	0.82	2.34	0.95
1.16	0.27	1.46	0.50	1.76	0.68	2.06	0.83	2.36	0.96
1.18	0.29	1.48	0.52	1.78	0.69	2.08	0.84	2.38	0.97
1.20	0.31	1.50	0.53	1.80	0.70	2.10	0.85	2.40	0.98
1.22	0.32	1.52	0.54	1.82	0.71	2.12	0.86	2.42	0.98
1.24	0.34	1.54	0.55	1.84	0.72	2.14	0.86	2.44	0.99
1.26	0.36	1.56	0.56	1.86	0.73	2.16	0.87	2.46	1.00
1.28	0.38	1.58	0.57	1.88	0.74	2.18	0.88		

附录4 常见材料的屈服强度

材料	屈服强度/MPa	材料	屈服强度/MPa
金刚石	50000	铜合金	60～960
SiC	10000	铝合金	120～627
Si_3N_4	8000	铁素体不锈钢	240～400
Al_2O_3	5000	碳纤维复合材料	640～670
TiC	4000	玻璃纤维复合材料	100～300
低合金钢	500～1980	有机玻璃	60～110
奥氏体不锈钢	286～500	PA	52～90
镍合金	200～1600	聚苯乙烯	34～70
钛及钛合金	180～1320	聚碳酸酯	55
碳钢	260～1300	聚乙烯	6～20
铸铁	220～1030	天然橡胶	3

附录5 常见材料的疲劳强度

材料	疲劳强度/MPa	材料	疲劳强度/MPa
25钢（正火）	176	Ti合金	627
45钢（正火）	274	LY12（时效）	137
40CrNiMo	529	LC4（时效）	157
35CrMo	470	ZL102	137
超高强度钢	784～882	H68	147
60弹簧钢	559	ZCuSn10Pb1	274
GCr15	549	聚乙烯	12
18-8不锈钢	196	聚碳酸酯	10～12
12Cr13不锈钢	216	PA-66	14
QT400-18	196	缩醛树脂	26
QT700-2	196	玻璃纤维复合材料	88～147

附录 6　常见材料的弹性模量、剪切模量和泊松比

材料	弹性模量 E/GPa	剪切模量 G/GPa	泊松比 ν
铝	70.3	26.1	0.345
铜	129.8	48.3	0.343
黄铜	100	37	—
铁	211.4	81.6	0.293
灰铸铁	60～162	—	0.23～0.27
球墨铸铁	150～180	—	—
低碳钢（Q235）	200～210	—	0.24～0.28
中碳钢（45）	205	—	0.24～0.28
低合金钢	200～210	—	—
奥氏体不锈钢	190～200	—	—
镁	44.7	17.3	0.291
镍	199.5	76.0	0.312
铌	104.9	37.5	0.397
钽	185.7	69.2	0.342
钛	115.7	43.8	0.321
钨	411.0	160.6	0.280
钒	127.6	46.7	0.365
铅	17	5.8	0.420
氧化铝	415	—	—
金刚石	1140	—	0.07
陶瓷	58	24	0.230
玻璃	80.1	31.5	0.270
有机玻璃	4	1.5	0.350
橡胶	0.1	0.03	0.420
PA-66	1.2～2.9	0.855	0.330
聚碳酸酯	2.4	—	—
聚乙烯	0.4～1.3	0.35	0.450
聚苯乙烯	2.7～4.2	1.2	0.330
石英（熔融）	73.1	31.2	0.170
碳化硅	470	—	—
碳化钨	534.5	219.0	0.220
混凝土	15.2～36	—	0.16～0.18
木材（顺纹）	9.8～11.8	—	0.0539
木材（横纹）	0.49～0.98	—	—

附录 7　常见材料的断裂韧度 K_{IC} 值

材料	$K_{IC}/(MPa \cdot m^{1/2})$	材料	$K_{IC}/(MPa \cdot m^{1/2})$
纯金属（Cu、Ni、Al、Ag 等）	100～350	聚丙烯	3
铸铁	6～20	聚乙烯	0.9～1.9
高强度钢	50～154	PA	3
低碳钢	140	聚苯乙烯	2
中碳钢	51	环氧树脂	0.3～0.5
高碳工具钢	19	聚碳酸酯	1.0～2.6
硬质合金	12～16	有机玻璃	0.9～1.4
钛合金	55～115	MgO	3
铝合金	23～45	Si_3N_4	4～5
铍	4	SiC	3
玻璃纤维-环氧树脂复合材料	42～60	Al_2O_3	3～5
碳纤维复合材料	32～45	Co/WC 金属陶瓷	14～16
木材（裂纹和纤维垂直）	11～13	方解石	0.9
木材（裂纹和纤维平行）	0.5～1.0	苏打玻璃	0.7～0.8
混凝土	0.2	电瓷绝缘子	1
油页岩	0.6	冰	0.2

注：除冰以外，其它均为室温值。

附录 8　几种钢铁材料的室温 K_{IC} 值

材料	热处理状态	$R_{p0.2}/MPa$	$K_{IC}/(MPa \cdot m^{1/2})$	主要用途
40	860℃正火	294	71～72	轴类
45	正火		101	轴类
40CrNiMo	860℃淬火，200℃回火	1579	42	
	860℃淬火，380℃回火	1383	63	
	860℃淬火，430℃回火	1334	90	
14MnMoNbB	920℃淬火，620℃回火	834	152～166	压力容器
14SiMnCrNiMoV	920℃淬火，610℃回火	834	83～88	高压气瓶
07Cr17Ni7Al		1435	76.9	飞机蒙皮
06Cr15NiMo2Al		1415	49.5	飞机蒙皮
GCr15		2070	约为 14.3	轴承
20Cr13	1050℃淬火，250℃回火	1450	62.4	

附录 9 常见材料的冲击韧性

材料	吸收能量/J	试样	材 料	冲击韧度/(kJ/m²)	试样
退火态工业纯铝	30	V型缺口试样	高密度聚乙烯	30	缺口尖端半径0.25mm，缺口深度2.75mm
退火态黑心可锻铸铁	15		聚氯乙烯	3	
灰铸铁	3		PA-66	5	
退火态奥氏体不锈钢	217		聚苯乙烯	2	
热轧碳钢（碳质量分数为0.2%）	50		ABS塑料	25	

附录 10 常见材料间摩擦系数

材料名称	静摩擦系数		动摩擦系数	
	无润滑	有润滑	无润滑	有润滑
钢-钢	0.15	0.1~0.12	0.1	0.05~0.1
钢-软钢	0.2	0.1~0.2	—	—
钢-铸铁	0.3	0.2	0.05~0.15	—
钢-青铜	0.15	0.15~0.18	0.1~0.15	—
软钢-铸铁	0.2	0.18	0.05~0.15	—
软钢-青铜	0.2	0.18	0.07~0.15	—
铸铁-铸铁	0.18	0.15	0.07~0.12	—
铸铁-青铜	0.15~0.2	0.07~0.15	—	—
青铜-青铜	0.1	0.2	0.07~0.1	—
皮革-铸铁	0.3~0.5	0.15	0.6	0.15
橡胶-铸铁	0.8	0.5	—	—
木材-木材	0.4~0.6	0.1	0.2~0.5	0.07~0.15

附录 11 相关国家标准

序号	类别	标准编号	标准名称	适用范围
1	通用标准	GB/T 8170—2008	数值修约规则与极限数值的表示和判定	适用于科学技术与生产活动中测试和计算得出的各种数值。当所得数值需要修约时，应按本标准给出的规则进行
2		GB/T 10623—2008	金属材料 力学性能试验术语	定义了金属材料力学性能试验中使用的术语，并为标准和一般使用时形成共同的称谓

序号	类别	标准编号	标准名称	适用范围
3	通用标准	GB/T 24182—2009	金属力学性能试验 出版标准中的符号及定义	规定了金属材料力学试验方法出版标准中采用的术语、符号和定义
4		GB/T 22315—2008	金属材料 弹性模量和泊松比试验方法	静态法部分适用于室温下测定金属材料弹性状态的杨氏模量、弦线模量、切线模量和泊松比；动态法部分适用于−196～1200℃间测定材质均匀的弹性材料的动态杨氏模量、动态切变模量和动态泊松比的测量
5		GB 3771—1983	铜合金硬度与强度换算值	适用于黄铜（H62、HPb59-1 等）和铍青铜
6		GB/T 1172—1999	黑色金属硬度及强度换算值	适用于碳钢、合金钢等钢种的硬度与强度的换算
7		GB/T 2975—2018	钢及钢产品 力学性能试验取样位置及试样制备	适用于钢及钢产品的力学性能取样和试样制备
8	拉伸试验	GB/T 228.1—2021	金属材料 拉伸试验 第 1 部分：室温试验方法	适用于金属材料室温拉伸性能的测定。规定了金属材料拉伸试验的定义、符号和说明、原理、试样及其尺寸测量、试验设备、试验要求、性能测定、测定结果数值修约和试验报告
		GB/T 228.2—2015	金属材料 拉伸试验 第 2 部分：高温试验方法	适用于温度在大于 35℃ 条件下金属材料的拉伸试验
		GB/T 228.3—2019	金属材料 拉伸试验 第 3 部分：低温试验方法	适用于温度在−196～10℃ 范围内金属材料拉伸性能的测定
		GB/T 228.4—2019	金属材料 拉伸试验 第 4 部分：液氦试验方法	规定了金属材料在液氦温度（沸点是−269℃ 或 4.2K，指定为 4K）下的拉伸试验方法，并且规定了可以测定的力学性能
9		GB/T 2651—2023	金属材料焊缝破坏性试验 横向拉伸试验	适用于熔焊和压焊对接接头
10		GB/T 5028—2008	金属材料 薄板和薄带 拉伸应变硬化指数（n 值）的测定	适用于塑性变形范围内应力-应变曲线呈单调连续上升的部分
11		GB/T 5027—2016	金属材料 薄板和薄带 塑性应变比（r 值）的测定	适用于由均匀塑性变形的材料（即塑性变形范围内应力-应变曲线呈单调连续上升的部分），也适用于不均匀塑性变形的材料（即塑性变形范围内应力-应变曲线呈锯齿等不连续形状的部分）
12		GB/T 23805—2009	精细陶瓷室温拉伸强度试验方法	适用于材料开发、材料对比、质量控制、表征和建立设计数据库

序号	类别	标准编号	标准名称	适用范围
13	拉伸试验	GB/T 1040.1—2018	塑料 拉伸性能的测定 第1部分：总则	适用于测定刚性和半刚性（模塑、挤塑）热塑性塑料的拉伸性能，包括未填充和填充增强型材料
		GB/T 1040.2—2022	塑料 拉伸性能的测定 第2部分：模塑和挤塑塑料的试验条件	适用于硬质和半硬质的热塑性模塑、挤塑和铸塑材料，以及硬质和半硬质的热固性模塑和铸塑材料
		GB/T 1040.3—2006	塑料 拉伸性能的测定 第3部分：薄膜和薄片的试验条件	适用于塑料薄膜、薄片材料的拉伸强度与断后伸长率、拉断力等指标的测试
		GB/T 1040.4—2006	塑料 拉伸性能的测定 第4部分：各向同性和正交各向异性纤维增强复合材料的试验条件	适用于测定各向同性和正交各向异性纤维增强复合材料的拉伸性能
		GB/T 1040.5—2008	塑料 拉伸性能的测定 第5部分：单向纤维增强复合材料的试验条件	适用于单向纤维增强的聚合物复合材料
14		GB/T 528—2009	硫化橡胶或热塑性橡胶 拉伸应力应变性能的测定	适用于测定硫化橡胶或热塑性橡胶的性能
15		GB/T 11546.1—2008	塑料 蠕变性能的测定 第1部分：拉伸蠕变	适用于硬质和半硬质的非增强、填充和纤维增强的塑料材料
		GB/T 11546.2—2022	塑料 蠕变性能的测定 第2部分：三点弯曲蠕变	适用于维增强的硬质和半硬质塑料材料的蠕变性能的测定
16		GB/T 3354—2014	定向纤维增强聚合物基复合材料 拉伸性能试验方法	适用于连续纤维（包括织物）增强聚合物基复合材料对称均衡层合板面内拉伸性能的测定
17		GB/T 9871—2008	硫化橡胶或热塑性橡胶老化性能的测定 拉伸应力松弛试验	适用于硫化橡胶或热塑性橡胶的老化性能的测定，通过拉伸应力松弛试验来评估橡胶材料的老化特性

序号	类别	标准编号	标准名称	适用范围
18	压弯扭剪试验	GB/T 7314—2017	金属材料 室温压缩试验方法	适用于测定金属材料在室温下单向压缩的规定塑性压缩强度、规定总压缩强度、上压缩屈服强度、下压缩屈服强度、压缩弹性模量及抗压强度
19		GB/T 232—2024	金属材料 弯曲试验方法	适用于金属材料的弯曲试验，特别适用于那些难以加工成拉伸试样的材料，如灰铸铁、硬质合金、陶瓷材料和工具钢
20		GB/T 2653—2008	焊接接头弯曲试验方法	适用于金属材料熔化焊接头的弯曲试验
21		GB/T 10128—2007	金属材料 室温扭转试验方法	适用于室温下测定金属材料扭转力学性能
22		GB/T 10700—2006	精细陶瓷弹性模量试验方法 弯曲法	适用于精细陶瓷在室温下弹性模量的测定
23		GB/T 6569—2006	精细陶瓷弯曲强度试验方法	适用于精细陶瓷和纤维增强或颗粒增强陶瓷复合材料的室温弯曲强度试验
24		GB/T 8489—2006	精细陶瓷压缩强度试验方法	适用于精细陶瓷室温下的压缩强度的测定，也适用于功能陶瓷室温下压缩强度的测定
25		GB/T 1041—2008	塑料 压缩性能试验方法	适用范围扩展到了热塑性塑料和热固性塑料的压缩性能测试
26		GB/T 9341—2008	塑料 弯曲性能试验方法	适用于硬质和半硬质塑料的弯曲性能测定
27		GB/T 244—2020	金属材料 管弯曲试验方法	适用于测定外径不大于 65mm 的圆形横截面金属管的全截面弯曲塑性变形能力
28		GB/T 8364—2008	热双金属热弯曲试验方法	热双金属比弯曲试验方法适用于厚度 0.60～1.25mm、温度 20～130℃ 范围内热双金属带材的比弯曲性能的测量。热双金属温曲率试验方法适用于测定厚度为 0.30～1.25mm 的直条形热双金属和厚度小于 0.30mm 的螺旋形热双金属的温曲率。热双金属弯曲常数试验方法适用于测量厚度为 0.25～1.20mm、测量温度范围为室温～100℃ 的热双金属平直条状试样的弯曲常数
29		GB/T 34487—2017	结构件用铝合金产品剪切试验方法	适用于结构件用铝合金产品剪切性能的测定
30		GB/T 7759.1—2015	硫化橡胶或热塑性橡胶压缩永久变形的测定 第 1 部分：在常温及高温条件下	适用于在常温和高温条件下测定硫化橡胶或热塑性橡胶的压缩永久变形性能

序号	类别	标准编号	标准名称	适用范围
30	压弯扭剪试验	GB/T 7759.2—2014	硫化橡胶或热塑性橡胶压缩永久变形的测定 第2部分：在低温条件下	适用于在低温条件下测定硫化橡胶或热塑性橡胶的压缩永久变形性能
31		GB/T 1685—2008	硫化橡胶或热塑性橡胶 在常温和高温条件下压缩应力松弛的测定	适用于硫化橡胶或热塑性橡胶在常温和高温下压缩应力松弛的测定
32		GB/T 7757—2009	硫化橡胶或热塑性橡胶 压缩应力应变性能的测定	适用于使用标准试样、产品或部分产品测定硫化橡胶或热塑性橡胶压缩应力应变性能的测定方法
33	硬度试验	GB/T 231.1—2018	金属材料 布氏硬度试验 第1部分：试验方法	适用于固定布氏硬度计和便携式布氏硬度计。规定了金属材料布氏硬度试验的原理、符号及说明、试验设备、试样、试验程序、结果的不确定度和试验报告
		GB/T 231.2—2022	金属材料 布氏硬度试验 第2部分：硬度计及压头的检验与校准	适用于固定安装的硬度计和便携式硬度计及压头的检验与校准
		GB/T 231.3—2022	金属材料 布氏硬度试验 第3部分：标准硬度块的标定	适用于标准布氏硬度块的标定
		GB/T 231.4—2009	金属材料 布氏硬度试验 第4部分：硬度值表	给出了平面布氏硬度值计算表
34		GB/T 230.1—2018	金属材料 洛氏硬度试验 第1部分：试验方法	适用于固定式和便携式洛氏硬度计。规定了标尺为A、B、C、D、E、F、G、H、K、15N、30N、45N、15T、30T和45T的金属材料洛氏硬度和表面洛氏硬度的试验方法
		GB/T 230.2—2022	金属材料 洛氏硬度试验 第2部分：硬度计及压头的检验与校准	适用于固定式硬度计和便携式硬度计。直接检验法适用于检测与硬度计功能相关的主要参数是否在规定的允差以内，例如试验力、深度测量、试验循环时间。间接检验法适用于使用一组经过标定的标准硬度块判定硬度计在测量已知硬度材料时的性能
		GB/T 230.3—2022	金属材料 洛氏硬度试验 第3部分：标准硬度块的标定	适用于标准洛氏硬度块的标定

序号	类别	标准编号	标准名称	适用范围
35		GB/T 4340.1—2024	金属材料 维氏硬度试验 第1部分：试验方法	规定了金属材料维氏硬度试验的原理、符号及说明、试验设备、试样、试验程序等
		GB/T 4340.2—2012	金属材料 维氏硬度试验 第2部分：硬度计的检验与校准	适用于检验硬度计基本功能的直接检验法和对硬度计综合检查的间接检验法
		GB/T 4340.3—2012	金属材料 维氏硬度试验 第3部分：标准硬度块的标定	规定了金属材料维氏硬度试验中标准硬度块的标定方法。适用于对角线长度不小于 0.020mm 的压痕
		GB/T 4340.4—2022	金属材料 维氏硬度试验 第4部分：硬度值表	适用范围是适用于按照 ISO 6507—1 进行的维氏硬度试验
36	硬度试验	GB/T 18449.1—2024	金属材料 努氏硬度试验 第1部分：试验方法	适用于垂直于覆盖层表面的压痕测量和横截面的测量，前提是覆盖层的特性（光滑度、厚度等）允许准确读取压痕的对角线
37		GB/T 7997—2014	硬质合金 维氏硬度试验方法	适用于硬质合金维氏硬度的测定
38		GB/T 3849.1—2015	硬质合金 洛氏硬度试验（A标尺）第1部分：试验方法	适用于硬质合金的洛氏硬度试验（A 标尺）
		GB/T 3849.2—2010	硬质合金 洛氏硬度试验（A标尺）第2部分：标准试块的制备和校准	适用于硬质合金的洛氏硬度试验中标准试块的制备和校准
39		GB/T 4341.1—2014	金属材料 肖氏硬度试验 第1部分：试验方法	规定了金属材料肖氏硬度试验方法的原理、符合及说明、硬度计、试样、试验程序、试验结果的不确定度和试验报告。本部分适用的肖氏硬度试验范围为 5～105HS，分为 C 型（目测型）和 D 型（指示型）
40		GB/T 17394.1—2014	金属材料 里氏硬度试验 第1部分：试验方法	适用于带有 D、DC、S、E、D+15、DL、C 和 G 型冲击装置的里氏硬度计，规定了使用带有 D、DC、S、E、D+15、DL、C 和 G 型冲击装置的硬度计来测定金属材料里氏硬度的试验原理、测试仪器、试样、试验程序、试验结果的测量不确定度、试验报告

材料力学性能

序号	类别	标准编号	标准名称	适用范围
41		GB/T 32660.1—2016	金属材料 韦氏硬度试验 第1部分：试验方法	适用于金属材料的韦氏硬度试验，测量值范围相当于洛氏硬度 53.0～92.2 HRB、28.0～110.0 HRE 和 30.2～98.5 HRF 规定了金属材料韦氏硬度的试验原理、试验仪器、试样、试验程序、试验结果的处理及试验报告
42		GB/T 2654—2008	焊接接头硬度试验方法	适用于金属材料的电弧焊接头的硬度试验，其它类型的接头也可以参照该标准进行试验
43		GB/T 27552—2021	金属材料焊缝破坏性试验 焊接接头显微硬度试验	适用于硬度梯度大的金属材料焊接接头横截面的显微硬度试验
44	硬度试验	GB/T 21838.1—2019	金属材料 硬度和材料参数的仪器化压痕试验 第1部分：试验方法	规定了下列三个范围内金属材料仪器化压痕试验法测定硬度和其它材料参数的方法。宏观范围：$2N \leqslant F \leqslant 30kN$；显微范围：$F < 2N$, $h > 0.2\mu m$；纳米范围：$h \leqslant 0.2\mu m$
		CB/T 21838.4—2020	金属材料 硬度和材料参数的仪器化压痕试验 第4部分：金属和非金属覆盖层的试验方法	适用于金属和非金属覆盖层的硬度和材料参数的测试
45		GB/T 33362—2016	金属材料 硬度值的换算	适用于金属材料的硬度值换算
46		GB/T 3398.1—2008	塑料 硬度测定 第1部分：球压痕法	适用于测定汽车工程塑料、塑料建材等行业材料的硬度测试
		GB/T 3398.2—2008	塑料 硬度测定 第2部分：洛氏硬度	适用于使用洛氏硬度计 M、L 及 R 标尺测定塑料的压痕硬度
47		GB/T 3808—2018	摆锤式冲击试验机的检验	适用于类似的其它能量和不同结构的试验机
48		GB/T 229—2020	金属材料 夏比摆锤冲击试验方法	适用于室温、高温或低温条件下夏比摆锤冲击试验，但不包括仪器化冲击试验方法
49	冲击试验	GB/T 1043.1—2008	塑料简支梁冲击性能的测定 第1部分：非仪器化冲击试验	适用于硬质热塑性塑料和热固性塑料等，不适用于硬质泡沫材料和含有泡沫材料的夹层结构材料
		GB/T 1043.2—2018	塑料简支梁冲击性能的测定 第2部分：仪器化冲击试验	
50		GB/T 19748—2019	金属材料 夏比 V 型缺口摆锤冲击试验 仪器化试验方法	适用于金属材料仪器化夏比 V 型缺口摆锤冲击性能的测定

序号	类别	标准编号	标准名称	适用范围
51	冲击试验	GB/T 18658—2018	摆锤式冲击试验机间接检验用夏比 V 型缺口标准试样	适用于按 GB/T 3808—2018 对摆锤式冲击试验机进行间接检验用的标准试样
52		GB/T 5482—2023	金属材料 动态撕裂试验方法	适用于测定洛氏硬度值小于 36HRC 的金属材料或焊接接头试样的动态撕裂能和剪切断面率
53		GB/T 6803—2023	铁素体钢的无塑性转变温度落锤试验方法	适用于测定厚度不小于 12mm 的铁素体钢（包括板材、型材、铸钢和锻钢）的无塑性转变温度
54		GB/T 1843—2008	塑料悬臂梁冲击强度的测定	适用于硬质热塑性模塑和挤塑材料、硬质热塑性板材、硬质热固性模塑材料、硬质热固性板材、纤维增强热固性和热塑性复合材料
55	疲劳试验	GB/T 25917.1—2019	单轴疲劳试验系统 第 1 部分：动态力校准	描述了两种如何确定一个试样在进行单轴向、正弦波形、恒定振幅试验时的动态力范围（ΔF_t）与试验系统力值显示范围（ΔF_i）关系的方法
56		GB/T 25917.2—2019	单轴疲劳试验系统 第 2 部分：动态校准装置用仪器	规定了动态校准装置（DCD）用仪器的校准程序，也描述了测量结果的分析方法，从而得到了按照 ISO 4965-1 使用动态校准装置时所用仪器的有效测试频率范围
57		GB/T 3075—2021	金属材料 疲劳试验 轴向力控制方法	适用于圆形和矩形横截面试样的轴向力控制疲劳试验，产品构件及其它特殊形状试样的检测不包括在内
58		GB/T 4337—2015	金属材料 疲劳试验 旋转弯曲方法	适用于金属材料在室温和高温空气中试样旋转弯曲的条件下进行的疲劳试验，其它环境（如腐蚀）下的旋转弯曲疲劳试验也可参照本标准执行
59		GB/T 12443—2017	金属材料 扭矩控制疲劳试验方法	适用于室温大气下，测定公称直径为 5.0～12.5mm 圆形横截面金属光滑试样的扭动力疲劳性能
60		GB/T 15248—2008	金属材料轴向等幅低循环疲劳试验方法	适用于金属材料等截面和漏斗形试样承受轴向等幅应力或应变的低循环疲劳试验，不包括全尺寸部件、结构件的试验
61		GB/T 24176—2009	金属材料 疲劳试验 数据统计方案与分析方法	适用于由于单一疲劳失效机理而展现出的均匀特性材料疲劳数据的分析
62		GB/T 26077—2021	金属材料 疲劳试验 轴向应变控制方法	适用于在恒温恒幅条件下应变控制且应变比 $R_\mathrm{e}=1$ 的单轴加载试样
63		GB/T 6398—2017	金属材料 疲劳试验 疲劳裂纹扩展方法	适用于测量各向同性的金属材料在线弹性应力为主，并仅有垂直于裂纹面的作用力（Ⅰ 型应力条件）和固定应力比 R 条件下的裂纹扩展速率
64		GB/T 15824—2008	热作模具钢热疲劳试验方法	适用于测定热作模具钢的抗热疲劳性能
65		GB/T 1688—2008	硫化橡胶 伸张疲劳的测定	适用于应力-应变性能稳定的橡胶，至少在循环一定周期后，没有表现出过分的应力软化或永久变形，或高黏滞状态

序号	类别	标准编号	标准名称	适用范围
66	断裂韧度试验	GB/T 4161—2007	金属材料 平面应变断裂韧度 K_{IC} 试验方法	规定了缺口预制疲劳裂纹试样在承受缓慢增加裂纹位移力时测定均匀金属材料平面应变断裂韧度的方法
67		GB/T 21143—2014	金属材料 准静态断裂韧度的统一试验方法	规定了均匀金属材料在承受准静态加载时断裂韧度、裂纹尖端张开位移、J 积分和阻力曲线的试验方法。试样有缺口，采用疲劳的方法预制裂纹，在缓慢增加位移量的条件下进行试验
68		GB/T 7732—2008	金属材料 表面裂纹拉伸试样断裂韧度试验方法	适用于具有半椭圆或部分圆形表面裂纹的金属材料矩形横截面拉伸试样
69		GB/T 42914—2023	铝合金产品断裂韧度试验方法	适用于铝合金轧制板材、挤压棒材、挤压板材、挤压管材、挤压型材和锻件产品的平面应变断裂韧度和平面应力断裂韧度的测定
70		GB/T 28896—2023	金属材料 焊接接头准静态断裂韧度测定的试验方法	适用于测定断裂韧度特征值而不宜用于测定有效的 R-curve（裂纹扩展阻力曲线），但标准中试样的加工方法也适用于焊缝金属的 R-curve 测定
71		GB/T 23806—2009	精细陶瓷断裂韧性试验方法 单边预裂纹梁（SEPB）法	适用于均质块体陶瓷和陶瓷复合材料，但不适用于含有连续纤维增强的陶瓷复合材料
72		GB/T 30064—2013	金属材料 钢构件断裂评估中裂纹尖端张开位移（CTOD）断裂韧度的拘束损失修正方法	适用于由裂纹类缺陷或铁素体结构钢疲劳裂纹所引发的失稳断裂，失稳断裂前出现明显的延性裂纹扩展情况不包括在本标准的适用范围之内
73		GB/T 41932—2022	塑料 断裂韧性（G_{IC} 和 K_{IC}）的测定 线弹性断裂力学（LEFM）法	适用于以下材料，包括含有长度小于或等于 7.5mm 短纤维的复合材料：刚性和半刚性热塑性模塑、挤出和浇铸材料；刚性和半刚性热固性模塑和浇铸材料
74	高温试验	GB/T 2039—2012	金属材料 单轴拉伸蠕变试验方法	适用于光滑试样和缺口试样的持久试验
75		GB/T 10120—2013	金属材料 拉伸应力松弛试验方法	适用于金属材料在恒定应变和温度条件下拉伸应力松弛性能的试验方法。高温环状弯曲应力松弛试验，也可参照本标准执行
76		GB/T 228.2—2015	金属材料拉伸试验 第2部分：高温试验方法	适用于温度在高于室温条件下金属材料拉伸性能的测定
77		GB/T 42655—2023	连续纤维增强陶瓷基复合材料高温压缩性能试验方法	适用于单向、双向和多向连续纤维增强陶瓷基复合材料沿一个主增强轴高温压缩性能的测定，也适用于双向和多向连续纤维增强陶瓷基复合材料偏轴向高温压缩性能的测定

序号	类别	标准编号	标准名称	适用范围
78	弯曲强度试验	GB/T 14390—2008	精细陶瓷高温弯曲强度试验方法	适用于机械部件、结构材料等高强度工程陶瓷在高温下三点和四点弯曲强度的测定,也适用于高强度功能陶瓷在高温下弯曲强度的测定
79	应力腐蚀试验	GB/T 15970.1—2018	金属和合金的腐蚀 应力腐蚀试验 第1部分:试验方法总则	规定了设计和进行金属应力腐蚀敏感性试验和评定时一般应考虑的事项。也规定了关于试验方法选择的一般指导原则
		GB/T 15970.2—2000	金属和合金的腐蚀 应力腐蚀试验 第2部分:弯梁试样的制备和应用	适用于弯梁试样的设计、制备和使用程序,用于研究金属应力腐蚀的敏感性
		GB/T 15970.3—1995	金属和合金的腐蚀 应力腐蚀试验 第3部分:U型弯曲试样的制备和应用	适用于研究金属应力腐蚀敏感性的U型试样的设计、制备和使用程序
		GB/T 15970.4—2000	金属和合金的腐蚀 应力腐蚀试验 第4部分:单轴加载拉伸试样的制备和应用	规定了包括设计、制备和使用单轴加载拉伸试样的程序,用于研究金属对应力腐蚀的敏感性
		GB/T 15970.5—1998	金属和合金的腐蚀 应力腐蚀试验 第5部分:C型环试样的制备和应用	包括检验金属和合金应力腐蚀敏感性用的C型试样的设计、制备、加载、暴露及检查等方法,提供了C型试样应力状态和分布的分析
		GB/T 15970.6—2007	金属和合金的腐蚀 应力腐蚀试验 第6部分:恒载荷或恒位移下的预裂纹试样的制备和应用	规定了用于研究应力腐蚀敏感性的预裂纹试样的设计、制备以及使用等内容
		GB/T 15970.7—2017	金属和合金的腐蚀 应力腐蚀试验 第7部分:慢应变速率试验	规定了慢应变速率试验程序,用于研究金属和合金对应力腐蚀破裂的敏感性,包括氢致失效
		GB/T 15970.8—2005	金属和合金的腐蚀 应力腐蚀试验 第8部分:焊接试样的制备和应用	规定了进行应力腐蚀试验焊接试样的制备及要考虑的附加因素
80		GB/T 4157—2017	金属在硫化氢环境中抗硫化物应力开裂和应力腐蚀开裂的实验室试验方法	规定了在含 H_2S 的低 pH 值水溶液环境中,金属材料在受拉伸应力作用下的抗硫化物应力开裂(SSC)和应力腐蚀开裂(SCC)的实验室试验方法

序号	类别	标准编号	标准名称	适用范围
81	应力腐蚀试验	GB/T 33883—2017	7×××系铝合金应力腐蚀试验 沸腾氯化钠溶液法	规定了7×××系铝合金应力腐蚀的沸腾氯化钠溶液试验方法
82		GB/T 22640—2023	铝合金应力腐蚀敏感性评价试验方法	适用于2×××〔$w(Cu)=1.8\%\sim7.0\%$〕、6×××、7×××〔$w(Cu)=0.4\%\sim2.8\%$〕系铝合金产品的应力腐蚀敏感性评价
83		GB/T 20120.1—2006 GB/T 20120.2—2006	金属和合金的腐蚀 腐蚀疲劳试验	规定了金属及其合金在水或气体环境中的腐蚀疲劳试验和循环失效试验。不适用于零件或组件的腐蚀疲劳试验，但其中的一般原理仍可适用
84	磨损试验	GB/T 3505—2009	产品几何技术规范（GPS）表面结构 轮廓法 术语、定义及表面结构参数	规定了用轮廓法确定表面结构（粗糙度、波纹度和原始轮廓）的术语、定义和参数
85		GB/T 12444—2006	金属材料 磨损试验方法 试环-试块滑动磨损试验	适用于金属材料在滑动摩擦条件下磨损量及摩擦系数的测定，也可用于其它材料的试验
86		GB/T 3960—2016	塑料 滑动摩擦磨损试验方法	适用于塑料制品、橡胶制品、石墨板材或其它复合材料的滑动摩擦、磨损性能测试，也可对试验中试样的摩擦力、摩擦系数和磨损量进行测定
87		GB/T 5478—2008	塑料 滚动磨损试验方法	适用于测定塑料板、片材试样滚动磨损性能，不适用于泡沫材料或涂料
88		YB/T 5345—2014	金属材料 滚动接触疲劳试验方法	适用于测定轴承、齿轮、轧辊、钢轨、轮毂等金属材料滚动接触疲劳性能
89		JB/T 10510—2005	滚动轴承材料接触疲劳试验方法	适用于测定滚动轴承材料的接触疲劳性能
90		GB/T 41490—2022	氮化硅陶瓷室温下滚动接触疲劳试验方法 球板法	适用于滚动体材料接触疲劳性能的评价，或为恒定载荷滚动接触疲劳试验确定试验载荷

参考文献

[1] Rösler J，Bäker M，Harders H. Mechanical behaviour of engineering materials：metals，ceramics，polymers，and composites[M]. Berlin Heidelberg：Springer，2007.

[2] 王吉会．材料力学性能原理与实验教程[M]．天津：天津大学出版社，2018.

[3] 陈铭森．7A04铝合金包申格效应研究[D]．成都：西南交通大学，2014.

[4] 乔生儒，张程煜，王泓．材料的力学性能[M]．西安：西北工业大学出版社，2015.

[5] 陈学双，黄兴民，刘俊杰，等．一种含富锰偏析带的热轧临界退火中锰钢的组织调控及强化机制[J]．金属学报，2023，59(11)：1448-1456.

[6] 束德林．工程材料力学性能[M]．3版．北京：机械工业出版社，2016.

[7] 彭瑞东．材料力学性能[M]．北京：机械工业出版社，2018.

[8] 王海波．高含Cu量Al-Cu合金压铸件力学性能及耐磨性能研究[D]．成都：西南交通大学，2021.

[9] Prasad N E，Wanhill R J H. Aerospace materials and material technologies[M]. Singapore：Springer，2017.

[10] 林巨才．现代硬度测量技术及应用[M]．北京：中国计量出版社，2008.

[11] Dieter．金属力学[M]．3版．北京：清华大学出版社，2006.

[12] Rinebolt J A，Harris W J. Effect of alloying elements on notch toughness of pearlitic steels[J]. Transactions of American Society for Metals，1951，43：1175-1214.

[13] Meyers M A，Chawla K K. Mechanical behavior of materials[M]. 2nd edition. Cambridge：Cambridge University Press，2008.

[14] 时海芳，任鑫．材料力学性能[M]．2版．北京：北京大学出版社，2015.

[15] Hanamura T，Yin F，Nagai K. Ductile-brittle transition temperature of ultrafine ferrite/cementite microstructure in a low carbon steel controlled by effective grain size[J]. ISIJ International，2004，44(3)：610-617.

[16] 袁志钟，戴起勋．金属材料学[M]．3版．北京：化学工业出版社，2019.

[17] 沙桂英．材料的力学性能[M]．北京：北京理工大学出版社，2015.

[18] 王珂，王哲，王芳，等．过载保载对金属材料疲劳裂纹扩展速率影响研究[J]．船舶力学，2017，21(7)：895-906.

[19] 朱振宇．低温及预弹性应变下高速车轮钢的疲劳损伤机理与疲劳寿命预测研究[D]．成都：西南交通大学，2017.

[20] Wu S C，Song Z，Kang G Z，et al. The Kitagawa-Takahashi fatigue diagram to hybrid welded AA7050 joints via synchrotron X-ray tomography[J]. International Journal of Fatigue，2019，125：210-221.

[21] 高杰维．表面凹坑缺陷对高速列车车轴钢疲劳性能影响研究[D]．成都：西南交通大学，2017.

[22] 张焯栋．脉冲激光修复对7A85铝合金疲劳和腐蚀性能的影响[D]．成都：西南交通大学，2023.

[23] Schijve J. Fatigue of Structures and Materials[M]. Cham：Springer Netherlands，2009.

[24] 王浩．热暴露对7A85铝合金组织和性能的影响[D]．成都：西南交通大学，2023.

[25] 徐磊．7A04铝合金热流变成形及其构件疲劳性能预测的研究[D]．成都：西南交通大学，2013.

[26] McHargue C J，Cost J R，Wert C A. Engineering materials science[J]. Materials Science and Engineering，1978，35(1)：119-132.

[27] Congleton J. Failure of materials in mechanical design，2nd edition[J]. Corrosion Science，1994，36(7)：1267-1268.

[28] Richards F D，Wetzel R M. Mechanical testing of materials using an analog computer[J]，1971，11(2)：19-22.

[29] Riddell M N. Guide to better testing of plastics[J]. Plastics Engineering,1974,30(4):71-78.

[30] Forrest P G. Fatigue of Metals[M]. Oxford:Pergamon,1963.

[31] Juvinall R C. Engineering considerations of stress,strain,and strength[M]. New York:McGraw-Hill College,1967.

[32] Sakai T,Takeda M,Shiozawa K,et al. Experimental reconfirmation of characteristic S-N property for high carbon chromium bearing steel in wide life region in rotating bending[J]. Journal of the Society of Materials Science,Japan,2000,49(7):779-785.

[33] Pang J C,Li S X,Wang Z G,et al. General relation between tensile strength and fatigue strength of metallic materials[J]. Materials Science and Engineering:A,2013,564:331-341.

[34] Liu R,Zhang P,Zhang Z J,et al. A practical model for efficient anti-fatigue design and selection of metallic materials:Ⅰ. Model building and fatigue strength prediction[J]. Journal of Materials Science & Technology,2021,70:233-249.

[35] Liu R,Zhang P,Zhang Z J,et al. A practical model for efficient anti-fatigue design and selection of metallic materials:Ⅱ. Parameter analysis and fatigue strength improvement[J]. Journal of Materials Science & Technology,2021,70:250-267.

[36] Paris P C,Bucci R J,Wessel E T,et al. Extensive study of low fatigue crack growth rates in A533 and A508 steels[C]//Corten H T,Gallagher J P. Stress Analysis and Growth of Cracks:Proceedings of the 1971 National Symposium on Fracture Mechanics:Part 1. West Conshohocken:ASTM International,1972:141-176.

[37] Barsom J M,Rolfe S T. Fracture and fatigue control in structures:applications of fracture mechanics[M]. 3rd edition. West Conshohocken:ASTM International,1999.

[38] Barsom J M. Fatigue-crack propagation in steels of various yield strengths[J]. Journal of Engineering for Industry,1971,93(4):1190-1196.

[39] Bates R C,Clark W G J. Fractography and fracture mechanics[J]. ASM-Transactions,1969,62:380-389.

[40] Hertzberg R W,Manson J A,Skibo M. Frequency sensitivity of fatigue processes in polymeric solids[J]. Polymer Engineering & Science,1975,15(4):252-260.

[41] Voss H,Karger-Kocsis J. Fatigue crack propagation in glass-fibre and glass-sphere filled PBT composites [J]. International Journal of Fatigue,1988,10(1):3-11.

[42] Tobler R L,Reed R P. Fatigue crack growth resistance of structural alloys at cryogenic temperatures[J]. Springer US,1978::82-90.

[43] Gerberich W W,Moody N R. Review of fatigue fracture topology effects on threshold and growth mechanisms[J]. ASTM Special Technical Publication,1979(675):292-341.

[44] Campbell J,Underwood J. Application of fracture mechanics for selection of metallic structural materials [M]. Materials Park:American Society for Metals,1982.

[45] Stonesifer F R. Effect of grain size and temperature on fatigue crack propagation in A533 B steel[J]. Engineering Fracture Mechanics,1978,10(2):305-314.

[46] Imhof E J,Barsom J M. Fatigue and corrosion-fatigue crack growth of 4340 steel at various yield strengths[C]//Kaufman J G,Swedlow J L,Corten H T,et al. Progress in Flaw Growth and Fracture Toughness Testing. West Conshohocken:ASTM International,1973:182-205.

[47] Floreen S,Kane R H. Effects of environment on high-temperature fatigue crack growth in a superalloy[J]. Metallurgical Transactions A,1979,10(11):1745-1751. .

[48] Dauskarat R H,Marshall D B,Ritchie R O. Cyclic fatigue-crack propagation in magnesia-partially-stabilized zirconia ceramics[J]. Journal of the American Ceramic Society,1990,73(4):893-903.

[49] Landgraf R W. The resistance of metals to cyclic deformation[C]//ASTM Committee E-9. Achievement

of High Fatigue Resistance in Metals and Alloys. West Conshohocken：ASTM International，1970：3-36.

［50］ Dowling N E. Fatigue life and inelastic strain response under complex histories for an alloy steel［J］. Journal of Testing and Evaluation，1973，1(4)：271-287.

［51］ 褚武扬，乔利杰，李金许，等. 氢脆和应力腐蚀：典型体系［M］. 北京：科学出版社，2013.

［52］ 宋仁国，祁星. 高强铝合金热处理工艺、应力腐蚀与氢脆［M］. 北京：科学出版社，2020.

［53］ 葛世荣，朱华. 摩擦学的分形［M］. 北京：机械工业出版社，2005.

［54］ 袁兴栋，郭晓斐，杨晓洁. 金属材料磨损原理［M］. 北京：化学工业出版社，2014.

［55］ 刘家浚. 材料磨损原理及其耐磨性［M］. 北京：清华大学出版社，1993.

［56］ 金学松，刘启跃. 轮轨摩擦学［M］. 北京：中国铁道出版社，2004.

［57］ 温诗铸，黄平. 摩擦学原理［M］. 3 版. 北京：清华大学出版社，2008.

［58］ Kayali Y，Yalçin Y，Taktak Ş. Adhesion and wear properties of boro-tempered ductile iron［J］. Materials & Design，2011，32(8/9)：4295-4303.

［59］ Ma L，He C G，Zhao X J，et al. Study on wear and rolling contact fatigue behaviors of wheel/rail materials under different slip ratio conditions［J］. Wear，2016，366：13-26.

［60］ 张青松. 高速车轮材料层流等离子体表面强化及疲劳性能研究［D］. 成都：西南交通大学，2020.

［61］ Olofsson U，Zhu Y，Abbasi S，et al. Tribology of the wheel-rail contact-aspects of wear，particle emission and adhesion［J］. Vehicle System Dynamics，2013，51(7)：1091-1120.

［62］ Zhang H B，Etsion I. Evolution of adhesive wear and friction in elastic-plastic spherical contact［J］. Wear，2021，478/479：203915.

［63］ Lewis R，Dwyer-Joyce R S. Wear at the wheel/rail interface when sanding is used to increase adhesion［J］. Proceedings of the Institution of Mechanical Engineers，Part F：Journal of Rail and Rapid Transit，2006，220(1)：29-41.

［64］ Ashofteh R S，Samari F. Effect of dry lubrication to reduce wheel flange wear of railcars in railway of Iran (case study：Green plour (GPIG) passenger train coaches)［J］. International Journal of Railway，2014，7(3)：65-70.

［65］ Faccoli M，Petrogalli C，Lancini M，et al. Effect of desert sand on wear and rolling contact fatigue behaviour of various railway wheel steels［J］. Wear，2018，396/397：146-161.

［66］ 朱旻昊. 径向与复合微动的运行和损伤机理研究［D］. 成都：西南交通大学，2001.

［67］ 周仲荣，罗唯力，刘家浚. 微动摩擦学的发展现状与趋势［J］. 摩擦学学报，1997，17(3)：81-89.

［68］ Wang J F，Xue W H，Gao S Y，et al. Effect of groove surface texture on the fretting wear of Ti-6Al-4V alloy［J］. Wear，2021，486/487：204079.

［69］ Wang Y，Gang L，Liu S，et al. Coupling fractal model for fretting wear on rough contact surfaces［J］. Journal of Tribology，2021，143(9)：091701.

［70］ Xin L，Yang B B，Li J，et al. Wear damage of Alloy 690TT in partial and gross slip fretting regimes at high temperature［J］. Wear，2017，390/391：71-79.

［71］ Kirk A M，Shipway P H，Sun W，et al. Debris development in fretting contacts-Debris particles and debris beds［J］. Tribology International，2020，149：105592.

［72］ Zhang P，Zeng L C，Mi X，et al. Comparative study on the fretting wear property of 7075 aluminum alloys under lubricated and dry conditions［J］. Wear，2021，474/475：203760.

［73］ Varenberg M，Halperin G，Etsion I. Different aspects of the role of wear debris in fretting wear［J］. Wear，2002，252(11/12)：902-910.

［74］ Hurricks P L. The mechanism of fretting：A review［J］. Wear，1970，15(6)：389-409.

［75］ Aldham D，Warburton J，Pendlebury R E. The unlubricated fretting wear of mild steel in air［J］. Wear，1985，106(1/2/3)：177-201.

[76] Yang Y L, Wang C L, Gesang Y Z, et al. Fretting wear evolution of γ-TiAl alloy[J]. Tribology International, 2021, 154:106721.

[77] 南榕, 李思兰. 钛合金微动磨损的研究进展[J]. 钛工业进展, 2022, 39(5):33-38.

[78] Zhong W, Ren J W, Wang W J, et al. Investigation between rolling contact fatigue and wear of high speed and heavy haul railway[J]. Tribology -Materials, Surfaces & Interfaces, 2010, 4(4):197-202.

[79] Tressia G, Sinatora A, Goldenstein H, et al. Improvement in the wear resistance of a hypereutectoid rail *via* heat treatment[J]. Wear, 2020, 442/443:203122.

[80] Dirks B, Enblom R, Berg M. Prediction of wheel profile wear and crack growth-comparisons with measurements[J]. Wear, 2016, 366:84-94.

[81] He C G, Huang Y B, Ma L, et al. Experimental investigation on the effect of tangential force on wear and rolling contact fatigue behaviors of wheel material[J]. Tribology International, 2015, 92:307-316.

[82] Zhang Q S, Toda-Caraballo I, Dai G Z, et al. Influence of laminar plasma quenching on rolling contact fatigue behaviour of high-speed railway wheel steel[J]. International Journal of Fatigue, 2020, 137:105668.

[83] Ekberg A, Åkesson B, Kabo E. Wheel/rail rolling contact fatigue – Probe, predict, prevent[J]. Wear, 2014, 314(1/2):2-12.

[84] Wu Y, Li J P, Chen H, et al. Study on the impact wear mechanism and damage modes of compacted graphite cast iron[J]. Journal of Materials Research and Technology, 2022, 21:4002-4011.

[85] Zhang F, Zhang T Y, Gou H J, et al. Improving the impact wear properties of medium carbon steel by adjusting microstructure under alternating quenching in water and air[J]. Wear, 2023, 512/513:204531.

[86] Ojala N, Valtonen K, Heino V, et al. Effects of composition and microstructure on the abrasive wear performance of quenched wear resistant steels[J]. Wear, 2014, 317(1/2):225-232.

[87] Purba R H, Shimizu K, Kusumoto K, et al. Erosive wear characteristics of high-chromium based multi-component white cast irons[J]. Tribology International, 2021, 159:106982.

[88] Antonov M, Veinthal R, Huttunen-Saarivirta E, et al. Effect of oxidation on erosive wear behaviour of boiler steels[J]. Tribology International, 2013, 68:35-44.

[89] Hua N B, Hong X S, Liao Z L, et al. Corrosive wear behaviors and mechanisms of a biocompatible Fe-based bulk metallic glass[J]. Journal of Non-Crystalline Solids, 2020, 542:120088.

[90] Yang P H, Fu H G, Absi R, et al. Improved corrosive wear resistance of carbidic austempered ductile iron by addition of Cu[J]. Materials Characterization, 2020, 168:110577.

[91] Virtanen S, Milošev I, Gomez-Barrena E, et al. Special modes of corrosion under physiological and simulated physiological conditions[J]. Acta Biomaterialia, 2008, 4(3):468-476.

[92] 袁兴栋, 杨晓洁. 金属材料磨损实验[M]. 北京:化学工业出版社, 2015.

[93] 赵萍, 何清华, 李维. 某燃气涡轮工作叶片裂纹分析[J]. 航空动力学报, 2009, 24(9):2033-2039.

[94] Zhang S Y, Wang L L, Lin X, et al. Precipitation behavior of δ phase and its effect on stress rupture properties of selective laser-melted Inconel 718 superalloy[J]. Composites Part B: Engineering, 2021, 224:109202.

[95] Wang Q, Ge S X, Wu D Y, et al. Evolution of microstructural characteristics during creep behavior of Inconel 718 alloy[J]. Materials Science and Engineering:A, 2022, 857:143859.

[96] 北京航空材料研究所. 航空发动机设计用材料数据手册:第二册[M]. 北京:国防工业出版社, 1993.

[97] 《航空发动机设计用材料数据手册》编委会. 航空发动机设计用材料数据手册[M]. 北京:航空工业出版社, 2014.

[98] Gokcekaya O, Ishimoto T, Hibino S, et al. Unique crystallographic texture formation in Inconel 718 by laser powder bed fusion and its effect on mechanical anisotropy[J]. Acta Materialia, 2021, 212:116876.

[99] Xu Z, Murray J W, Hyde C J, et al. Effect of post processing on the creep performance of laser powder

bed fused Inconel 718[J]. Additive Manufacturing,2018,24:486-497.

[100] Zhang S Y,Lin X,Wang L L,et al. Influence of grain inhomogeneity and precipitates on the stress rupture properties of Inconel 718 superalloy fabricated by selective laser melting[J]. Materials Science and Engineering:A,2021,803:140702.

[101] Callister W D J,Rethwisch D G. Fundamentals of materials science and engineering:an integrated approach[J],5nd Edition. John Wiley & Sons Inc,2001.

[102] Liu Y M,Ma Z J,Liu X M,et al. Effect of grain size and grain boundary on ductile to brittle transition behavior of Fe-6.5wt.% Si alloy under miniaturized three-point bending tests[J]. Materials Letters,2023,353:135288.